“十四五”高等职业教育计算机类专业系列教材

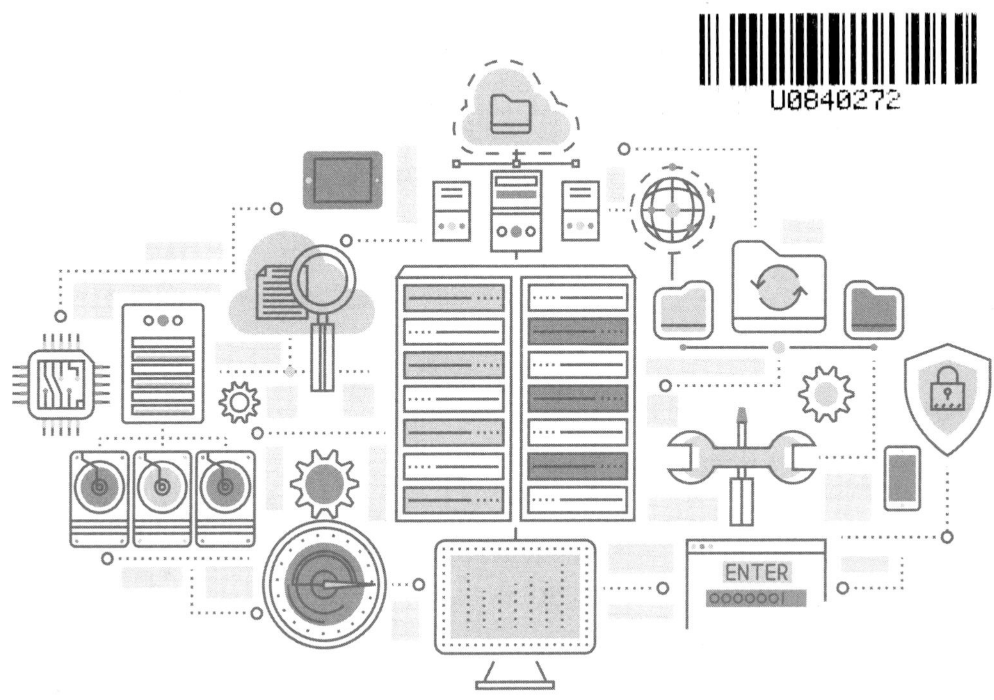

MySQL 数据库工作手册

张　静　张庆延　许春艳◎主　编
刘　杰　赵晓丹◎副主编

中国铁道出版社有限公司
CHINA RAILWAY PUBLISHING HOUSE CO., LTD.

内 容 简 介

本书是面向 MySQL 数据库初学者的入门教材，以超市管理系统数据库实施、管理、优化展开数据库操作的详细讲解。本书从数据库实际工作出发，侧重实训操作的讲解，是工作手册式教材，可以与《MySQL 数据库实用技术》（许春艳、王军、张静主编）教材配套使用。

全书内容共分为四个部分：第一部分，数据库详细设计说明书，给出超市管理系统数据库设计的详细描述，是完成工作任务的依据；第二部分，工作任务手册，明确要完成的工作任务；第三部分，执行参考手册，针对任务进行分析讲解；第四部分，语句快速查询手册，介绍常用语句的语法，按命令字母排序，方便快速查询。

本书适合作为高等职业院校计算机相关专业数据库基础课程教材，也可作为广大 IT 技术人员和编程爱好者的参考用书。

图书在版编目（CIP）数据

MySQL数据库工作手册/张静，张庆延，许春艳主编.—北京：中国铁道出版社有限公司，2022.6

“十四五”高等职业教育计算机类专业系列教材

ISBN 978-7-113-28990-4

Ⅰ.①M… Ⅱ.①张… ②张… ③许… Ⅲ.①SQL语言-程序设计-高等职业教育-教材 Ⅳ.①TP311.138

中国版本图书馆CIP数据核字(2022)第045010号

书　　名：MySQL 数据库工作手册
作　　者：张　静　张庆延　许春艳

策　　划：汪　敏　　　　编辑部电话：（010）51873628
责任编辑：汪　敏　彭立辉
封面设计：刘　颖
责任校对：苗　丹
责任印制：樊启鹏

出版发行：中国铁道出版社有限公司（100054，北京市西城区右安门西街 8 号）
网　　址：http://www.tdpress.com/51eds/
印　　刷：北京联兴盛业印刷股份有限公司
版　　次：2022 年 6 月第 1 版　2022 年 6 月第 1 次印刷
开　　本：787 mm×1 092 mm 1/16　印张：16　字数：388 千
书　　号：ISBN 978-7-113-28990-4
定　　价：49.80 元

前 言

随着信息技术的发展，数据库技术在网络管理、网络安全、软件开发、人工智能、大数据应用等方面有了更广泛的应用，成为计算机及相关专业学生必备的专业基础知识。从目前各大招聘网站的信息来看，各类计算机人才的技能要求中都要求应聘者至少掌握一种数据库管理系统的操作方法。

与其他数据库产品相比，MySQL 具有体积小、速度快、使用方便、可移植、费用低等特点，并且开放源代码，因此越来越多的公司开始使用 MySQL。随之，基于 MySQL 的数据库基础操作、数据库权限管理、数据库优化等，成为企业岗位的主要技术需求。

本书采用工单手册式的结构，强化技能培养，突出重点和实用性，是编者多年来在教学实践中对本课程的教学内容、教学方法及教学效果研究成果的具体应用。

内容与结构

本书以超市管理系统的实现为主线、以 MySQL 8.0.19 和 Navicat Premium 15.0.14 为实现环境，分为四部分完成超市管理系统数据库的架设、管理与维护工作。

第一部分 数据库详细设计说明书

从概述、数据库、数据库基本操作模块、数据库编程模块、数据库管理模块五部分完成超市管理系统数据库详细设计的说明。

第二部分 工作任务手册

设计学生工作手册，分四期设计工作任务，包括数据库基本操作、查询与视图、自动化设计、数据库管理与优化。

第三部分 执行参考手册

对第二部分工作进行工作任务执行过程的解析，攻破工作任务的重点与难点。

第四部分 语句快速查询手册

提供按字母、功能索引的语句快速查询，提高实用性。

编写思路

本书的编写以“做中学”为主线，注重教学生如何做、怎么学，在培养操作技能的同时，使学生在学习中适应企业工作模式，从而提升专业知识和职业素养。具体体现在以下几方面:

（1）强调以学生为中心。以学生的学、练、思为教学主体，在注重对学生实际操作能力培养的同时，也强调其技术应用能力的培养，既让学生了解数据库管理与设计方法，又使学生掌握如何去做，使学生学后会用，学以致用。

（2）合理编排内容，按照企业工作顺序安排工作任务，考虑认知规律和接受能力，使学生更容易适应企业工作。

（3）强化技能操作，突出知识重点。每期都分为若干工作任务，围绕任务进行技能和知识的传授。工作任务设置的总原则为从工作岗位需求出发，选择典型任务并确定相应的知识点，其目标是在任务的完成过程中更好地学习、理解和应用知识。

（4）定位于职业岗位需求，适用面广。本书中有关数据库管理技能的训练，可为学生日后从事数据库管理员工作打下基础；而有关数据库开发技能的训练，可为学生日后从事数据库应用系统的开发提供保证。

（5）体现技术的先进性和规范性。适当参照相关职业资格标准，体现新技术、新标准，实现专业课程内容与职业标准对接、教学过程与生产过程对接。

本书特色

（1）体系结构的职业性。本书结构采用“项目导向，任务驱动”来组织教学内容，结构合理，便于知识、技能的查询，具有新型手册式教材的特点。

（2）突出实用性和可操作性。以岗位需求和职业能力为目标，以工作任务为主线，以数据库管理与应用开发任务为载体进行内容讲授。所选项目和任务难易适中，实用性较强。

（3）注重实践、兼顾理论。本书在突出实用性和操作性的基础上也不失系统性和科学性，使学生能在掌握应用技能的同时提高知识的迁移能力和实践的创新能力。

（4）在内容的表述上，行文朴实流畅、浅显易懂，图文并茂，示例丰富，既便于理解和操作，也便于自学和效仿。

（5）提供“多元立体”教学资源。为了方便教师开展教学和学生的个性化学习，本书以新形态的形式展现教学内容。融教材、课件、微课等教学资源于一体。读者可以通过二维码获得相关操作的视频。对于计算机类教材来说，操作演示视频更有利于学生学习。

读者对象

本书适合作为高等职业院校计算机相关专业数据库基础课程的教材，也可以作为广大 IT 技术人员和编程爱好者的参考用书。学生在学完本书后，应能熟练掌握 MySQL 数据库的项目开发流程，会操作、应用 MySQL 数据库，并具有开发一般复杂程度的数据库应用系统的能力。

本书涉及的人名、电话号码、家庭住址等信息均属虚构，如有雷同，实属巧合。

本书由长春职业技术学院张静、张庆延、许春艳任主编，长春职业技术学院刘杰、吉林省经济干部管理学院赵晓丹任副主编。其中，张静负责编写第一部分及第二、三部分的第四期工作；张庆延负责编写第二部分第一期工作的任务 1-1 至任务 1-5 和第三部分第一期工作的执行解析 1-1 至执行解析 1-5，许春艳负责编写第二、三部分的第三期工作及第四部分语句快速查询手册，刘杰负责编写第二、三部分的第二期工作，赵晓丹负责编写第二部分第一期工作的任务 1-6 至任务 1-9 和第三部分第一期工作的执行解析 1-6 至执行解析 1-9，全书由张静统稿。本书在编写过程中得到了长春职业技术学院信息学院领导的大力支持，在此表示衷心的感谢。

由于时间仓促，加之编者水平有限，疏漏与不妥之处在所难免，恳望广大读者不吝赐教。如对书中内容有疑问或其他意见，请与作者联系，联系邮箱 zjzqy2@foxmail.com。

编　者

2021 年 12 月

目 录

第一部分 数据库详细设计说明书

模块1 概述……1

1.1 目的……1

1.2 内容……1

1.3 项目背景……1

模块2 数据库……2

2.1 数据库名称……2

2.2 用户……2

模块3 数据库基本操作……2

3.1 表……2

3.2 视图……12

模块4 数据库编程……16

4.1 存储过程……16

4.2 触发器……26

模块5 数据库管理……26

5.1 安全性……26

5.2 存储引擎……27

第二部分 工作任务手册

第一期工作 数据库基本操作……28

任务1-1 安装配置数据库服务器……28

任务1-2 常用图形化工具应用……29

任务1-3 架设数据库……30

任务1-4 创建数据表与数据类型……31

任务1-5 管理数据表……32

任务1-6 管理索引……33

任务1-7 管理主键约束、唯一约束……34

任务1-8 管理默认值约束、外键约束……35

任务 1-9 数据操作......37
第二期工作 查询与视图......38
任务 2-1 掌握简单查询......38
任务 2-2 掌握分组排序查询与聚合函数......40
任务 2-3 掌握多表查询......41
任务 2-4 掌握子查询......42
任务 2-5 创建视图......43
任务 2-6 管理视图......44
第三期工作 自动化设计......45
任务 3-1 管理存储过程......45
任务 3-2 管理触发器......46
第四期工作 数据库管理与优化......47
任务 4-1 管理用户与权限......47
任务 4-2 管理事务......49
任务 4-3 备份恢复数据库......50
任务 4-4 管理存储引擎......51

第三部分 执行参考手册

第一期工作 数据库基本操作......52
执行解析 1-1 安装配置数据库服务器......52
执行解析 1-2 常用图形化工具应用......60
执行解析 1-3 架设数据库......63
执行解析 1-4 创建数据表与数据类型......72
执行解析 1-5 管理数据表......83
执行解析 1-6 管理索引......89
执行解析 1-7 管理主键约束、唯一约束......98
执行解析 1-8 管理默认值约束、外键约束......106
执行解析 1-9 数据操作......115
第二期工作 查询与视图......128
执行解析 2-1 掌握简单查询......128
执行解析 2-2 掌握分组排序查询与聚合函数......135
执行解析 2-3 掌握多表查询......142
执行解析 2-4 掌握子查询......149
执行解析 2-5 创建视图......155
执行解析 2-6 管理视图......162

第三期工作　自动化设计 166
执行解析 3-1　管理存储过程 166
执行解析 3-2　管理触发器 184
第四期工作　数据库管理与优化 192
执行解析 4-1　管理用户与权限 192
执行解析 4-2　管理事务 212
执行解析 4-3　管理备份恢复数据库 220
执行解析 4-4　管理存储引擎 225

第四部分　语句快速查询手册

语句顺序查询手册 233
功能顺序查询手册 238
章节顺序查询手册 243

第一部分　数据库详细设计说明书

超市管理系统是能够实现超市的进销存业务的信息化系统。它能够实现超市庞大商品的控制和传输，从而方便销售行业的管理和决策，为超市和超市管理人员解除后顾之忧，帮助销售部门提高工作效率，帮助超市工作人员利用计算机，极为方便地对超市的有关数据进行管理、输入、输出、查找等有关操作，使杂乱的超市数据能够具体化、直观化、合理化等。

数据库详细设计说明书

模块 1　概述

超市管理系统为适应教学，在原有企业项目开发的设计上进行相应调整，使之适合学生学习。

1.1　目的

本文档为教学案例项目 MySQL 功能规范说明书。本说明书将：

① 描述数据库设计的目的。

② 说明数据库设计中的主要组成部分。

③ 说明数据库设计中涵盖的教学知识要点。

1.2　内容

本文档主要内容包括对数据库设计结构的总体描述，对数据库中各种对象的描述（包括对象的名称、对象的属性、对象和其他对象的直接关系）。本文档中包含对以下数据库内容的描述：数据表、视图、存储过程、用户自定义函数、触发器、约束。

在数据库主要对象之外，还将描述数据库安全性设置、数据库属性设置和数据库备份策略，为数据库管理员维护数据库安全稳定地运行提供参考。

1.3　项目背景

超市管理系统数据库教学案例项目完整还原超市管理系统的数据库功能部分的设计与实施，按照超市管理信息系统的功能需求而设计，还原企业真实应用。

本系统将涵盖超市运营相关的采购、库存、销售和财务等方面。

超市采购业务中根据四分法中供应商与产品需求数量的不同来确定供应商，即当产品需求数 量较少，供应商较少时，采用零星订货；当产品需求数量较多，供应商较少时，采用长期订单订货；当产品需求数量较少，供应商较多时，采用网上零星订货；当产品需求数量较多，供应商较多时，采用网上招标订货，本项目主要完成网上招标订货形式的采购业务。超市运营中不同商品类型有不同的管理方式：百货类商品需要入库后再上架；食品类尤其是生鲜类因其保质期短等特点可能直接上架；自营类商品直接上架，不参与超市管理。本案例只针对百货类商品进行探讨。

模块 2 数据库

2.1 数据库名称

数据库的名称为 Market。

2.2 用户

① root 用户：MySQL 数据库自动创建的管理员，具有数据库管理的所有权限，用于数据库开发之初的数据库、数据表、视图、存储过程、触发器、用户等的创建工作，为其他用户的授权工作。

② MarketDBWinUser：数据库运行管理员，是操作系统访问数据库所使用的账号，具有数据表、视图、存储过程、触发器的查询权限，执行存储过程的权限，以及以上权限的用户授权操作权限。

③ MarketDBASPUser：该用户是应用程序访问数据库所使用的账号，具有数据操作、查看视图和执行存储过程的权限。

模块 3 数据库基本操作

3.1 表

根据超市信息系统功能，数据库将以商品信息为中心存储相关数据，配合 MySQL 数据库系统中提供的数据管理，实现采购、库存、销售和财务等业务功能。

数据库系统中的数据表清单如表 1-3-1 所示。

表 1-3-1　数据表清单

序　号	表　名	说　明	序　号	表　名	说　明
1	tblGoods	商品信息	7	tblScoreCard	积分卡
2	tblSupplier	供应商	8	tblTrade	商品交易
3	tblOrder	订单	9	tblTradeList	交易明细
4	tblOrderList	订单明细	10	tblDept	部门
5	tblOrderDelivery	交货进度	11	tblUser	用户
6	tblFund	储值卡			

系统 E-R 图如图 1-3-1 所示。

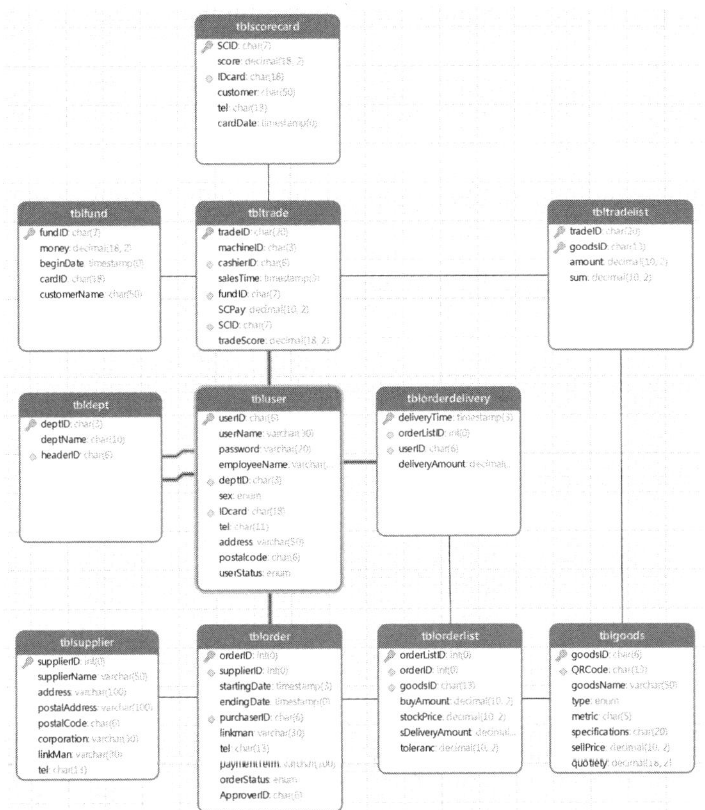

图 1-3-1　超市管理系统 E-R 图

3.1.1　商品信息表 tblGoods

1. 概述

商品信息表 tblGoods 用于商品基本信息，并作为基础表与其他表连接。表 tblGoods 中的积分系数 quotiety 字段用于销售时积分卡计算积分。

2. 表定义

商品信息表 tblGoods 的定义如表 1-3-2 所示。

表 1-3-2　商品信息表 tblGoods 的定义

说　明	列　名	类　型	默认值	索　引	PK/FK	为空性	备　注
商品代码	goodsID	Char(6)			PK	否	
商品条形码	QRCode	Char(13)				否	
商品名称	goodsName	Varchar(50)		是		否	
商品类型	type	enum	食品			否	
计量单位	metric	Char(5)				否	
规格型号	specifications	Char(20)				否	

续表

说　明	列　名	类　型	默认值	索　引	PK/FK	为空性	备　注
销售价格	sellPrice	Decimal(10,2)				是	
积分系数	quotiety	decimal(18,2)	1			否	

3. 主键

表 tblGoods 的主键是 goodsID 字段，类型为 Char(6)。

4. 外键

无。

5. 约束

表 tblGoods 中的商品类型 type 字段设置为枚举（enum）类型，枚举值为“食品、调料、洗化用品、日用品、文具、水果、饮料、其他”。

① 表 tblGoods 中的商品条形码 QRCode 字段设置为唯一约束。

② 表 tblGoods 中的商品类型 type 字段默认值设置为“食品”。

③ 表 tblGoods 中的积分系数 quotiety 字段默认值为 1。

6. 索引

① 表 tblGoods 中的主键字段 goodsID 字段具有自动创建的主键索引。

② 表 tblGoods 中的商品条形码 QRCode 字段设置为唯一索引。

③ 表 tblGoods 中的商品名称 goodsName 字段用于经常查询创建普通索引，提高查询速度。

3.1.2 供应商表 tblSupplier

1. 概述

表 tblSupplier 用于记录供应商信息。每个供应商在该表中都对应一条记录。该表中记录企业法人、联系人及联系电话。

2. 表定义

供应商表 tblSupplier 的定义如表 1-3-3 所示。

表 1-3-3　供应商表 tblSupplier 的定义

说　明	列　名	类　型	默认值	索　引	PK/FK	为空性	备　注
供应商代码	supplierID	int		是	PK	否	自动增量
供应商名称	supplierName	varChar(50)		是		否	
供应商地址	address	varChar(100)					
通信地址	postalAddress	varChar(100)					
邮政编码	postalCode	Char(6)					
企业法人	corporation	varChar(30)					
联系人	linkMan	Varchar(30)					
联系电话	tel	Char(13)					

3. 主键

表 tblSupplier 的主键是 supplierID 字段，类型为 int，设置自动增量。

4. 外键

无。

5. 约束

无。

6. 索引

① 表 tblSupplier 中的主键字段 supplierID 具有自动创建的主键索引。

② 表 tblSupplier 中的供应商名称 supplierName 经常用于查询，创建普通索引，提高查询速度。

3.1.3 订单表 tblOrder

1. 概述

表 tblOrder 用于记录采购信息，当采购已成功，进入进货状态时填写表中记录，包括供应商信息、订单信息、采购员信息、付款条件、订单状态等。表 tblOrder 通过字段 supplierID 与表 tblSuppliet 关联，表 tblOrder 通过字段 purchaserID 与表 tblUser 关联。当订单状态 orderStatus 更新为“已完成”时，检验该订单明细的采购数量与交货数量差是否小于容差。如果小于容差，则允许更新；否则给出提示信息，不更新。

2. 表定义

订单表 tblOrder 定义如表 1-3-4 所示。

表 1-3-4　订单表 tblOrder 定义

说　明	列　名	类　型	默认值	索　引	PK/FK	为空性	备　注
订单编号	orderID	int		是	PK	否	自动增量
供应商代码	supplierID	int		是	FK	否	
起始日期	startingDate	timestamp	Current_timestamp				
截止日期	endingDate	timestamp					
采购员编号	purchaserID	Char(6)			FK	否	
供应商联系人	linkman	varChar(30)				否	
联系电话	tel	Char(13)				否	
付款条件	paymentTerm	Varchar(100)					
订单状态	orderStatus	enum				否	
审核人	ApproverID	Char(6)					

3. 主键

表 tblOrder 的主键是 orderID 字段，类型为 int，设置为自动增量。

4. 外键

① 表 tblOrder 的供应商代码 supplierID 字段定义为外键，类型为 int，用于与表 tblSupplier 中

的 supplierID 字段关联。

② 表 tblOrder 的采购员编号 purchaserID 字段定义为外键，类型为 char(6)，用于与表 tblUser 中的 userID 字段关联。

5. 约束

① 表 tblOrder 的起始日期 startingDate 字段，默认值设置为 current_timestamp。

② 表 tblOrder 的订单状态 orderStatus 字段设置为枚举 enum 类型，取值为“未审核、已确认、交货中、已完成、逾期、取消”。

6. 索引

主键字段 SalaryID 具有自动创建的主键索引。

3.1.4 订单明细表 tblOrderList

1. 概述

表 tblOrderList 用于记录订单详细信息，包括采购商品的订单信息和当前交货数量及容差记录。以 orderListID 字段作为主键，通过字段 orderID 与表 tblOrderList 关联，通过字段 goodsID 与表 tblGoods 关联。为保证同一订单上一种商品只记录一次，设置由 orderID 和 goodsID 组成的组合唯一索引。此表中的交货数量 sDeliveryAmount 字段是指该订单交货数量的总和，其值是交货进度 tblOrderDelivery 表中该订单交货数量 deliveryAmount 字段的汇总求和。

2. 表定义

订单明细表 tblOrderList 的定义如表 1-3-5 所示。

表 1-3-5 订单明细表 tblOrderList 的定义

说明	列名	类型	默认值	索引	PK/FK	为空性	备注
订单明细编号	orderListID	int			PK	否	自动增量
订单编号	orderID	int		唯一索引	FK	否	
商品代码	goodsID	Char(13)			FK	否	
采购数量	buyAmount	decimal(10,2)				否	
采购价格	stockPrice	decimal(10,2)					
交货数量	sDeliveryAmount	decimal(10,2)					
容差	toleranc	decimal(10,2)					

3. 主键

表 tblOrderList 的主键是 orderListID，类型是 int，设置自动增量。

4. 外键

① 表 tblOrderList 的订单编号 orderID 字段定义为外键，类型为 int，用于与表 tblOrder 中的 orderID 字段关联。

② 表 tblOrderList 的商品代码 goodsID 字段定义为外键，类型为 char(13)，用于与表 tblGoods 中的 goodsID 字段关联。

5. 约束

表 tblOrderList 中的 orderID 和 goodsID 两字段设置为组合唯一约束。

6. 索引

① 表 tblOrderList 中的主键 orderListID 字段具有自动创建的主键索引。

② 表 tblOrderList 中的 orderID 和 goodsID 两字段设置为组合唯一索引，保证两字段的组合值不重复。

3.1.5 交货进度表 tblOrderDelivery

1. 概述

表 tblOrderDelivery 用于记录交货进度信息。表 tblOrderDelivery 以交货时间 deliveryTime 作为主键，精确到毫秒，默认值为当前时间。通过字段 orderID 与表 tblGoods 关联。交货数量 deliverAmount 为当次交货数量。

2. 表定义

交货进度表 tblOrderDelivery 的定义如表 1-3-6 所示。

表 1-3-6　交货进度表 tblOrderDelivery 的定义

说　明	列　名	类　型	默 认 值	索　引	PK/FK	为空性	备　注
交货时间	deliveryTime	timestamp(3)	Current_timestamp		PK	否	
订单明细编号	orderListID	int			FK	否	
收货人编号	userID	Char(6)			FK	否	
交货数量	deliveryAmount	Decimal(10,2)				否	>0

3. 主键

表 tblOrderDelivery 的主键是 deliveryTime 字段，类型为 timestamp(3)，精确到毫秒。

4. 外键

① 表 tblOrderDelivery 的订单明细编号 orderListID 字段定义为外键，类型为 int，实现与表 tblOrderList 的关联。

② 表 tblOrderDelivery 的收货人编号 userID 字段定义为外键，类型为 char(6)，实现与表 tblUser 的关联。

5. 约束

表 tblOrderDelivery 中交货时间 deliveryTime 字段默认值设置为当前日期时间；交货时间 deliveryTime 字段类型设置为 timestamp(3)，表示时间精确到毫秒。

6. 索引

表 tblOrderDelivery 的主键字段 deliveryTime 具有自动创建的主键索引。

3.1.6 储值卡表 tblFund

1. 概述

表 tblFund 记录储值卡的基本信息。储值卡不记名，办卡时提供身份证办理。表 tblFund 中的基本信息包括卡号、金额、办卡日期、身份证号、姓名。

2. 表定义

储值卡表 tblFund 的定义如表 1-3-7 所示。

表 1-3-7 储值卡表 tblFund 的定义

说　明	列　名	类　型	默认值	索　引	PK/FK	为空性	备　注
卡号	fundID	Char(7)			PK	否	
金额	money	decimal(18,2)	1 000			否	
办卡日期	beginDate	timestamp	Current_timestamp				
身份证号	cardID	Char(18)					
姓名	lcustomerName	Char(50)					

3. 主键

表 tblFund 的主键是 fundID 字段，类型为 char(7)。

4. 外键

无。

5. 约束

① 表 tblFund 的金额 money 字段默认值为 1 000。

② 表 tblFund 的办卡日期 beginDate 默认值为当前日期。

6. 索引

表 tblFund 的主键字段 fundID 具有自动创建的主键索引。

3.1.7 积分卡表 tblScoreCard

1. 概述

表 tblScoreCard 用于记录积分卡信息。表 tblScoreCard 中的基本信息包括卡号、现有积分、顾客身份证号、顾客姓名、联系电话、办卡日期。在销售收款表添加记录时自动更新积分卡明细表和积分卡表的现有积分字段。

2. 表定义

积分卡表 tblScoreCard 的定义如表 1-3-8 所示。

表 1-3-8 积分卡表 tblScoreCard 的定义

说　明	列　名	类　型	默认值	索　引	PK/FK	为空性	备　注
卡号	SCID	Char(7)			PK	否	
现有积分	score	decimal(18,2)	0			否	
顾客身份证号	IDcard	Char(18)				否	
顾客姓名	customer	Char(50)				否	
联系电话	tel	Char(13)				否	
办卡日期	cardDate	timestamp	Current_timestamp			否	

3. 主键

表 tblScoreCard 的主键是 SCID 字段，类型为 char(7)。

4. 外键

无。

5. 约束

① 表 tblScoreCard 的现有积分 score 字段的默认值为 0。

② 表 tblScoreCard 的办卡日期 cardDate 字段的默认值为当前日期。

6. 索引

① 表 tblScoreCard 的主键字段 SCID 具有自动创建的主键索引。

② 表 tblScoreCard 的 IDcard 字段为唯一约束。

③ 表 tblScoreCard 的联系电话 tel 字段建立普通索引。

3.1.8 商品交易表 tblTrade

1. 概述

表 tblTrade 用于记录超市交易信息。基本信息包括交易号、机器号、收银员编号、交易时间、储值卡编号、储值卡支付金额、积分卡编号、积分。当交易明细表中添加销售记录时自动更新积分字段值。

2. 表定义

商品交易表 tblTrade 的定义如表 1-3-9 所示。

表 1-3-9　商品交易表 tblTrade 的定义

说　明	列　名	类　型	默认值	索　引	PK/FK	为空性	备　注
交易号	tradeID	Char(20)		是	PK	否	
机器号	machineID	Char(3)				否	
收银员编号	cashierID	char(6)			FK	否	
交易时间	salesTime	Timestamp(3)	Current_time			否	
储值卡编号	fundID	decimal(7)				是	
储值卡支付金额	SCPay	decimal(10,2)				是	
积分卡编号	SCID	Char(7)					
积分	tradeScore	decimal(18,2)					

3. 主键

表 tblTrade 的主键是交易号 tradeID 字段，类型为 char(20)。

4. 外键

表 tblTrade 的收银员编号 cashierID 字段定义为外键，类型为 char(6)，实现与表 tblUser 的关联。

5. 约束

表 tblTrade 的交易时间 salesTime 字段的默认值为当前日期。

6. 索引

表 tblTrade 的主键字段 tradeID 具有自动创建的主键索引。

3.1.9 交易明细表 tblTradeList

1. 概述

表 tblTradeList 用于记录交易明细信息。基本信息包括交易号、商品代码、商品数量、金额。其中，金额字段值在更新数据时自动生成，值为商品信息表的销售价格与商品数量的积。

2. 表定义

交易明细表 tblTradeList 的定义如表 1-3-10 所示。

表 1-3-10 交易明细表 tblTradeList 的定义

说明	列名	类型	默认值	索引	PK/FK	为空性	备注
交易号	tradeID	Char(20)		是	PK/FK	否	
商品代码	goodsID	Char(6)		是	PK/FK	否	
商品数量	amount	decimal(10,2)	1			否	
金额	sum	decimal(10,2)				否	= 商品信息 . 销售价格 × 商品数量

3. 主键

表 tblTradeList 是交易号 tradeID 字段和商品代码 goodsID 字段共同作为主键，类型分别为 char(20) 和 char(16)。

4. 外键

表 tblTradeList 的交易号 tradeID 字段定义为外键，类型为 char(20)，实现与表 tblTradeList 的关联。

表 tblTradeList 的商品代码 goodsID 字段定义为外键，类型为 char(6)，实现与表 tblGoods 的关联。

5. 约束

表 tblTradeList 的商品数量 amount 字段的默认值为 1。

6. 索引

表 tblTradeList 的组合主键 tradeID、goodsID 字段具有自动创建的主键索引。

3.1.10 部门表 tblDept

1. 概述

表 tblDept 用于保存部门信息。表 tblDept 的基本信息包括部门编号、部门名称、部门负责人编号。

2. 表定义

部门表 tblDept 的定义如表 1-3-11 所示。

表 1-3-11　部门表 tblDept 的定义

说　明	列　名	类　型	默认值	索　引	PK/FK	为空性	备　注
部门编号	deptID	Char(3)		是	PK	否	
部门名称	deptName	Char(10)				否	
部门负责人编号	headerID	Char(6)			FK	是	

3. 主键

表 tblDept 的主键是部门编号 deptID 字段，类型是 char(3)。

4. 外键

表 tblDept 的部门负责人 header 字段定义为外键，类型为 char(6)，实现与表 tblUser 的关联。

5. 约束

无。

6. 索引

表 tblDept 的主键 deptID 字段具有自动创建的主键索引。

3.1.11　用户表 tblUser

1. 概述

表 tblUser 用于记录用户信息。表 tblUser 包含的内容有用户编号、用户名、口令、员工姓名、部门编号、性别、身份证号、联系电话、住址、邮编、用户状态。

2. 表定义

用户表 tblUser 的定义如表 1-3-12 所示。

表 1-3-12　用户表 tblUser 的定义

说　明	列　名	类　型	默认值	索　引	PK/FK	为空性	备　注
用户编号	userID	Char(6)		是	PK	否	
用户名	userName	varChar(30)		是		否	
口令	password	Varchar(20)	123456			否	
员工姓名	employeeName	Varchar(30)				否	
部门编号	deptID	Char(3)			FK		
性别	sex	enum	女				男、女
身份证号	IDcard	Char(18)					
联系电话	tel	Char(11)					
住址	address	varChar(50)					

续表

说　明	列　名	类　型	默认值	索　引	PK/FK	为空性	备　注
邮编	postalcode	Char(6)					
用户状态	userStatus	enum	正常				

3. 主键

表 tblUser 的主键是用户编号 userID 字段，类型为 char(6)。

4. 外键

表 tblUser 的部门编号 deptID 字段定义为外键，类型为 char(3)，实现与表 tblDept 的关联。

5. 约束

① 表 tblUser 的口令 password 字段的默认值为 123 456。

② 表 tblUser 的性别 sex 字段为 enum 类型，枚举值为“男、女”，默认值为“女”。

③ 表 tblUser 的身份证号 IDcard 字段具有唯一约束。

④ 表 tblUser 的用户状态 userStatus 字段为 enum 类型，枚举值为“正常、退休、离职、其他”，默认值为“正常”。

6. 索引

① 表 tblUser 的主键 userID 字段具有自动创建的主键索引。

② 表 tblUser 的 IDcard 字段具有唯一索引。

3.2 视图

3.2.1 视图 vwGoods

1. 概述

vwGoods 视图通过 tblGoods 得到商品的信息，包括商品信息 tblGoods 表的全部字段。作为界面显示商品信息列表的数据源，供进一步条件查询使用，或用于通过此视图修改商品信息 tblGoods 表的数据。

2. 基表

tblGoods。

3. 视图包含字段

goodsID、QRCode、goodsName、type、metric、specifications、sellPrice、quotiety。

4. 权限

① PurchasingManager 采购经理具有 SELECT、INSERT 权限。

② SaleManager 销售经理具有 SELECT 和销售价格 sellPrice 字段的 UPDATE 权限。

③ Purchaser 采购员、Cashier 收银员、Storekeeper 库管员具有 SELECT 权限。

3.2.2 视图 vwSupplier

1. 概述

vwSupplier 视图通过 tblSupplier 表得到供应商的信息，包括供应商 tblSupplier 表的全部字段。

作为界面显示供应商信息列表的数据源，供进一步条件查询使用，或用于通过此视图修改供应商 tblSupplier 表的数据。

2. 基表

tblSupplier。

3. 视图包含字段

supplierID、supplierName、address、postalAddress、postalCode、corporation、linkMan、tel。

4. 权限

① PurchasingManager 采购经理具有 SELECT 权限。

② Purchaser 采购员具有 SELECT、INSERT 和 UPDATE 联系人 linkMan、联系电话 tel 字段权限。

3.2.3　视图 vwPurchase

1. 概述

此视图通过 tblOrder、tblOrderList、tblGoods、tblSupplier 和 tblUser 得到订单的信息，其中包括订单头信息、订单明细信息、供应商信息、采购员信息、审核人信息。作为采购员管理、显示订单信息、提交审核订单等界面的数据来源。

2. 基表

tblOrder、tblOrderList、tblGoods、tblSupplier、tblUser。

3. 视图包含字段

orderID、supplierID、supplierName、startingDate、endingDate、purchaserID、purchaserName、linkman、address、paymentTerm、orderStatus、orderListID、goodsID、goodsName、type、metric、specifications、buyAmount、stockPrice、sDeliveryAmount、toleranc。

4. 权限

Purchaser 采购员具有 INSERT、SELECT 权限和 orderStatus 字段的 UPDATE 权限。

3.2.4　视图 vwApprover

1. 概述

vwApprover 视图通过 tblOrder、tblOrderList、tblGoods、tblSupplier 和 tblUser 得到订单的信息，其中包括订单头信息、订单明细信息、供应商信息、采购员信息、审核人信息。作为采购经理显示订单信息、审核订单状态等界面的数据来源。

2. 基表

tblOrder、tblOrderList、tblGoods、tblSupplier、tblUser。

3. 视图包含字段

orderID、supplierID、supplierName、startingDate、endingDate、purchaserID、employeeName、linkman、address、paymentTerm、orderStatus、ApproverID、employeeName、orderListID、goodsID、goodsName、type、metric、specifications、buyAmount、stockPrice、toleranc。

4. 权限

PurchaseManager 采购经理具有 SELECT 权限和订单状态 orderStatus、审核人 approverID 字

段的 UPDATE 权限。

3.2.5 视图 vwWarehousing

1. 概述

vwWarehousing 视图通过 tblOrder、tblOrderList、tblGoods、tblSupplier 和 tblUser 得到订单的信息，其中包括订单头信息、订单明细信息、供应商信息、采购员信息。作为库管员入库操作时显示订单信息、更改交货数量和订单状态等界面的数据来源。

2. 基表

tblOrder、tblOrderList、tblGoods、tblSupplier、tblUser。

3. 视图包含字段

orderID、supplierID、supplierName、startingDate、endingDate、purchaserID、employeeName、linkman、address、paymentTerm、orderStatus、goodsID、goodsName、buyAmount、sDeliveryAmount、toleranc。

4. 权限

① Storekeeper 库管员具有 SELECT 权限和订单状态 orderStatus 字段、sDeliveryAmoun 交货数量字段的 UPDATE 权限。

② Purchaser 采购员具有 SELECT 权限。

3.2.6 视图 vwFixedPrice

1. 概述

vwFixedPrice 视图通过 tblOrder、tblOrderList、tblGoods 和 tblUser 得到订单的信息，其中包括订单头信息、订单明细信息、商品信息。作为销售经理显示商品信息、商品采购信息、确定商品销售价格和积分系数等界面的数据来源。

2. 基表

tblOrder、tblOrderList、tblGoods、tblUser。

3. 视图包含字段

orderListID、orderID、startingDate、endingDate、goodsID、goodsName、type、metric、specifications、buyAmount、stockPrice、toleranc、sellPrice、quotiety。

4. 权限

SaleManager 销售经理具有 SELECT 权限和销售价格 sellPrice、积分系数 quotiety 字段的 UPDATE 权限。

3.2.7 视图 vwFund

1. 概述

此视图通过 tblFund 表得到储值卡的信息。作为客服办理储值卡时查询、添加、修改储值卡信息界面的数据来源。

2. 基表

tblFund。

3. 视图包含字段

fundID、money、beginDate、cardID、customerName。

4. 权限

CustomerService 客服具有 SELECT、INSERT、UPDATE 权限。

3.2.8 视图 vwScoreCard

1. 概述

vwScoreCard 视图通过 tblScoreCard 表得到积分卡的信息。作为客服办理积分卡时查询、添加、修改积分卡信息界面的数据来源。

2. 基表

tblScoreCard。

3. 视图包含字段

SCID、score、IDcard、customer、tel、cardDate。

4. 权限

CustomerService 客服具有 SELECT、INSERT、UPDATE 权限。

3.2.9 视图 vwSale

1. 概述

vwScorcCard 视图通过 tblTradc、tblTradcList、tblGoods、tblUscr、tblScorcCard、tblFund 表得到商品销售信息。作为收银员收银时查询、添加、修改交易信息界面的数据来源，也可以作为销售经理修改交易信息界面、分析销售数据的数据来源。通过这个视图可以按 goodsID 查询某段时间内该商品的销售信息；可以按 tradeID 查询某笔交易的详细商品信息、交易额、积分、交易时间等。

2. 基表

tblTrade、tblTradeList、tblGoods、tblUser、tblScoreCard、tblFund。

3. 视图包含字段

tradeID、machineID、cashierID、cashierName、salesTime、fundID、SCPay、Money、SCID、tradeScore、score、goodsID、QRCode、goodsName、type、metric、specifications、sellPrice、amount、sum= amount* sellPrice。

4. 权限

① Cashier 收银员具有 SELECT、INSERT 权限。

② SaleManager 销售经理具有 SELECT、UPDATE、DELETE 的权限。

3.2.10 视图 vwDept

1. 概述

vwDept 视图通过 tblDept、tblUser 表得到部门信息及部门领导信息。作为销售经理、采购经理查询部门信息界面的数据来源。

2. 基表

tblDept、tblUser。

3. 视图包含字段

deptID、deptName、headerID、headerName。

4. 权限

① SaleManager 销售经理、PurchasingManager 采购经理具有 SELECT 的权限。

② MarketDBASPUser 具有 INSERT、UPDATE 的权限。

3.2.11 视图 vwUser

1. 概述

vwUser 视图通过 tblUser、tblDept 表得到用户信息及直属领导信息。作为用户查询、添加、修改员工信息界面的数据来源。

2. 基表

tblUser、tblDept。

3. 视图包含字段

userID、userName、password、employeeName、sex、IDcard、tel、address、postalcode、userStatus、deptID、deptName、headerID、headerName。

4. 权限

SaleManager 销售经理、PurchasingManager 采购经理具有 SELECT、INSERT、UPDATE 的权限。

模块 4 数据库编程

4.1 存储过程

4.1.1 存储过程 spAddGood

1. 概述

此存储过程向表 tblGoods 插入一条新商品信息。

2. 权限

MarketDBASPUser 具有 EXEC 权限。

3. 参数

存储过程 spAddGood 涉及的参数如表 1-4-1 所示。

表 1-4-1　spAddGood 涉及的参数

名　称	类　型	描　述
P_goodsID	Char(6)	商品代码
P_QRCode	Char(13)	商品条形码
P_goodsName	Varchar(50)	商品名称
P_type	Char(10)	商品类型
P_metric	Char(5)	计量单位
P_specifications	Char(20)	规格型号
P_sellPrice	Decimal(10,2)	销售价格
P_quotiety	decimal(18,2)	积分系数

4.1.2　存储过程 spGetGoodsByType

1. 概述

此存储过程按类型查询商品信息。

2. 权限

MarketDBASPUser 具有 EXEC 权限。

3. 参数

存储过程 spGetGoodsByType 涉及的参数如表 1-4-2 所示。

表 1-4-2　spGetGoodsByType 涉及的参数

名　称	类　型	描　述
P_type	Char(10)	商品类型

4.1.3　存储过程 spGetGoodsByNameType

1. 概述

此存储过程按类型、商品名称查询商品信息，提供模糊查询功能。

2. 权限

MarketDBASPUser 具有 EXEC 权限。

3. 参数

存储过程 spGetGoodsByNameType 涉及的参数如表 1-4-3 所示。

表 1-4-3　spGetGoodsByNameType 涉及的参数

名　称	类　型	描　述
P_goodsName	Varchar(50)	商品名称
P_type	Char(10)	商品类型

4.1.4　存储过程 spGetGoodsByQRCode

1. 概述

此存储过程按商品条形码查询商品信息。

2. 权限

MarketDBASPUser 具有 EXEC 权限。

3. 参数

存储过程 spGetGoodsByQRCode 涉及的参数如表 1-4-4 所示。

表 1-4-4　spGetGoodsByQRCode 涉及的参数

名　称	类　型	描　述
P_QRCode	Char(13)	商品条形码

4.1.5　存储过程 spUPDATEGoodsSellPrice

1. 概述

此存储过程按商品代码修改销售价格。

2. 权限

MarketDBASPUser 具有 EXEC 权限。

3. 参数

存储过程 spUPDATEGoodsSellPrice 涉及的参数如表 1-4-5 所示。

表 1-4-5　spUPDATEGoodsSellPrice 涉及的参数

名　称	类　型	描　述
P_goodsID	Char(6)	商品代码
P_sellPrice	Decimal(10,2)	销售价格

4.1.6　存储过程 spAddSupplier

1. 概述

此存储过程向表 tblSupplier 插入一条新供应商信息。

2. 权限

MarketDBASPUser 具有 EXEC 权限。

3. 参数

存储过程 spAddSupplier 涉及的参数如表 1-4-6 所示。

表 1-4-6　spAddSupplier 涉及的参数

名　称	类　型	描　述
P_supplierName	varChar(50)	供应商名称
P_address	varChar(100)	供应商地址
P_postalAddress	varChar(100)	通信地址
P_postalCode	Char(6)	邮政编码
P_corporation	varChar(30)	企业法人
P_linkMan	Varchar(30)	联系人
P_tel	Char(13)	联系电话

4.1.7　存储过程 spGetSupplierBySName

1. 概述

此存储过程按供应商名称查询供应商信息，提供模糊查询功能。

2. 权限

MarketDBASPUser 具有 EXEC 权限。

3. 参数

存储过程 spGetSupplierBySName 涉及的参数如表 1-4-7 所示。

表 1-4-7　spGetSupplierBySName 涉及的参数

名　称	类　型	描　述
P_supplierName	varChar(50)	供应商名称

4.1.8　存储过程 spGetSupplierByAddress

1. 概述

此存储过程按供应商地址查询供应商信息，提供模糊查询功能。

2. 权限

MarketDBASPUser 具有 EXEC 权限。

3. 参数

存储过程 spGetSupplierByAddress 涉及的参数如表 1-4-8 所示。

表 1-4-8　spGetSupplierByAddress 涉及的参数

名　称	类　型	描　述
P_address	varChar(100)	供应商地址

4.1.9 存储过程 spGetSupplierByNameAddress

1. 概述

此存储过程按供应商名称、供应商地址查询供应商信息，提供模糊查询功能。

2. 权限

MarketDBASPUser 具有 EXEC 权限。

3. 参数

存储过程 spGetSupplierByNameAddress 涉及的参数如表 1-4-9 所示。

表 1-4-9 spGetSupplierByNameAddress 涉及的参数

名　称	类　型	描　述
P_supplierName	varChar(50)	供应商名称
P_address	varChar(100)	供应商地址

4.1.10 存储过程 spUPDATELinkManTelBySID

1. 概述

此存储过程按供应商代码修改联系人姓名和联系电话。

2. 权限

MarketDBASPUser 具有 EXEC 权限。

3. 参数

存储过程 spUPDATELinkManTelBySID 涉及的参数如表 1-4-10 所示。

表 1-4-10 spUPDATELinkManTelBySID 涉及的参数

名　称	类　型	描　述
P_supplierID	Int	供应商代码
P_linkMan	Varchar(30)	联系人
P_tel	Char(13)	联系电话

4.1.11 存储过程 spAddOrder

1. 概述

此存储过程向表 tblOrder 插入一条新订单。

2. 权限

MarketDBASPUser 具有 EXEC 权限。

3. 参数

存储过程 spAddOrder 涉及的参数如表 1-4-11 所示。

表 1-4-11　spAddOrder 涉及的参数

名　称	类　型	描　述
P_supplierID	Int	供应商代码
P_startingDate	timestamp	起始日期
P_endingDate	timestamp	截止日期
P_purchaserID	Char(6)	采购员编号
P_linkman	varChar(30)	供应商联系人
P_tel	Char(13)	联系电话
P_paymentTerm	Varchar(100)	付款条件
P_orderStatus	enum	订单状态
P_ApproverID	Char(6)	审核人

4.1.12　存储过程 spGetOrdersBySName

1. 概述

此存储过程按供应商名称查询订单信息，提供模糊查询功能。

2. 权限

MarketDBASPUser 具有 EXEC 权限。

3. 参数

存储过程 spGetOrdersBySName 涉及的参数如表 1-4-12 所示。

表 1-4-12　spGetOrdersBySName 涉及的参数

名　称	类　型	描　述
P_supplierName	varChar(50)	供应商名称

4.1.13　存储过程 spGetOrdersByStartingDate

1. 概述

此存储过程查询起始日期在某一时间段内的订单信息。

2. 权限

MarketDBASPUser 具有 EXEC 权限。

3. 参数

存储过程 spGetOrdersByStartingDate 涉及的参数如表 1-4-13 所示。

表 1-4-13　spGetOrdersByStartingDate 涉及的参数

名　称	类　型	描　述
P_beginDate	timestamp	开始时间
P_endingDate	timestamp	结束时间

4.1.14 存储过程 spGetOrdersByStatus

1. 概述

此存储过程按订单状态查询订单信息。

2. 权限

MarketDBASPUser 具有 EXEC 权限。

3. 参数

存储过程 spGetOrdersByStatus 涉及的参数如表 1-4-14 所示。

表 1-4-14 spGetOrdersByStatus 涉及的参数

名　称	类　型	描　述
P_orderStatus	enum	订单状态

4.1.15 存储过程 spUPDATELinkManTel

1. 概述

此存储过程按订单编号修改联系人、联系电话。

2. 权限

MarketDBASPUser 具有 EXEC 权限。

3. 参数

存储过程 spUPDATELinkManTel 涉及的参数如表 1-4-15 所示。

表 1-4-15 spUPDATELinkManTel 涉及的参数

名　称	类　型	描　述
P_orderID	int	订单编号
P_linkman	varChar(30)	供应商联系人
P_tel	Char(13)	联系电话

4.1.16 存储过程 spCancelStatus

1. 概述

此存储过程按订单编号取消订单（把订单状态改为取消）。

2. 权限

MarketDBASPUser 具有 EXEC 权限。

3. 参数

存储过程 spCancelStatus 涉及的参数如表 1-4-16 所示。

表 1-4-16 spCancelStatus 涉及的参数

名　称	类　型	描　述
P_orderID	int	订单编号

4.1.17　存储过程 spAddOrderList

1. 概述

此存储过程向表 tblOrderList 插入一条新订单明细。

2. 权限

MarketDBASPUser 具有 EXEC 权限。

3. 参数

存储过程 spAddOrderList 涉及的参数如表 1-4-17 所示。

表 1-4-17　spAddOrderList 涉及的参数

名　称	类　型	描　述
P_orderListID	int	订单明细编号
P_orderID	int	订单编号
P_goodsID	Char(13)	商品代码
P_buyAmount	Decimal(10,2)	采购数量
P_stockPrice	Decimal(10,2)	采购价格
P_sDeliveryAmount	decimal(10,2)	交货数量
P_toleranc	decimal(10,2)	容差

4.1.18　存储过程 spGetOrderListByID

1. 概述

此存储过程按订单编号查询订单明细信息。

2. 权限

MarketDBASPUser 具有 EXEC 权限。

3. 参数

存储过程 spGetOrderListByID 涉及的参数如表 1-4-18 所示。

表 1-4-18　spGetOrderListByID 涉及的参数

名　称	类　型	描　述
P_orderID	int	订单编号

4.1.19　存储过程 spUPDATEOrderListByOrderListID

1. 概述

此存储过程按订单明细编号修改订单明细信息。

2. 权限

MarketDBASPUser 具有 EXEC 权限。

3. 参数

存储过程 spUPDATEOrderListByOrderListID 涉及的参数如表 1-4-19 所示。

表 1-4-19　spUPDATEOrderListByOrderListID 涉及的参数

名　称	类　型	描　述
P_orderListID	Int	订单明细编号
P_orderID	int	订单编号
P_goodsID	Char(13)	商品代码
P_buyAmount	decimal(10,2)	采购数量
P_stockPrice	decimal(10,2)	采购价格
P_sDeliveryAmount	decimal(10,2)	交货数量
P_toleranc	decimal(10,2)	容差

4.1.20　存储过程 spGetOrderAndListByLinkman

1. 概述

此存储过程按供应商联系人查询订单和订单明细信息。

2. 权限

MarketDBASPUser 具有 EXEC 权限。

3. 参数

存储过程 spGetOrderAndListByLinkman 涉及的参数如表 1-4-20 所示。

表 1-4-20　spGetOrderAndListByLinkman 涉及的参数

名　称	类　型	描　述
P_linkman	varChar(30)	供应商联系人

4.1.21　存储过程 spGetDeliveryAndListByOLID

1. 概述

此存储过程按订单明细编号查询交货进度和订单明细。

2. 权限

MarketDBASPUser 具有 EXEC 权限。

3. 参数

存储过程 spGetDeliveryAndListByOLID 涉及的参数如表 1-4-21 所示。

表 1-4-21　spGetDeliveryAndListByOLID 涉及的参数

名　称	类　型	描　述
P_orderListID	int	订单明细编号

4.1.22　存储过程 spGetFundByDate

1. 概述

此存储过程按办卡时间段查询储值卡信息。

2. 权限

MarketDBASPUser 具有 EXEC 权限。

3. 参数

存储过程 spGetFundByDate 涉及的参数如表 1-4-22 所示。

表 1-4-22　spGetFundByDate 涉及的参数

名　称	类　型	描　述
P_beginTime	timestamp	开始时间
P_EndingTime	timestamp	结束时间

4.1.23　存储过程 spGetSCardByIDcard

1. 概述

此存储过程按身份证号查询积分卡信息。

2. 权限

MarketDBASPUser 具有 EXEC 权限。

3. 参数

存储过程 spGetSCardByIDcard 涉及的参数如表 1-4-23 所示。

表 1-4-23　spGetSCardByIDcard 涉及的参数

名　称	类　型	描　述
P_IDcard	Char(18)	顾客身份证号

4.1.24　存储过程 spGetTradeByStartingDate

1. 概述

此存储过程查询交易时间在某一时间段内的交易信息。

2. 权限

MarketDBASPUser 具有 EXEC 权限。

3. 参数

存储过程 spGetTradeByStartingDate 涉及的参数如表 1-4-24 所示。

表 1-4-24　spGetTradeByStartingDate 涉及的参数

名　称	类　型	描　述
P_beginDate	timestamp	开始时间
P_endingDate	timestamp	结束时间

4.2 触发器

4.2.1 触发器 tTradeInsertScore

1. 概述

当交易表 tblTrade 执行插入操作时，自动把插入记录的交易积分 tradeScore 字段值加入会员积分 tblscorecard 表的当前积分 score 字段中。

2. 触发器影响范围

会员积分 tblscorecard 表的当前积分 score 字段。

4.2.2 触发器 tSDeliveryAmount

1. 概述

当更新交货进度 tblOrderDelivery 表的交货数量 deliveryAmount 字段时，自动计算更新订单明细 tblOrderList 表的交货数量 sDeliveryAmount 字段，使订单明细 tblOrderList 表的交货数量 sDeliveryAmount 字段值保持为交货进度 tblOrderDelivery 表的交货数量 deliveryAmount 字段的汇总求和。

2. 触发器影响范围

表 tblOrderList 表中的交货数量 sDeliveryAmount 字段值。

4.2.3 触发器 tOrderStatusToleranc

1. 概述

当订单表 tblOrder 的订单状态 orderStatus 更新为“已完成”时，检验该订单明细的各商品的采购数量 buyAmount 与交货数量 sDeliveryAmount 差是否小于容差，如果小于容差，则允许更新，否则给出提示信息，不更新。

2. 触发器影响范围

订单表 tblOrder 的订单状态 orderStatus 字段值。

模块 5 数据库管理

5.1 安全性

基于项目特点，教学案例项目的安全控制主要由程序代码控制。MySQL 端不特意设定安全设置和检查。项目的用户身份验证、用户授权管理都由应用程序代码实现。

① root 用户：MySQL 数据库自动创建的管理员，具有数据库管理的所有权限，用于数据库开发之初的数据库、数据表、视图、存储过程、触发器、用户等的创建工作，以及为其他用户的授权工作。

② MarketDBWinUser：数据库运行管理员，该用户是操作系统访问数据库所使用的账号，具有数据表、视图、存储过程、触发器的查询权限，执行存储过程的权限，以及以上权限的用户授权操作权限。

③ MarketDBASPUser：该用户是应用程序访问数据库所使用的账号，具有数据操作、查看视图和执行存储过程的权限。

使用自动创建的 root 用户登录，完成数据库的开发，并创建 MarketDBWinUser 和 MarketDBASPUser 用户，按以上用户权限要求授予权限。

5.2　存储引擎

Market 数据库采用支持事务处理的 InnoDB 存储引擎。InnoDB 是 MySQL 中第一个提供外键约束的表引擎，尤其对事务处理的能力，是 MySQL 其他存储引擎无法与之比拟的。提供事务支持以及外部键等高级数据库功能。

第二部分　工作任务手册

第一期工作　数据库基本操作

任务 1-1　安装配置数据库服务器

<table>
<tr><td>任务编号</td><td>1-1</td><td>任务名称</td><td colspan="3">安装配置数据库服务器</td></tr>
<tr><td>学号</td><td></td><td>姓名</td><td></td><td>日期</td><td></td></tr>
<tr><td colspan="6">1. 任务目标</td></tr>
<tr><td colspan="6">① 安装 MySQL 8.0.19 数据库服务。
② 配置数据库服务器</td></tr>
<tr><td colspan="6">2. 任务准备</td></tr>
<tr><td colspan="6">软件准备：
MySQL 8.0.19 社区版。
知识准备：
参照执行参考手册执行解析 1-1 安装配置数据库</td></tr>
<tr><td colspan="6">3. 实施步骤</td></tr>
<tr><td colspan="6">① 获取 MySQL 源程序。
② 安装 MySQL 服务。
③ 配置 MySQL 服务。
④ 管理 MySQL 服务。
⑤ 用户登录与设置密码。
⑥ MySQL 客户端的相关命令</td></tr>
<tr><td colspan="6">4. 任务拓展</td></tr>
<tr><td colspan="6">① 卸载 MySQL 服务。
② 设置环境变量。
③ 查看帮助信息</td></tr>
<tr><td colspan="6">5. 任务总结</td></tr>
<tr><td colspan="6">对本节任务的难点和问题进行记录：
安装配置数据库服务器
</td></tr>
</table>

任务 1-2　常用图形化工具应用

<table>
<tr><td>任务编号</td><td>1-2</td><td>任务名称</td><td colspan="3">常用图形化工具应用</td></tr>
<tr><td>学号</td><td></td><td>姓名</td><td></td><td>日期</td><td></td></tr>
<tr><td colspan="6">1. 任务目标</td></tr>
<tr><td colspan="6">① 安装 Navicat 15.0 数据库管理软件。
② 连接 MySQL 数据库服务器</td></tr>
<tr><td colspan="6">2. 任务准备</td></tr>
<tr><td colspan="6">软件准备：
Navicat Premium 15.0.14。
知识准备：
参照执行参考手册执行解析 1-2 常用图形化工具应用</td></tr>
<tr><td colspan="6">3. 实施步骤</td></tr>
<tr><td colspan="6">① 安装 Navicat 15.0 试用版。
② 熟悉 Navicat 15.0 工作界面。
③ 连接 MySQL 数据库服务。
④ 打开新建查询窗口，输入命令 SELECT “测试”</td></tr>
<tr><td colspan="6">4. 任务拓展</td></tr>
<tr><td colspan="6">安装 SQLyog 界面工具</td></tr>
<tr><td colspan="6">5. 任务总结</td></tr>
<tr><td colspan="6">对本节任务的难点和问题进行记录：
常用图形化工具应用
</td></tr>
</table>

任务 1-3　架设数据库

<table>
<tr><td>任务编号</td><td>1-3</td><td>任务名称</td><td colspan="3">架设数据库</td></tr>
<tr><td>学号</td><td></td><td>姓名</td><td></td><td>日期</td><td></td></tr>
<tr><td colspan="6">1. 任务目标</td></tr>
<tr><td colspan="6">① 创建 Market 数据库。
② 设置 Market 数据库的字符集与校对规则。
③ 掌握 Market 数据库管理操作</td></tr>
<tr><td colspan="6">2. 任务准备</td></tr>
<tr><td colspan="6">软件准备：
① MySQL 8.0.19 数据库服务。
② Navicat Premium 15.0.14 界面工具。
知识准备：
参照执行参考手册执行解析 1-3 架设数据库</td></tr>
<tr><td colspan="6">3. 实施步骤</td></tr>
<tr><td colspan="6">① 创建 Market 数据库。
② 设置 Market 数据库的字符集与校对规则。
③ 查看 Market 数据库信息。
④ 选择 Market 数据库</td></tr>
<tr><td colspan="6">4. 任务拓展</td></tr>
<tr><td colspan="6">① 理解数据库基本概念。
② MySQL 中自带数据库。
③ 理解字符集与校对规则。
④ 查看字符集和校对规则。
⑤ 删除 Market 数据库</td></tr>
<tr><td colspan="6">5. 任务总结</td></tr>
<tr><td colspan="6">对本节任务的难点和问题进行记录：

架设数据库
</td></tr>
</table>

任务 1-4　创建数据表与数据类型

任务编号	1-4	任务名称	创建数据表与数据类型		
学号		姓名		日期	

1. 任务目标

① 理解数据类型。
② 创建 Market 数据库中的数据表

2. 任务准备

软件准备：
① MySQL 8.0.19 数据库服务。
② Navicat Premium 15.0.14 界面工具。
③ Market 数据库。
知识准备：
参照执行参考手册执行解析 1-4 创建数据表与数据类型

3. 实施步骤

① 理解 MySQL 的数据类型，熟悉 Market 数据库中的数据表。

② 创建 Market 数据库中的数据表，表结构参见数据库详细设计说明书 3.1 表，实现字段定义、主键和为空性。

③ 查看 Market 数据库中的数据表。

④ 保存创建表语句为 createTable.sql

4. 任务拓展

① 查看 Market 数据库中数据表的字段信息。
② 查看 Market 数据库中的表结构。
③ 查看 Market 数据库中数据表的创建语句

5. 任务总结

对本节任务的难点和问题进行记录：

创建数据表与数据类型

任务 1-5　管理数据表

<table>
<tr><td>任务编号</td><td>1-5</td><td>任务名称</td><td colspan="3">管理数据表</td></tr>
<tr><td>学号</td><td></td><td>姓名</td><td></td><td>日期</td><td></td></tr>
<tr><td colspan="6">1．任务目标</td></tr>
<tr><td colspan="6">① 修改数据表。
② 修改数据表结构。
③ 删除数据表</td></tr>
<tr><td colspan="6">2．任务准备</td></tr>
<tr><td colspan="6">软件准备：
① MySQL 8.0.19 数据库服务。
② Navicat Premium 15.0.14 界面工具。
③ 创建 Market 数据库及数据表的语句文件。
知识准备：
参照执行参考手册执行解析 1-5 管理数据表</td></tr>
<tr><td colspan="6">3．实施步骤</td></tr>
<tr><td colspan="6">① 修改 tblSupplier 表的名称为供应商表。
② 将 Market 数据库中 tblGoods 数据表的字符集改为 GB2312。
③ 将 tblDept 数据表的字段名称改为中文名称。
④ 修改供应商表的供应商编号字段类型为 INT UNSIGNED 类型，自动增长。
⑤ 设置供应商表中供应商地址字段为最后字段。
⑥ 在供应商表联系电话字段后新增 email 字段，类型为 char(50)，允许为空。
⑦ 删除供应商表中 email 字段</td></tr>
<tr><td colspan="6">4．任务拓展</td></tr>
<tr><td colspan="6">① 修改供应商表的名称为 tblSupplier。
② 将 tblGoods 数据表的字符集改为 utf8。
③ 将 tblDept 数据表的字段名称改为英文名称。
④ 删除供应商表中的说明字段</td></tr>
<tr><td colspan="6">5．任务总结</td></tr>
<tr><td colspan="6">对本节任务的难点和问题进行记录：

管理数据表
</td></tr>
</table>

任务 1-6 管理索引

<table>
<tr><td>任务编号</td><td>1-6</td><td>任务名称</td><td colspan="3">管理索引</td></tr>
<tr><td>学号</td><td></td><td>姓名</td><td></td><td>日期</td><td></td></tr>
<tr><td colspan="6">1. 任务目标</td></tr>
<tr><td colspan="6">① 理解索引概念、分类。
② 设置普通索引、主键索引、唯一索引</td></tr>
<tr><td colspan="6">2. 任务准备</td></tr>
<tr><td colspan="6">软件准备：
① MySQL 8.0.19 数据库服务。
② Navicat Premium 15.0.14 界面工具。
③ 创建 Market 数据库及数据表的语句文件。
知识准备：
参照执行参考手册执行解析 1-6 管理索引</td></tr>
<tr><td colspan="6">3. 实施步骤</td></tr>
<tr><td colspan="6">① 理解索引概念、使用原则、分类。
② 创建表 tblGoods 时设置 QRCode 字段为唯一索引。
③ 创建表 tblGoods 时设置 QRCode 字段为唯一索引，goodsName 字段为普通索引。
④ 创建表 tblTradeList 时设置 tradeID 字段和 goodsID 字段共同作为主键索引。
⑤ 使用修改表语句设置 tblSupplier 表的 supplierName 字段为普通索引。
⑥ 使用修改表语句设置 tblUser 表的 IDcard 字段为唯一索引。
⑦ 使用 CREATE INDEX 语句设置表 tblScoreCard 的 tel 字段为普通索引。
⑧ 使用 CREATE INDEX 语句设置表 tblOrderList 中的 orderID 和 goodsID 两字段为组合唯一索引，保证两字段的组合值不重复</td></tr>
<tr><td colspan="6">4. 任务拓展</td></tr>
<tr><td colspan="6">① 查看商品信息 tblGoods、tblTradeList 表的索引。
② 对 tblSupplier 表 address 字段创建全文索引。
③ 删除 tblSupplier 表的主键索引</td></tr>
<tr><td colspan="6">5. 任务总结</td></tr>
<tr><td colspan="6">对本节任务的难点和问题进行记录：

管理索引
</td></tr>
</table>

任务 1-7　管理主键约束、唯一约束

<table>
<tr><td>任务编号</td><td>1-7</td><td>任务名称</td><td colspan="2">管理主键约束、唯一约束</td></tr>
<tr><td>学号</td><td></td><td>姓名</td><td></td><td>日期</td><td></td></tr>
</table>

1. 任务目标

① 设置主键约束。
② 设置唯一约束

2. 任务准备

软件准备：
① MySQL 8.0.19 数据库服务。
② Navicat Premium 15.0.14 界面工具。
③ 创建 Market 数据库及数据表的语句文件。
知识准备：
参照执行参考手册执行解析 1-7 管理主键约束、唯一约束

3. 实施步骤

① 理解什么是主键约束、唯一约束，以及约束和索引的区别。
② 参照数据库设计说明书实现创建表时设置 tblGoods 表、tblSupplier 表、tblOrder 表的主键约束。
③ 参照数据库设计说明书使用修改表语句，设置 tblOrderList 表、tblOrderDelivery 表、tblFund 表、tblScoreCard 表、tblTrade 表、tblTradeList 表、tblDept 表、tblUser 的主键。
④ 使用创建表语句设置表 tblGoods 中的 QRCode 字段为唯一约束。
⑤ 使用创建表语句设置表 tblScoreCard 的 IDcard 字段为唯一约束。
⑥ 使用修改表语句设置 tblOrderList 表中的 orderID 和 goodsID 两字段组合为唯一约束。
⑦ 使用修改表语句设置 tblUser 表的 IDcard 字段为唯一约束

4. 任务拓展

① 查看 tblGoods、tblSupplier、tblOrderList、tblUser 表的约束。
② 删除 tblGoods、tblSupplier、tblOrderList、tblUser 表的约束

5. 任务总结

对本节任务的难点和问题进行记录：

管理主键约束、唯一约束

任务 1-8 管理默认值约束、外键约束

任务编号	1-8	任务名称	管理默认值约束、外键约束	
学号		姓名		日期	

1. 任务目标

① 设置默认值约束。
② 设置外键约束

2. 任务准备

软件准备：
① MySQL 8.0.19 数据库服务。
② Navicat Premium 15.0.14 界面工具。
③ 创建 Market 数据库及数据表的语句文件。
知识准备：
参照执行参考手册执行解析 1-8 管理默认值约束、外键约束

3. 实施步骤

① 使用创建表语句定义 tblGoods 表的 type 字段默认值为“食品”。
② 使用创建表语句定义表 tblOrder 的起始日期 startingDate 字段，默认值设置为 current_timestamp。
③ 参照数据库详细设计说明书使用修改表语句完成其他默认值设置：

- 表 tblOrderDelivery 中 deliveryTime 字段默认值设置为当前日期时间，精确到毫秒。
- 表 tblFund 的金额 money 字段默认值为 1000。
- 表 tblFund 的办卡日期 beginDate 默认值为当前日期。
- 表 tblScoreCard 的现有积分 score 字段的默认值为 0。
- 表 tblScoreCard 的办卡日期 cardDate 字段的默认值为当前日期。

④ 使用创建表语句定义表 tblOrder 的 supplierID 字段为外键，用于与表 tblSupplier 中的 supplierID 字段关联；定义表 tblOrder 的 purchaserID 字段为外键，用于与表 tblUser 中的 userID 字段关联。
⑤ 参照数据库详细设计说明书使用修改表语句完成其他表的外键设置：

- 表 tblOrderList 的 orderID 字段定义为外键，用于与表 tblOrder 中的 orderID 字段关联。
- 表 tblOrderList 的 goodsID 字段定义为外键，用于与表 tblGoods 中的 goodsID 字段关联。
- 表 tblOrderDelivery 的 orderListID 字段定义为外键，实现与表 tblOrderList 的关联。
- 表 tblOrderDelivery 的 userID 字段定义为外键，实现与表 tblUser 的关联。
- 表 tblTrade 的 cashierID 字段定义为外键，实现与表 tblUser 的关联。
- 表 tblTradeList 的 tradeID 字段定义为外键，实现与表 tblTrade 的关联。
- 表 tblTradeList 的 goodsID 字段定义为外键，实现与表 tblGoods 的关联。
- 表 tblDept 的部门负责人 headerID 字段定义为外键，实现与表 tblUser 的关联。
- 表 tblUser 的部门编号 deptID 字段定义为外键，实现与表 tblDept 的关联

4. 任务拓展

① 查看 tblGoods、tblOrder 表的约束。
② 删除 tblGoods 表的默认值约束。
③ 删除 tblOrder 表的外键约束

续表

5. 任务总结
对本节任务的难点和问题进行记录： 管理默认值约束、外键约束

任务 1-9 数据操作

任务编号	1-9	任务名称	数据操作		
学号		姓名		日期	

1. 任务目标

① 添加记录。
② 导入、导出数据。
③ 修改记录。
④ 删除记录

2. 任务准备

软件准备：
① MySQL 8.0.19 数据库服务。
② Navicat Premium 15.0.14 界面工具。
③ 创建 Market 数据库及数据表的语句文件。
知识准备：
参照执行参考手册执行解析 1-9 数据操作

3. 实施步骤

① 插入部门信息到 tblDept 表。
② 插入记录到 tblGoods 表中。
③ 导入"员工信息表 .xlsx"数据到 tblUser 表中。
④ 导入"供应商 .xlsx"数据到 tblSupplier 表中。
⑤ 修改 tblUser 表中所有记录的 password 为"123456"。
⑥ 修改 tblUser 表中 userName 为"101001"的 password 为"12131415"。
⑦ 修改 tblUser 表中 userID 值"101003"的 userStatus 字段值为"离职"。
⑧ 删除 tblUser 表中 deptID 值是"102"，employeeName 值为"程宇轩"的记录

4. 任务拓展

① 把 tblUser 表中 deptID 为"102"的记录导出为 C:/Market/StaffPurDep.xlsx。
② 把 102 部门的负责人更改为"陈杨"

5. 任务总结

对本节任务的难点和问题进行记录：

数据操作

第二期工作　查询与视图

任务 2-1　掌握简单查询

任务编号	2-1	任务名称	掌握简单查询		
学号		姓名		日期	

1. 任务目标

① 掌握基本的 SELECT 语句语法格式。
② 掌握查询指定的列方法。
③ 掌握查询所有的列方法。
④ 掌握单条件查询方法。
⑤ 掌握多条件查询。
⑥ 掌握关键字 BETWEEN AND 及 NOT BETWEEN AND 条件查询。
⑦ 掌握关键字 IS NULL 及 IS NOT NULL 条件查询。
⑧ 掌握关键字 IN 和 NOT IN 集合查询。
⑨ 掌握关键字 Like 模糊查询。
⑩ 掌握 ORDER BY 排序查询

2. 任务准备

软件准备：
MySQL 8.0.19 社区版。
知识准备：
参照执行参考手册执行解析 2-1 掌握简单查询

3. 实施步骤

① 使用 SELECT 语句查询 tblGoods 表中的商品名称 goodsName。
② 使用 SELECT 语句查询 tblGoods 表中的商品条型码 QRCode 及商品名称 goodsName。
③ 使用 SELECT 语句查询 tblGoods 表中所有列。
④ 使用 SELECT 语句查询 tblGoods 表中“洗化用品”产品的所有信息。
⑤ 使用 SELECT 语句查询 tblGoods 表中“食品”产品的商品条型码 QRCode、商品名称 goodsName 及销售价格 sellPrice。
⑥ 使用比较运算符查询 tblGoods 表中“调料”产品中价格小于 4 元的商品条型码 QRCode、商品名称 goodsName 及销售价格 sellPrice。
⑦ 使用比较运算符查询 tblGoods 表中“调料”产品中价格在 1 ~ 10 元之间的商品条型码 QRCode、商品名称 goodsName 及销售价格 sellPrice。
⑧ 使用 BETWEEN AND 查询 tblGoods 表中“调料”产品中价格在 1 ~ 15 元之间的商品条型码 QRCode、商品名称 goodsName 及销售价格 sellPrice。
⑨ 使用 NOT BETWEEN AND 查询 tblGoods 表中“调料”产品中价格不在 1 ~ 5 元之间的商品条型码 QRCode、商品名称 goodsName 及销售价格 sellPrice。
⑩ 查询 tblGoods 表中价格不是 15、20、25 元的“调料”类商品的商品条型码、商品名称和销售价格。
⑪ 查询 tblGoods 表中价格不是 15、20、25 元的“调料”类商品的商品条型码和商品名称和销售价格。

续表

⑫ 使用关键字 IS NULL 查询 tblUser 表中电话号为空值的用户 ID（UserID）和员工名称（employeeName）。
⑬ 使用关键字 IS NULL 查询 tblUser 表中电话号不为空值的用户 ID（UserID）和员工名称（employeeName）。
⑭ 使用关键字 Like 和通配符 % 查询 tblUser 表身份证号 IDcard 是 220382 开头的员工名字及身份证号和住址。
⑮ 使用关键字 Like 和通配符 _ 查询 tblUser 表中员工名字 employeeName 姓刘，姓名为 3 个字的员工名称及身份证号和住址

4. 任务拓展

① 查询 tblUser 表中生日是 1994 年出生的人员信息。
② 查询 tblUser 表中生日是 1994 年出生，女生的人员信息。
③ 查询 tblUser 表中男员工的姓名、身份证信息及电话。
④ 查询 tblUser 表中姓李或者姓王的员工信息

5. 任务总结

对本节任务的难点和问题进行记录：

掌握简单查询

任务 2-2　掌握分组排序查询与聚合函数

<table>
<tr><td>任务编号</td><td>2-2</td><td>任务名称</td><td colspan="3">掌握分组排序查询与聚合函数</td></tr>
<tr><td>学号</td><td></td><td>姓名</td><td></td><td>日期</td><td></td></tr>
<tr><td colspan="6">1. 任务目标</td></tr>
<tr><td colspan="6">① 掌握 GROUP BY 子句对某列数据进行分组查询。
② 掌握 HAVING 子句进行聚合查询。
③ 掌握 ORDER BY 子句进行排序查询。
④ 掌握统计函数 COUNT 的使用方法。
⑤ 掌握统计函数 SUM 的使用方法。
⑥ 掌握统计函数 AVG 的使用方法。
⑦ 掌握统计函数 MAX 的使用方法。
⑧ 掌握统计函数 MIN 的使用方法</td></tr>
<tr><td colspan="6">2. 任务准备</td></tr>
<tr><td colspan="6">软件准备：
MySQL8.0.19 社区版
知识准备：
参照执行参考手册执行解析 2-2 掌握分组排序查询与聚合函数</td></tr>
<tr><td colspan="6">3. 实施步骤</td></tr>
<tr><td colspan="6">① 按类型查询 tblGoods 表中产品的信息。
② 使用 COUNT 函数，按照产品类型统计 tblGoods 表中各类产品的数量 count。
③ 使用 SUM 函数，统计每天的用户储值总数。
④ 使用 AVG 函数，查询 tblUser 表中各类产品的平均价格。
⑤ 使用后 HAVING 子句，查询 tblUser 表中“饮料”平均价格。
⑥ 使用 MAX 函数和 MIN 函数，查询 tblUser 表中各类产品的最高价格和最低价格</td></tr>
<tr><td colspan="6">4. 任务拓展</td></tr>
<tr><td colspan="6">① 根据储值日期对 tblfund 表中的数据进行分组，统计每天的总储值。
② 根据储值日期对 tblfund 表中的数据进行分组，并显示储值总额大于 2 000 元的用户姓名</td></tr>
<tr><td colspan="6">5. 任务总结</td></tr>
<tr><td colspan="6">对本节任务的难点和问题进行记录：
掌握分组排序查询与聚合函数
</td></tr>
</table>

任务 2-3　掌握多表查询

任务编号	2-3	任务名称	掌握多表查询		
学号		姓名		日期	

1. 任务目标

① 掌握多表内连接查询。
② 掌握多表外连接查询。
③ 掌握多表自然连接查询。
④ 掌握多表复合条件连接查询

2. 任务准备

软件准备：
MySQL 8.0.19 社区版。
知识准备：
参照执行参考手册执行解析 2-3 掌握多表查询

3. 实施步骤

① 查询 market 数据库中商品订单及产品详细信息。
② 查询商品代码、商品名称、类型、采购数量、采购价格。
③ 查询食品类商品中采购数量大于 2 000 的商品编号、商品名称、类型、采购数量及进价。
④ DISTINCT 查询食品类商品中采购数量大于 2 000 的商品编号、商品名称、类型、采购数量及进价。
⑤ 合并查询 tblgoods 中的“调料”类商品的商品编号和商品名称，tblOrderList 表中的“容差”为 0 的商品的商品编号和订单编号。
⑥ 左外连接查询食品的商品名称、进价和售价。
⑦ 右外连接查询食品的商品名称、进价和售价。
⑧ 查询商品 tblgoods 表中同一类型商品，相同销售价格的不同商品的商品名称和销售价格

4. 任务拓展

① 查询商品代码、商品名称、类型、采购数量、采购价格，按照商品编号升序排列。
② 查询商品的商品编号、商品名称、供应商

5. 任务总结

对本节任务的难点和问题进行记录：

掌握多表查询

任务 2-4　掌握子查询

<table>
<tr><td>任务编号</td><td>2-4</td><td>任务名称</td><td colspan="3">掌握子查询</td></tr>
<tr><td>学号</td><td></td><td>姓名</td><td></td><td>日期</td><td></td></tr>
<tr><td colspan="6">1　任务目标</td></tr>
<tr><td colspan="6">① 掌握多表内连接查询。
② 掌握多表外连接查询。
③ 掌握多表自然连接查询。
④ 掌握多表复合条件连接查询</td></tr>
<tr><td colspan="6">2. 任务准备</td></tr>
<tr><td colspan="6">软件准备：
MySQL 8.0.19 社区版。
知识准备：
参照执行参考手册执行解析 2-4 掌握子查询</td></tr>
<tr><td colspan="6">3. 实施步骤</td></tr>
<tr><td colspan="6">① 查询红牛的订单编号及采购价格和采购数量。
② 查询大于食品平均售价的商品信息。
③ 查询大于所有商品平均售价的商品信息。
④ 查询大于任一类商品平均售价的“调料”类商品信息。
⑤ 查询姓“李”的收银员的商品交易单。
⑥ 查询不姓“李”的收银员的商品交易单。
⑦ 查询在 tblsupplier 表中是否存在编号为 1 的供货商，如果存在，查询对应的采购员编号、供应商联系人、联系电话。
⑧ 查询在 tblsupplier 表中是否存在编号为 1 的供货商，如果不存在，查询对应的采购员编号、供应商联系人、联系电话</td></tr>
<tr><td colspan="6">4. 任务拓展</td></tr>
<tr><td colspan="6">① 查询红牛的订单编号及采购价格和采购数量，按照订单编号的升序排列。
② 查询大于食品平均售价的商品信息，按照 type 字段的升序、价格的降序排列</td></tr>
<tr><td colspan="6">5. 任务总结</td></tr>
<tr><td colspan="6">对本节任务的难点和问题进行记录：

掌握子查询
</td></tr>
</table>

任务 2-5 创建视图

任务编号	2-5	任务名称	创建视图		
学号		姓名		日期	

1. 任务目标

① 掌握视图的概念。
② 掌握视图的优缺点。
③ 掌握视图的创建方法。
④ 掌握查看视图的方法

2. 任务准备

软件准备：
MySQL 8.0.19 社区版。
知识准备：
参照执行参考手册执行解析 2-5 创建视图

3. 实施步骤

① 基于 market 数据库创建一个名为 V_food 的视图存储食品类型的商品信息。
② 基于 market 数据库创建一个名为 V_drink 的视图显示商品的名称、计量单位、商品价格。
③ 基于 market 数据库创建一个名为 V_price 的视图用于存储商品名称、进货价格、售卖价格。
④ 创建超市管理数据库详细设计说明书中的全部视图。
⑤ DESCRIBE 语句查看 V_drink 视图基本信息。
⑥ 使用 SHOW CREATE VIEW 查看视图详细信息

4. 任务拓展

基于 market 数据库创建一个名为 V_orderinfo 的视图用于存储商品名称、供应商名、联系人及电话

5. 任务总结

对本节任务的难点和问题进行记录：

创建视图

任务 2-6 管理视图

<table>
<tr><td>任务编号</td><td>2-6</td><td>任务名称</td><td colspan="3">管理视图</td></tr>
<tr><td>学号</td><td></td><td>姓名</td><td></td><td>日期</td><td></td></tr>
<tr><td colspan="6">1. 任务目标</td></tr>
<tr><td colspan="6">① 掌握修改视图的方法。
② 掌握更新视图的方法。
③ 掌握删除视图的方法</td></tr>
<tr><td colspan="6">2. 任务准备</td></tr>
<tr><td colspan="6">软件准备：
MySQL 8.0.19 社区版。
知识准备：
参照执行参考手册执行解析 2-6 管理视图</td></tr>
<tr><td colspan="6">3. 实施步骤</td></tr>
<tr><td colspan="6">① 修改任务 2-5 实施步骤第③步，基于 market 数据库创建一个名为 V_drink 的视图显示商品编号、商品的名称、计量单位、商品价格。
② 基于 market 数据库创建一个名为 V_orderinfo 的视图用于存储商品名称、供应商名、联系人及电话。
③ 在 V_card 视图中插入一行数据。
④ 删除视图 V_drink。
⑤ 创建一个基于 market 数据库的 tblfund 表创建一个 V_card 视图，用于存储卡号、姓名、金额。
⑥ 修改 V_card 视图中卡号为 2012123 的会员名字为王维。
⑦ 删除 V_card 视图中卡号为 2012123 的会员信息</td></tr>
<tr><td colspan="6">4. 任务拓展</td></tr>
<tr><td colspan="6">① 基于 market 数据库创建一个名为 V_sup 的视图来存储供货商代码、供货商名称、联系人。
② 向基于 market 数据库中 V_sup 视图插入一条数据（34，'恒安天津职业有限公司','马龙'）。
③ 修改基于 market 数据库中 V_sup 视图中供货商代码是 34 的联系人为王龙。
④ 删除基于 market 数据库中 V_sup 视图中供货商代码是 34 的信息</td></tr>
<tr><td colspan="6">5. 任务总结</td></tr>
<tr><td colspan="6">对本节任务的难点和问题进行记录：

管理视图
</td></tr>
</table>

第三期工作　自动化设计

任务 3-1　管理存储过程

任务编号	3-1	任务名称	管理存储过程	
学号		姓名		日期	

1. 任务目标

① 理解存储过程。
② 创建和调用存储过程。
③ 删除存储过程。
④ 查看创建的存储过程。
⑤ 修改存储过程

2. 务准备

软件准备：
① MySQL 8.0.19 数据库服务。
② Navicat Premium 15.0.14 界面工具。
③ 创建 Market 数据库、数据表、索引、约束及数据操作的语句文件。
知识准备：
参照执行参考手册执行解析 3-1 管理存储过程

3. 实施步骤

① 掌握存储过程创建和调用的语法。
② 完成创建和调用超市管理系统中的存储过程。
③ 删除存储过程

4. 任务拓展

① 查看存储过程的创建语句和状态。
② 修改存储过程

5. 任务总结

对本节任务的难点和问题进行记录：

管理存储过程

任务 3-2　管理触发器

任务编号	3-2	任务名称	管理触发器	
学号		姓名	日期	

1. 任务日标

① 理解触发器。
② 创建触发器存储过程。
③ 查看创建的触发器。
④ 验证触发器。
⑤ 删除触发器

2. 任务准备

软件准备：
① MySQL 8.0.19 数据库服务。
② Navicat Premium 15.0.14 界面工具。
③ 创建 Market 数据库、数据表、索引、约束及数据操作的语句文件。
知识准备：
参照执行参考手册执行解析 3-2 管理触发器

3. 实施步骤

① 理解触发器。
② 掌握创建触发器的语法。
③ 创建并验证数据库详细设计说明书中 4.2.1 触发器 tTradeInsertScore。
④ 创建并验证数据库详细涉及说明书中 4.2.2 触发器 tSDeliveryAmount。
⑤ 查看创建的触发器。
⑥ 删除触发器

4. 任务拓展

使用触发器实现业务逻辑

5. 任务总结

对本节任务的难点和问题进行记录：

管理触发器

第四期工作　数据库管理与优化

任务 4-1　管理用户与权限

任务编号	4-1	任务名称	管理用户与权限		
学号		姓名		日期	

1. 任务目标

① 了解数据库中与权限相关的表。
② 掌握查看、创建、修改、删除用户的操作。
③ 掌握创建用户的操作。
④ 理解权限和权限层级。
⑤ 掌握查看、分配权限的操作。
⑥ 掌握刷新、回收权限的操作

2. 任务准备

软件准备：
① MySQL 8.0.19 数据库服务。
② Navicat Premium 15.0.14 界面工具。
③ 创建 Market 数据库、数据表、索引、约束及数据操作的语句文件。
知识准备：
参照执行参考手册执行解析 4-1 管理用户与权限

3. 实施步骤

① 了解与数据库权限相关的表。
② 查看当前所有用户的主机名、用户名、密码。
③ 创建客服用户 CustomerService，并查看当前用户。
④ 创建收银员用户 Cashier，可以访问本地主机，初始密码为 123456。
⑤ 创建采购员用户 Purchaser，可以访问 IP 地址为 192.168.100.1 的主机，初始密码为 123456。
⑥ 修改收银员用户 'Cashier'@'LOCALHOST', 设置密码为 123。
⑦ 将客服用户 'CustomerService'@'%' 的用户名修改为 CS1, 主机修改为 localhost。
⑧ 将采购员用户 'Purchaser'@'192.168.100.1' 删除。
⑨ 理解权限概念、权限类型、权限层级。
⑩ 查看收银员用户 'Cashier'@'localhost' 的全局级权限。
⑪ 查看收银员用户 'Cashier'@'localhost' 的权限数据库级权限、全局权限、表级权限、列级权限、存储过程级权限、代理权限。
⑫ 查看 'root'@'localhost' 用户的权限。
⑬ 授予用户 'Cashier'@'localhost'，除代理权限的所有权限，并查看权限。
⑭ 创建用户 'MarketDBWinUser'@'localhost'，并分配权限。
⑮ 创建用户 'MarketDBASPUser'@'localhost'，并分配权限

续表

4. 任务拓展
① 掌握刷新权限的操作。 ② 回收 MarketDBWinUser 用户对所有数据库的所有表修改权限，并查看
5. 任务总结
对本节任务的难点和问题进行记录： 管理用户与权限 

任务 4-2 管理事务

<table>
<tr><td>任务编号</td><td>4-2</td><td>任务名称</td><td colspan="2">管理事务</td></tr>
<tr><td>学号</td><td></td><td>姓名</td><td></td><td>日期</td><td></td></tr>
<tr><td colspan="6">1. 任务目标</td></tr>
<tr><td colspan="6">① 理解事务的概念和特性。
② 掌握事务控制语句的使用方法。
③ 理解四种事务隔离级别。
④ 掌握查看、修改事务隔离级别操作</td></tr>
<tr><td colspan="6">2. 任务准备</td></tr>
<tr><td colspan="6">软件准备：
① MySQL 8.0.19 数据库服务。
② Navicat Premium 15.0.14 界面工具。
③ 创建 Market 数据库、数据表、索引、约束及数据操作的语句文件
知识准备：
参照执行参考手册执行解析 4-2 管理事务</td></tr>
<tr><td colspan="6">3. 实施步骤</td></tr>
<tr><td colspan="6">① 理解事务概念和特性。
② 掌握事务控制语法。
③ 完成超市管理系统中销售交易业务的事务操作：
• 销售交易后数据存储事务操作。
• 销售交易回滚事务操作</td></tr>
<tr><td colspan="6">4. 任务拓展</td></tr>
<tr><td colspan="6">① 理解四种事务隔离级别。
② 查看当前系统事务隔离级别。
③ 修改当前系统事务隔离级别：
• 将系统当前事务隔离级别设置为 serializable，并查看。
• 将系统当前事务隔离级别设置为 repeatable-read（可重复读），并查看</td></tr>
<tr><td colspan="6">5. 任务总结</td></tr>
<tr><td colspan="6">对本节任务的难点和问题进行记录：
</td></tr>
</table>

任务 4-3 备份恢复数据库

<table>
<tr><td>任务编号</td><td>4-3</td><td>任务名称</td><td colspan="3">备份恢复数据库</td></tr>
<tr><td>学号</td><td></td><td>姓名</td><td></td><td>日期</td><td></td></tr>
<tr><td colspan="6">1. 任务目标</td></tr>
<tr><td colspan="6">① 了解备份。
② 掌握备份单一数据库、多个数据库、所有数据库的方法。
③ 掌握数据库还原操作。
④ 掌握 SOURCE 命令导入数据的操作</td></tr>
<tr><td colspan="6">2. 任务准备</td></tr>
<tr><td colspan="6">软件准备：
① MySQL 8.0.19 数据库服务。
② Navicat Premium 15.0.14 界面工具。
③ 创建 Market 数据库、数据表、索引、约束及数据操作的语句文件。
知识准备：
参照执行参考手册执行解析 4-3 备份恢复数据库</td></tr>
<tr><td colspan="6">3. 实施步骤</td></tr>
<tr><td colspan="6">① 了解备份。
② 使用 root 用户将 Market 数据库备份到 C:\Market.sql。
③ 将 MySQL 数据库与 Market 数据库备份到 C:\DBMarket.sql 中。
④ 将当前服务器中所有数据库备份到 C:\all.sql。
⑤ 将所有数据库恢复备份</td></tr>
<tr><td colspan="6">4. 任务拓展</td></tr>
<tr><td colspan="6">使用 SOURCE 命令导入数据 Market 数据库</td></tr>
<tr><td colspan="6">5. 任务总结</td></tr>
<tr><td colspan="6">对本节任务的难点和问题进行记录：

备份恢复数据库
</td></tr>
</table>

任务 4-4　管理存储引擎

任务编号	4-4	任务名称	管理存储引擎	
学号		姓名		日期	

1. 任务目标

① 了解存储引擎。
② 理解 MySQL 中常用的存储引擎。
③ 掌握查看存储引擎的操作。
④ 掌握修改表的存储引擎的操作。
⑤ 掌握查看 InnoDB 存储引擎的表空间设置。
⑥ 掌握开启 / 关闭 InnoDB 存储引擎的独立表空间的操作。
⑦ 掌握 InnoDB 存储引擎的表空间扩展方式

2. 任务准备

软件准备：
MySQL 8.0.19 数据库服务。
Navicat Premium 15.0.14 界面工具。
创建 Market 数据库、数据表、索引、约束及数据操作的语句文件。
知识准备：
参照执行参考手册执行解析 4-4 管理存储引擎

3. 实施步骤

① 了解存储引擎。
② 理解 MySQL 中常用的存储引擎。
③ 查看当前数据库支持的存储引擎，并分析默认存储引擎。
④ 查看 tblGoods 表的存储引擎。
⑤ 将 tblGoods 表的存储引擎修改为 MEMORY 类型，并验证。
⑥ 将 tblGoods 表的存储引擎修改为 InnoDB 类型，并验证

4. 任务拓展

① 查看系统 InnoDB 存储引擎的表空间类型。
② 修改 InnoDB 存储引擎的表空间为共享表空间类型，并验证。
③ 将表空间修改为独立表空间类型，并验证。
④ 查看并分析 InnoDB 存储引擎的表空间自动扩展方式。
⑤ 查看 InnoDB 存储引擎表空间每次自动扩展的增量大小。
⑥ 将自动扩展空间调整成 128 MB，并查看是否更改

5. 任务总结

对本节任务的难点和问题进行记录：

管理存储引擎

第三部分　执行参考手册

第一期工作　数据库基本操作

执行解析 1-1　安装配置数据库服务器

任务目标

① 安装 MySQL8.0.19 数据库服务。

② 配置数据库服务器。

任务解析

1. 获取 MySQL

安装 MySQL 数据库之前先需要获取安装文件，MySQL 官网为方便用户提供 MySQL 各版本的安装程序，是权威的获取渠道。

官网地址 https://www.mysql.com，获取界面如图 3-1-1 所示。

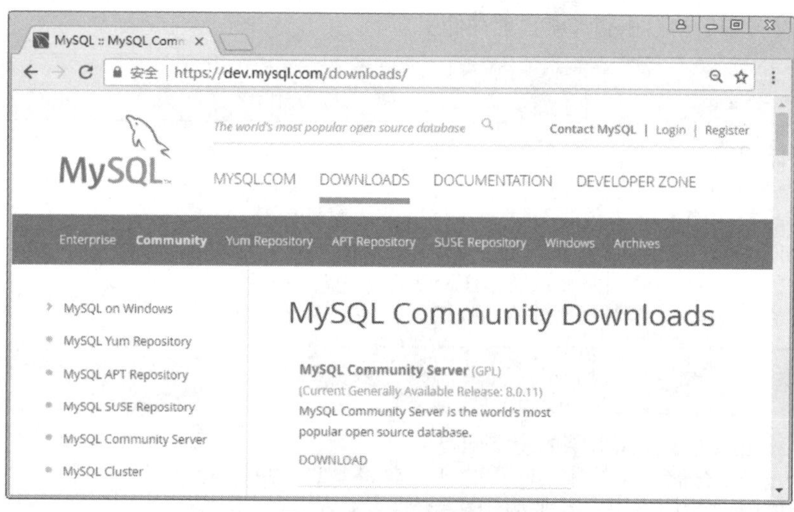

图 3-1-1　获取 MySQL

MySQL 产品分为企业版（Enterprise）和社区版（Community），学习时建议下载社区版。

① 社区版是通过 GPL 协议授权的开源软件，可以免费使用。

② 企业版是需要收费的商业软件。

社区版下载界面如图 3-1-2 所示。

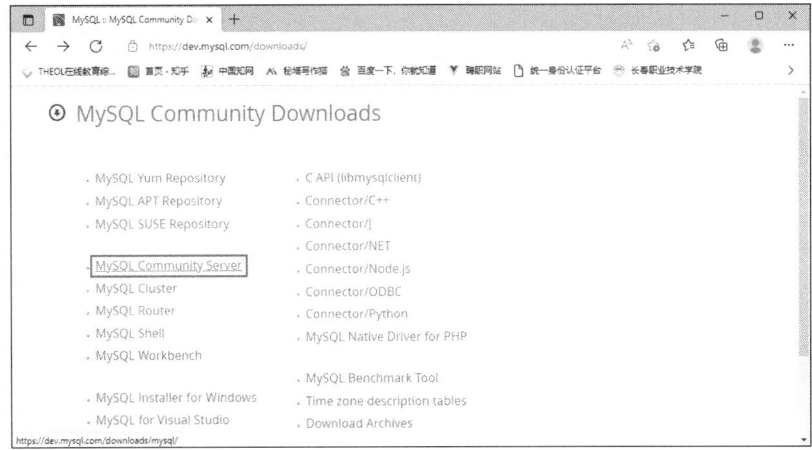

图 3-1-2　选择下载版本

MySQL 版本有 5.5、5.6、5.7 和 8.0 等，本书中使用 8.0.19 版本。

官网提供两种打包版本的 MySQL 安装程序：MSI（安装版）和 ZIP（压缩包）。本书中使用 ZIP 版本，如图 3-1-3 所示。

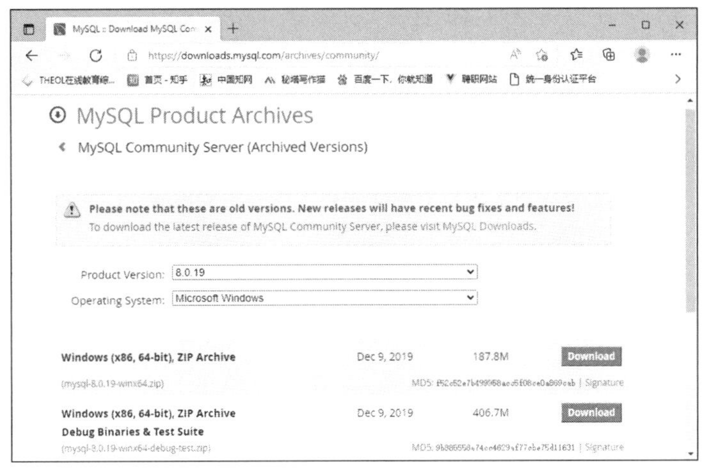

图 3-1-3　选择打包版本

2. 安装 MySQL 服务

获取 ZIP 版本的 MySQL 安装程序后需要解压。

（1）MySQL 文件夹

解压 mysql-8.0.19-win64.zip 到安装文件夹，本书中解压至 C:\mysql 文件夹。解压后在安装文件夹下会生成以下文件夹，功能如下：

①bin 文件夹：存放可执行文件，如 MySQL 服务程序 mysqld.exe、命令行客户端工具 mysql.exe 等。

② docs 文件夹：存放文档，如 ChangeLog。

③ include 文件夹：用于存放一些头文件，如 mysql.h、mysql_version.h 等。

④ lib 文件夹：用于存放一系列的库文件。

⑤ share 文件夹：用于存放字符集、语言等信息。

⑥ COPYING 文件：GPL 协议内容。

⑦ README 文件：介绍了版权、版本等信息。

（2）安装 MySQL 服务

安装 MySQL 的服务需要以管理员身份运行命令窗口，切换到安装文件夹下的 bin 文件夹，执行 mysqld -install 语句安装 MySQL 服务，如图 3-1-4 所示。

图 3-1-4　安装 MySQL 服务

3. 配置 MySQL 服务

虽然在没有配置文件的情况下，MySQL 会自动检测安装、数据文件，但由于不同 MySQL 版本的路径可能有区别，所以建议通过配置文件来指定。

在 Linux 系统中通常使用 my.cnf 作为配置文件的文件名；在 Windows 系统中建议使用 my.ini 作为配置文件的文件名。修改配置文件可以达到更新配置的目的。

（1）创建 MySQL 配置文件

在安装文件夹下创建配置文件，本书中创建文件为 C:\mysql\my.ini，配置过程如图 3-1-5 所示。

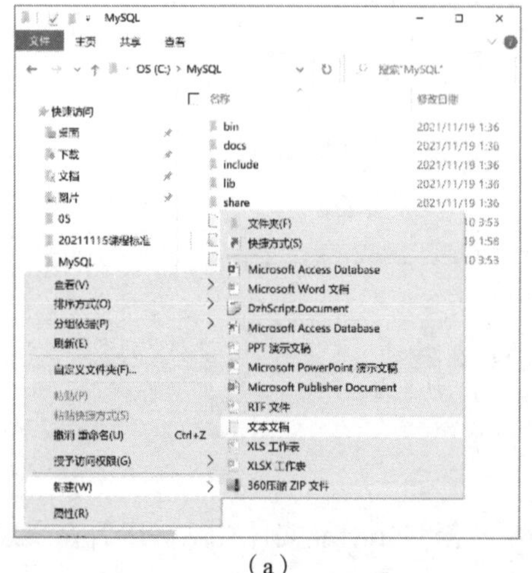

（a）

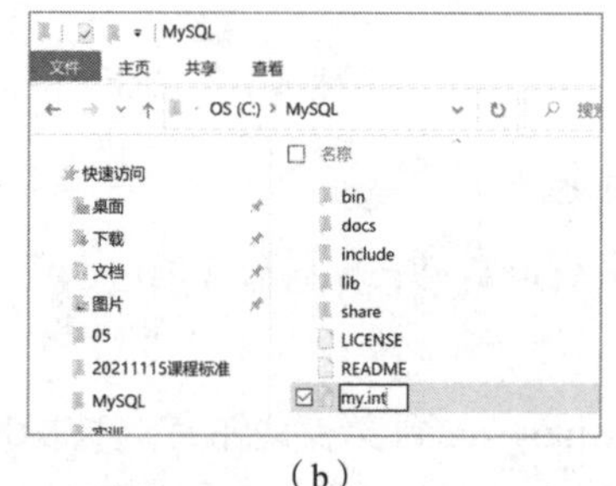

（b）

*my.ini - 记事本
文件(F) 编辑(E) 格式(O) 查看(V) 帮助(H)
[mysqld]
basedir=C:/mysql
datadir=C:/mysql/data
port=3306

（c）

图 3-1-5　创建配置文件

配置文件中的语句如下：

```
[mysqld]
basedir=C:/mysql
datadir=C:/mysql/data
port=3306
```

说明:

- basedir 表示 MySQL 的安装文件夹。
- datadir 表示数据库文件的保存文件夹。
- port 表示 MySQL 服务的端口号。

（2）初始化数据库

MySQL 5.5 和 5.6 版本中已经提供了 data 文件夹，不需要初始化数据库。安装 5.7 和 8.0 版本时需要执行命令初始化数据库。

MySQL 8.0.19 版本需要手动创建文件夹 C:\mysql\data，在 C:\mysql\bin 路径下执行如下语句实现初始化数据库操作：

```
mysqld --initialize-insecure
```

说明:

- --initialize: 表示初始化数据库。
- -insecure: 表示忽略安全性，默认用户 root 的密码为空。
- 省略 -insecure 时，MySQL 将自动为默认用户 root 生成一个随机的复杂密码。

初始化数据库命令和界面如图 3-1-6 所示。

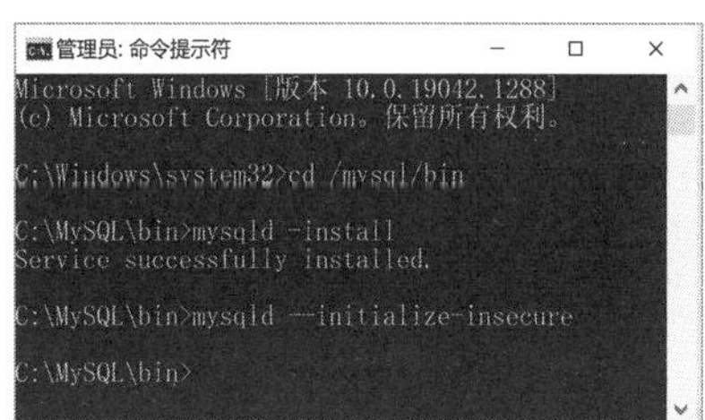

图 3-1-6　初始化数据库

4. 管理 MySQL 服务

MySQL 服务和 MySQL 数据库是不同的概念，MySQL 服务是一系列的后台进程，而 MySQL 数据库则是一系列的数据目录和数据文件。MySQL 数据库必须在 MySQL 服务启动之后才可以进行访问。Windows 系统下启动停止 MySQL 服务的方式主要有命令行方式和计算机管理方式两种。

（1）命令启动、停止 mysql 服务

基本语句格式：

```
net {start|stop} MySQL
```

启动停止 MySQL 服务命令和界面如图 3-1-7 所示。

（2）通过 Windows 服务管理器管理 MySQL 服务

右击“此电脑”，选择“管理”命令［见图 3-1-8（a）］，打开“计算机管理”窗口，找到 MySQL 服务［见图 3-1-8（b）］右击 MySQL，选择“属性”命令［见图 3-1-8（a）］，打开“MySQL 的属性”对话框，可以设置服务启动类型为自动、手动或禁用，如图 3-1-8（c）所示。

① 自动类型表示启动计算机自动启动 MySQL 服务。

② 手动类型表示启动计算机不自动启动 MySQL 服务，需要手动启动 MySQL 服务。

③ 禁用类型表示禁用 MySQL 服务。

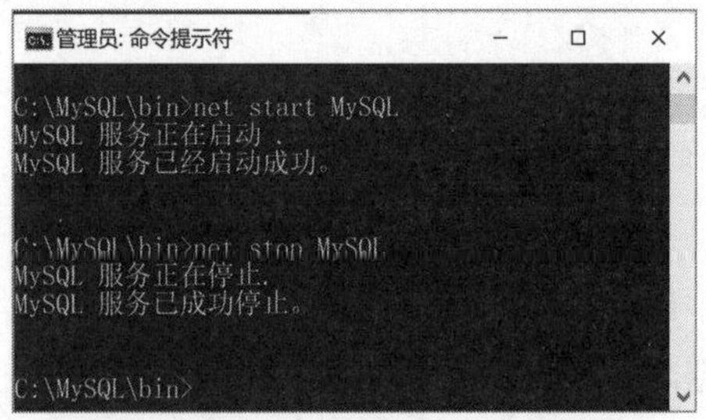

图 3-1-7　启动停止 MySQL 服务

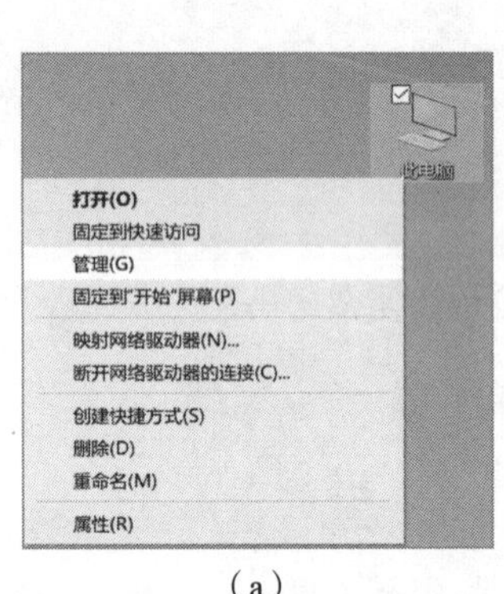

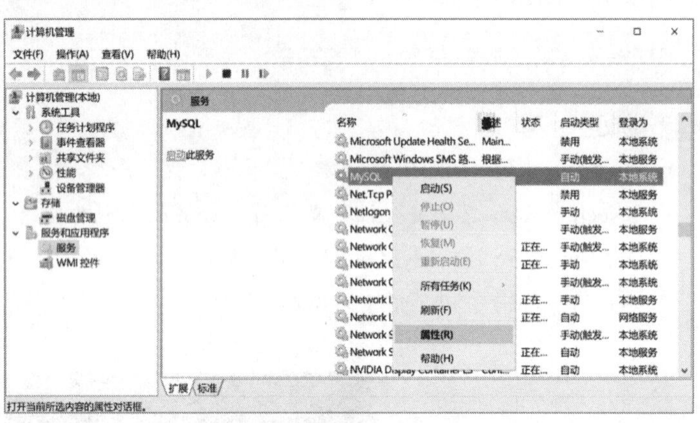

(a)　　　　　　　　　　(b)

(c)

图 3-1-8　通过 Windows 服务管理器管理 MySQL 服务

5. 用户登录与设置密码

图形化的客户端工具因为直观的特点而受到用户的欢迎，但 MySQL 数据库本身也提供了一个命令行的客户端连接工具 mysql.exe，它功能强大，使用方便。

（1）登录 MySQL

mysql.exe 工具在 MySQL 安装目录的 bin 目录下。先以管理员身份打开命令行（cmd）窗口，切换到 bin 目录下，运行如下命令登录 MySQL。

基本语句格式：

```
mysql -u<用户名> [-p [密码]] [-h {IP地址|域名}][-P <端口>]
```

 **说明：**

- mysql 表示 MySQL 提供的命令行客户端工具 mysql.exe，用于访问数据库。
- -u < 用户名 > 表示以指定用户的身份登录，-u 和 < 用户名 > 之间的空格可以省略。MySQL 中提供了默认系统用户 root，具有全部操作权限。
- [-p [密码]] 指定登录密码，可以在登录命令中直接输入密码，但为保证密码的安全，更多时候会省略密码，按【Enter】键后再输入，此时会以“*”显示密码。
- [-h {IP 地址 | 域名 }] 用于指定登录的 MySQL 服务器地址（域名或 IP）。例如，-h localhost 或 -h 127.0.0.1 表示登录本地服务器。
- [-P < 端口 >]（必须用大写字母 P）用于指定连接的端口号。例如，-P 3306 表示连接 3306 端口。

用户登录界面如图 3-1-9 所示。

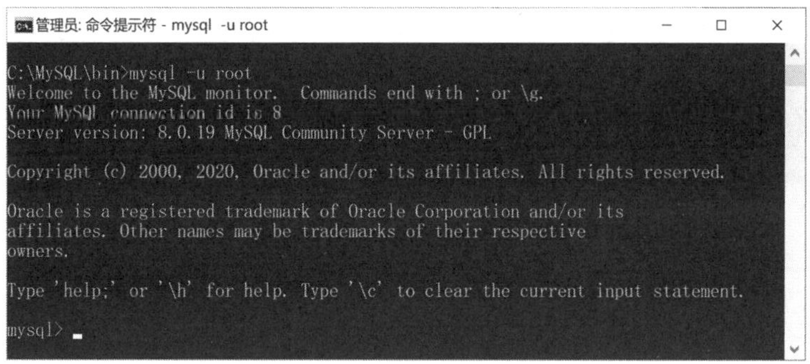

图 3-1-9　用户登录

（2）退出登录

可以使用 exit 或 quit 命令退出登录。

（3）设置用户密码

为了保护数据库的安全，需要为登录 MySQL 服务器的用户设置密码。

设置密码的基本语句格式：

```
ALTER USER <用户名>'[@<服务器名>] IDENTIFIED BY '<密码>';
```

 **说明：**

[@< 服务器名 >] 省略时默认为 %，代表所有服务器。

（4）设置 root 用户的密码

把 root 用户的密码设置为“123456”的语句如下：

```
ALTER USER 'root'@'localhost' IDENTIFIED BY '123456';
```

取消 root 用户密码的语句如下：

```
ALTER USER 'root'@'localhost' IDENTIFIED BY '';
```

设置密码的界面如图 3-1-10 所示。

```
选择管理员: 命令提示符 - mysql  -u root
c:\MySQL\bin>mysql -u root
Welcome to the MySQL monitor.  Commands end with ; or \g.
Your MySQL connection id is 14
Server version: 8.0.19 MySQL Community Server - GPL

Copyright (c) 2000, 2020, Oracle and/or its affiliates. All rights reserved.

Oracle is a registered trademark of Oracle Corporation and/or its
affiliates. Other names may be trademarks of their respective
owners.

Type 'help;' or '\h' for help. Type '\c' to clear the current input statement.

mysql> ALTER USER 'root'@'localhost' IDENTIFIED BY '123456';
Query OK, 0 rows affected (0.01 sec)

mysql> quit
Bye

c:\MySQL\bin>mysql -u root -p
Enter password: ******
Welcome to the MySQL monitor.  Commands end with ; or \g.
Your MySQL connection id is 15
Server version: 8.0.19 MySQL Community Server - GPL

Copyright (c) 2000, 2020, Oracle and/or its affiliates. All rights reserved.

Oracle is a registered trademark of Oracle Corporation and/or its
affiliates. Other names may be trademarks of their respective
owners.

Type 'help;' or '\h' for help. Type '\c' to clear the current input statement.

mysql> ALTER USER 'root'@'localhost' IDENTIFIED BY '';
Query OK, 0 rows affected (0.01 sec)

mysql> quit
Bye
```

图 3-1-10　设置密码

拓展任务

1. 卸载 MySQL

MySQL 作为服务型程序，不能直接在控制面板中卸载，需要执行以下步骤才能彻底卸载。

（1）停止 MySQL 服务

右击“此电脑”选择“管理”命令，打开“计算机管理”窗口，单击“服务”，在“服务”窗口选择 MySQL 服务，右击，选择“停止”命令，停止服务。

（2）控制面板卸载 MySQL

打开控制面板，卸载 MySQL。

（3）删除注册表

启动命令行窗口，输入 regedit，启动注册表编辑器，删除 HKEY_LOCAL_MACHINE\SYSTEM\ControlSet001\Services\Eventlog\Application\MySQL 文件夹。

重新启动计算机，即删除了 MySQL 服务。

2. 设置环境变量

在启动 MySQL 客户端前，需要确保命令提示符当前位于 C:\mysql\bin 文件夹，如果在其他文件夹，则需要通过 cd 命令切换文件夹，操作比较麻烦。

可以在命令行窗口中执行“setx PATH "%PATH%; C:\mysql\bin"”命令，将 MySQL 的 bin 文件夹添加到环境变量中。

关闭当前命令行窗口，重新打开一个新的命令行窗口即可生效。

3. 查看帮助信息

在命令行中输入 help 或者 \h 命令，就会显示 MySQL 客户端帮助信息，如图 3-1-11 所示。

```
命令提示符 - mysql  -u root
List of all MySQL commands:
Note that all text commands must be first on line and end with ';'
?         (\?) Synonym for `help'.
clear     (\c) Clear the current input statement.
connect   (\r) Reconnect to the server. Optional arguments are db and host.
delimiter (\d) Set statement delimiter.
ego       (\G) Send command to mysql server, display result vertically.
exit      (\q) Exit mysql. Same as quit.
go        (\g) Send command to mysql server.
help      (\h) Display this help.
notee     (\t) Don't write into outfile.
print     (\p) Print current command.
prompt    (\R) Change your mysql prompt.
quit      (\q) Quit mysql.
rehash    (\#) Rebuild completion hash.
source    (\.) Execute an SQL script file. Takes a file name as an argument.
status    (\s) Get status information from the server.
tee       (\T) Set outfile [to_outfile]. Append everything into given outfile.
use       (\u) Use another database. Takes database name as argument.
charset   (\C) Switch to another charset. Might be needed for processing binlog
with multi-byte charsets.
warnings  (\W) Show warnings after every statement.
nowarning (\w) Don't show warnings after every statement.
resetconnection(\x) Clean session context.
```

图 3-1-11　查看帮助信息

常见错误

1. 安装提示“The service already exists!”错误

（1）问题分析

同名的 MySQL 服务器已存在，默认名为 MySQL。

（2）解决办法

使用 mysqld –remove 命令卸载后再进行安装 。

2. 如何实现多个 MySQL 服务共存

（1）问题分析

默认服务名称相同，出现冲突，只需安装或卸载时指定服务名称。

（2）解决办法

mysqld -install“服务名称”；mysqld -remove“服务名称”。

3. 客户端无法连接服务器

（1）问题分析

端口被其他服务占用，默认 MySQL 的端口号为 3306。

（2）解决办法

netstat -ano 查看端口占用；tasklist | findstr“4204”查看 PID 执行程序。

执行解析 1-2　常用图形化工具应用

任务目标

① 安装 Navicat 15.0 数据库管理软件。

② 连接 MySQL 数据库服务器。

常用图形化工具应用

任务解析

1. 安装 Navicat 15.0 试用版

Navicat 是一套快速、可靠的图形化数据库管理工具，它的设计符合数据库管理员、开发人员及中小企业的需要。

本书使用的 Navicat Premium 15.0 是一套数据库开发工具，可使用户从单一应用程序中同时连接 MySQL、MariaDB、MongoDB、SQL Server、Oracle、PostgreSQL 和 SQLite 数据库。它与 Amazon RDS、Amazon Aurora、Amazon Redshift、Microsoft Azure、Oracle Cloud、MongoDB Atlas、阿里云、腾讯云和华为云等云数据库兼容。用户可以快速轻松地创建、管理和维护数据库。

（1）获取 Navicat FOR MySQL 的安装源代码

进入 Navicat 官方网站，网址为 https://www.navicat.com.cn/products/navicat-premium，可以下载 Navicate 试用版。

（2）安装 Navicat Premium 15.0.14

双击 navicat150_premium_cs_x64.exe，打开安装窗口，跟随提示安装 Navicat Premium 15.0.14。Navicat Premium15.0.14 主界面如图 3-1-12 所示。

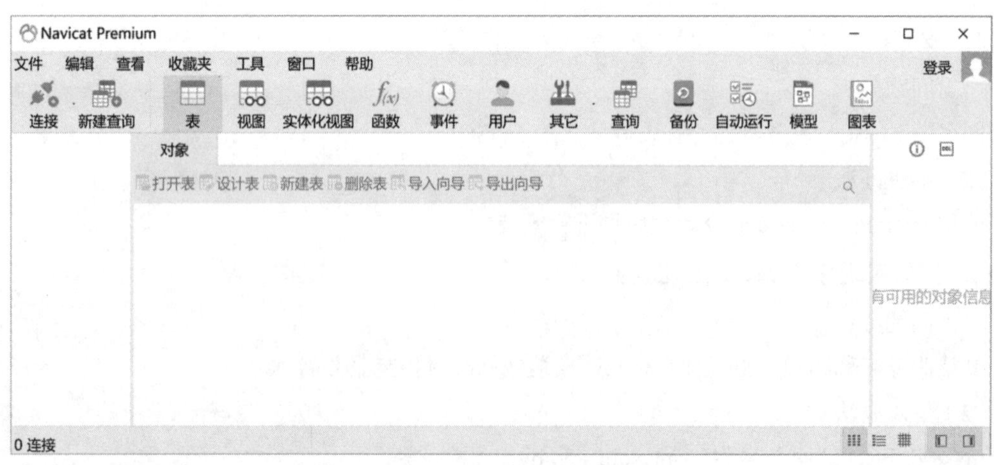

图 3-1-12　Navicat Premium 主界面

2. Navicat 连接数据库服务

单击“连接”按钮或在菜单栏中选择“文件”→“新建连接”→ MySQL 命令，打开新建连接对话框。按如图 3-1-13 所示填写，单击“确定”按钮。

双击 MySQL-Market 连接名，即可打开连接，如图 3-1-14 所示。

图 3-1-13　新建连接对话框

图 3-1-14　连接数据库服务器

3. 新建查询窗口

Navicat 中的查询窗口可以执行大部分的 SQL 语句。在查询窗口中编辑的语句可以保存，反复使用。

单击“新建查询”按钮，打开查询窗口，输入命令“SELECT ＇测试＇”，单击“运行”按钮，可以看到运行结果；单击“保存”按钮，可以保存语句，如图 3-1-15 所示。

图 3-1-15　新建查询

4. 打开命令列界面

Navicat 中的“命令列界面”以命令行的方式执行命令，相当于 Windows 中的命令窗口。

选择“工具”→“命令列界面”命令或者按【F6】键，即可打开命令列界面，如图 3-1-16 所示。

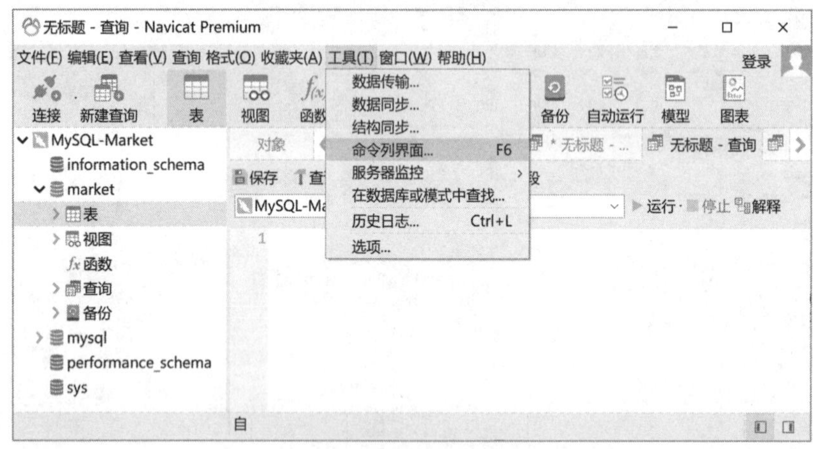

图 3-1-16　打开命令列界面

拓展任务

SQLyog 界面工具

SQLyog 是 Webyog 公司推出的快速、简洁的图形化 MySQL 数据库管理工具，具有操作简单、功能强大的特点。该软件提供了个人版、企业版等版本，并发布了 GPL 协议开源的社区版。

下面以 SQLyog Community Edition - 13.0.1 (32-Bit) 版本为例进行演示。

（1）安装 SQLyog

安装 SQLyog 的方法如图 3-1-17 所示。

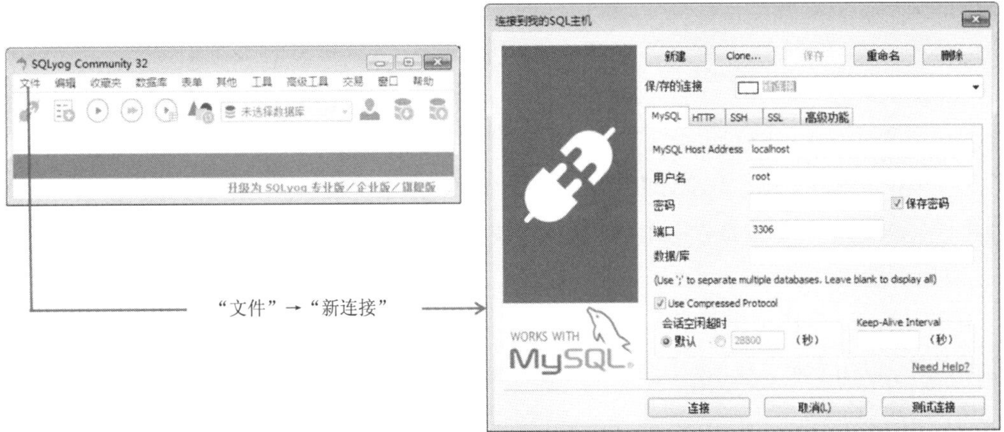

图 3-1-17　安装 SQLyog

（2）SQLyog 界面

SQLyog 界面及相关说明如图 3-1-18 所示。

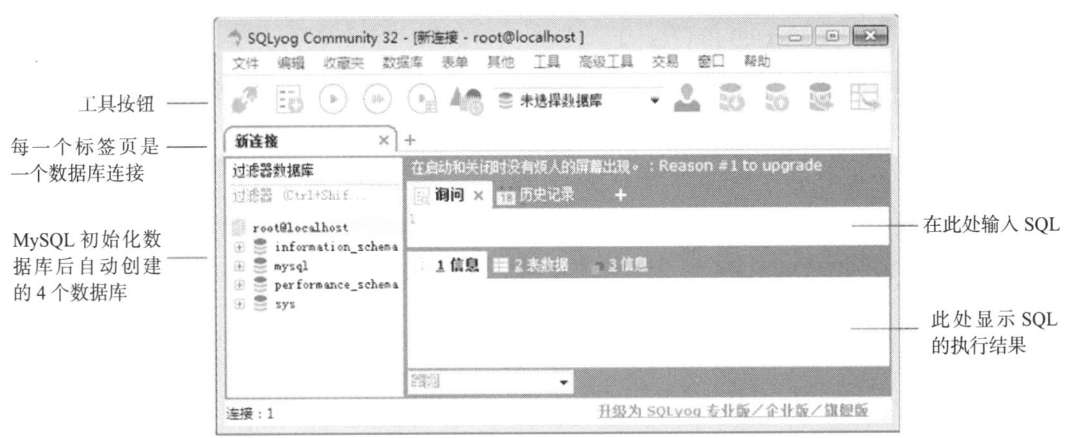

图 3-1-18　SQLyog 界面

执行解析 1-3　架设数据库

任务目标

① 创建 Market 数据库。

② 设置 Market 数据库的字符集与校对集。

③ 掌握 Market 数据库管理操作。

架设数据库

任务解析

在数据库操作中，创建数据库是数据库搭建的第一步，有些像现实生活中的盖仓库。

1. 创建数据库

（1）创建数据库的语法

在 MySQL 中，可以使用 CREATE DATABASE 语句创建数据库。基本语句格式如下：

```
CREATE DATABASE [IF NOT EXISTS] <数据库名>;
```

语法说明：

① [ ] 中的内容是可选的。

② < 数据库名 >：创建数据库的名称。MySQL 的数据存储区将以文件夹方式表示 MySQL 数据库，因此数据库名称必须符合操作系统的文件夹命名规则，不能以数字开头，尽量要有实际意义。注意，在 MySQL 中不区分大小写。

③ IF NOT EXISTS：在创建数据库之前进行判断，只有该数据库目前尚不存在时才能执行操作。此选项可以用来避免数据库已经存在而重复创建的错误。

（2）创建 Market 数据库

此操作可以在 MySQL 命令行客户端、Navicat 中的命令列界面或 Navicat 的查询窗口中完成。输入的 SQL 语句与执行结果如下：

```
mysql> CREATE DATABASE Market;
Query OK, 1 row affected (0.01 sec);
```

“Query OK, 1 row affected (0.01 sec);”提示中，“Query OK”表示上面的命令执行成功，“1 row affected”表示操作只影响了数据库中一行的记录，“0.01 sec”则记录了操作执行的时间。

2. 设置数据库的字符集和校对规则

（1）创建数据库时定义字符集和校对规则的语法

在 MySQL 中，可以使用 CREATE DATABASE 和 ALTER DATABASE 语句设置字符集和校对规则。使用 CREATE DATABASE 设置字符集和校对规则的基本语句格式如下：

```
CREATE DATABASE [IF NOT EXISTS] <数据库名>
[[DEFAULT] CHARACTER SET <字符集名>]
[[DEFAULT] COLLATE <校对规则名>];
```

语法说明：

① [DEFAULT] CHARACTER SET：指定数据库的字符集。指定字符集的目的是为了避免在数据库中存储的数据出现乱码的情况。如果在创建数据库时不指定字符集，就使用系统的默认字符集。

② [DEFAULT] COLLATE：指定字符集的默认校对规则。

（2）设置 Market 数据库的字符集与校对规则

创建 Market 数据库时设置字符集为 utf8mb4，校对规则为默认校对规则 utf8mb4_0900_ai_ci。语句如下：

```
CREATE DATABASE Market CHARACTER SET utf8;
```

执行时要先进行删除数据库的操作，再创建数据库，最后查看数据库的字符集和校对规则。因为采用的是默认校对规则，可以省略校对规则设置语句。

执行结果如图 3-1-19 所示。

```
mysql> DROP DATABASE IF EXISTS Market;
Query OK, 0 rows affected (0.01 sec)

mysql> CREATE DATABASE Market CHARACTER SET utf8 COLLATE utf8_bin;
Query OK, 1 row affected (0.01 sec)

mysql> SHOW VARIABLES LIKE 'character_set_database';
+------------------------+---------+
| Variable_name          | Value   |
+------------------------+---------+
| character_set_database | utf8mb4 |
+------------------------+---------+
1 row in set (0.10 sec)

mysql> SHOW VARIABLES LIKE 'collation_database';
+--------------------+--------------------+
| Variable_name      | Value              |
+--------------------+--------------------+
| collation_database | utf8mb4_0900_ai_ci |
+--------------------+--------------------+
1 row in set (0.11 sec)
```

图 3-1-19　设置字符集和校对规则为默认校对规则

3. 查看 Market 数据库信息

（1）查看 MySQL 服务器下的所有数据库

基本语句格式：

```
SHOW DATABASES;
```

执行结果如图 3-1-20 所示。

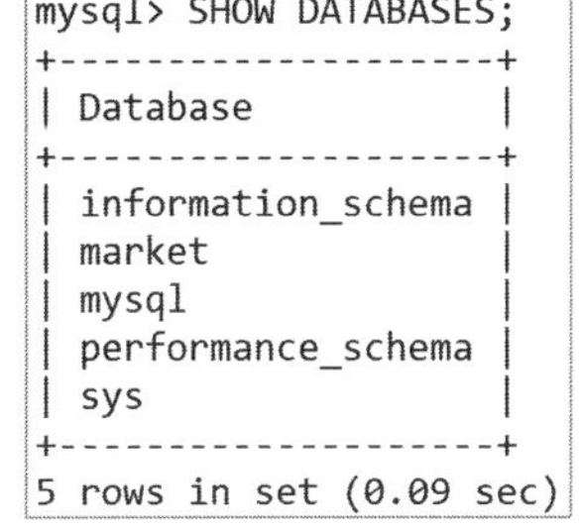

```
mysql> SHOW DATABASES;
+--------------------+
| Database           |
+--------------------+
| information_schema |
| market             |
| mysql              |
| performance_schema |
| sys                |
+--------------------+
5 rows in set (0.09 sec)
```

图 3-1-20　查看服务器下的所有数据库

（2）查看数据库的创建信息

基本语句格式：

```
SHOW CREATE DATABASE 数据库名称;
```

（3）查看 Market 数据库的创建信息

语句如下：

```
mysql> SHOW CREATE DATABASE Market;
```

执行结果如图 3-1-21 所示。

```
mysql> SHOW CREATE DATABASE Market;
+----------+---------------------------------------------------------------------------------------------------------------+
| Database | Create Database                                                                                               |
+----------+---------------------------------------------------------------------------------------------------------------+
| Market   | CREATE DATABASE `Market` /*!40100 DEFAULT CHARACTER SET utf8 COLLATE utf8_bin */ /*!80016 DEFAULT ENCRYPTION='N' */ |
+----------+---------------------------------------------------------------------------------------------------------------+
1 row in set (0.12 sec)
```

图 3-1-21　查看 Market 数据库的创建信息

4. 选择 Market 数据库

由于 MySQL 服务器中的数据需要存储到数据表中，而数据表需要存储到对应的数据库下，并且 MySQL 服务器中又可以同时存在多个数据库，因此，在对数据和数据表操作前，首先需要选择数据库。

（1）选择数据库

基本语句格式：

```
USE 数据库名称;
```

选择 Market 数据库语句如下：

```
mysql> USE Market;
```

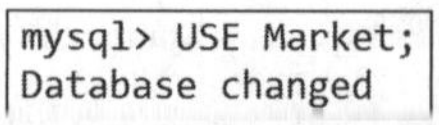

```
mysql> USE Market;
Database changed
```

图 3-1-22　选择 Market 数据库

执行结果如图 3-1-22 所示。

（2）登录 MySQL 服务器时选择数据库

基本语句格式：

```
mysql -u用户名 -p [密码] 数据库名
```

在登录时显示密码，选择数据库的语句如下：

```
mysql -uroot -p123456 Market
```

在命令窗口操作的执行结果如图 3-1-23 所示。

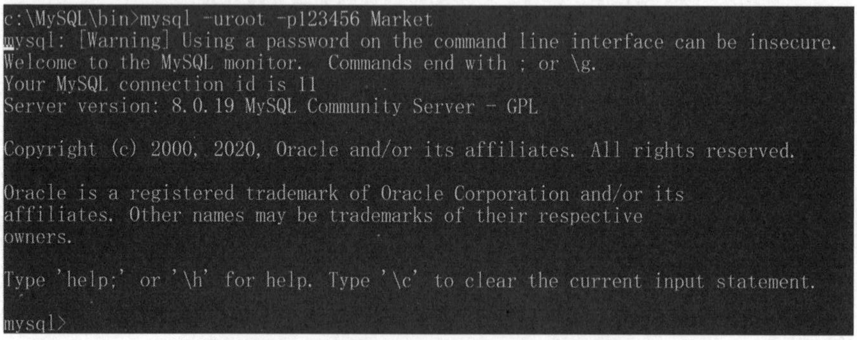

```
c:\MySQL\bin>mysql -uroot -p123456 Market
mysql: [Warning] Using a password on the command line interface can be insecure.
Welcome to the MySQL monitor.  Commands end with ; or \g.
Your MySQL connection id is 11
Server version: 8.0.19 MySQL Community Server - GPL

Copyright (c) 2000, 2020, Oracle and/or its affiliates. All rights reserved.

Oracle is a registered trademark of Oracle Corporation and/or its
affiliates. Other names may be trademarks of their respective
owners.

Type 'help;' or '\h' for help. Type '\c' to clear the current input statement.

mysql>
```

图 3-1-23　命令窗口登录数据库时显示密码

在登录时隐藏密码，选择数据库的语句如下：

```
mysql -uroot -p Market
```

在命令窗口操作的执行结果如图 3-1-24 所示。

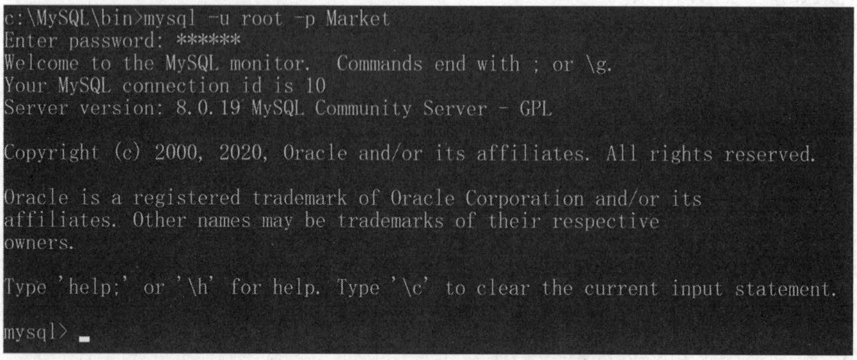

```
c:\MySQL\bin>mysql -u root -p Market
Enter password: ******
Welcome to the MySQL monitor.  Commands end with ; or \g.
Your MySQL connection id is 10
Server version: 8.0.19 MySQL Community Server - GPL

Copyright (c) 2000, 2020, Oracle and/or its affiliates. All rights reserved.

Oracle is a registered trademark of Oracle Corporation and/or its
affiliates. Other names may be trademarks of their respective
owners.

Type 'help;' or '\h' for help. Type '\c' to clear the current input statement.

mysql> _
```

图 3-1-24　命令窗口登录数据库时隐藏密码

拓展任务

1. 理解数据库的基本概念

（1）理解数据库

工厂要做好生产工作，要有存放原材料或成品的仓库；数据要存放需要有存放数据的仓库。关系型数据库中用二维表表示实际仓库中的货架。数据库操作的基本过程如图 3-1-25 所示。

（2）基本概念

① 数据（Data）：包括数字、文字、图像、声音等。凡是在计算机中用来描述事务的信息都可称作数据。

② 数据库（Database，DB）：是按照数据结构来组织、存储和管理数据的仓库。

③ 数据库管理系统（Database Management System，DBMS）：专门用于创建和管理数据库的一套软件，介于应用程序和操作系统之间，如 MySQL、Oracle、Access、SQL Server 等。

④ 数据库系统（DataBase System，DBS）：指在计算机系统中引入数据库后的系统，除了数据库，还包括数据库管理系统、数据库应用程序等。

⑤ 数据库管理员（Database Administrator，DBA）：负责管理和维护数据库，参与数据库的设计、测试和部署。数据库管理员需要对数据库系统非常精通，且应具有较高的技术水平和较深的资历。

数据库系统各概念间的关系如图 3-1-26 所示。

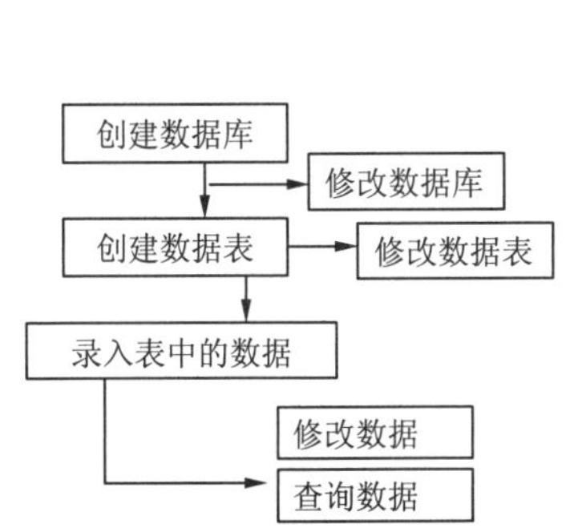

图 3-1-25　数据库操作的基本过程

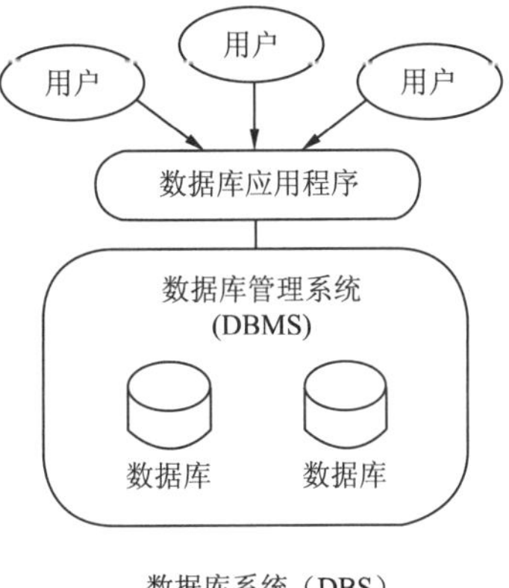

图 3-1-26　数据库系统各概念间的关系

2. MySQL 中自带数据库

MySQL 服务器中自带的数据库包括 information_schema、performance_schema、mysql、sys。

查询 MySQL 数据库的操作如图 3-1-27 所示。

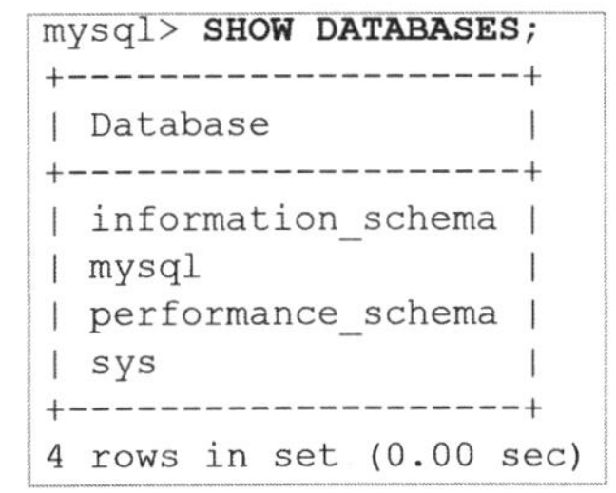

```
mysql> SHOW DATABASES;
+--------------------+
| Database           |
+--------------------+
| information_schema |
| mysql              |
| performance_schema |
| sys                |
+--------------------+
4 rows in set (0.00 sec)
```

图 3-1-27　查询 MySQL 服务器中的数据库

这些自带数据库的功能如下：

① information_schema：数据字典，保存所有数据表和库的结构信息。

② performance_schema：性能字典，保存全局变量等设置。

③ mysql：负责服务器自己需要使用的控制和管理信息，如权限关系。

④ sys：系统数据库，包括存储过程、自定义函数等。

information_schema 是信息数据库，有 40 张表，其中保存着关于 MySQL 服务器所维护的所有其他数据库的信息。如数据库名、数据库的表、表栏的数据类型与访问权限等。

3. 理解字符集与校对规则

MySQL 中字符集是用来定义存储字符串的方式，校对规则定义比较字符串的方式。字符集是一套符号和编码；校对规则是在字符集内用于比较字符的一套规则。

每个字符集有一个或多个校对规则，并且每个校对规则只能属于一个字符集。

（1）字符集

常用的字符集有 UTF8、GBK、GB2312。

① UTF-8（Unicode Transformation Format-8bit）允许含 BOM，但通常不含 BOM，是用以解决国际上字符的一种多字节编码。它对英文使用 8 位（即一个字节），中文使用 24 位（三个字节）来编码。UTF-8 包含全世界所有国家需要用到的字符，是国际编码，通用性强。UTF-8 编码的文字可以在各国支持 UTF-8 字符集的浏览器上显示。使用 UTF-8 字符集的用户无须安装简体中文就能正常观看文字而不会出现乱码。

由于历史原因，MySQL 中的 utf8 编码与标准的 UTF-8（RFC 3629）存在一些差别。标准的 UTF-8 规定一个字符最多使用 4 个字节，而 MySQL 中的 utf8 编码一个字符最多使用 3 个字节，导致 UTF-8 中的一些特殊字符（如 emoji 符号）无法在 MySQL 的 utf8 编码中使用。为了解决这个问题，MySQL 从 5.5.3 版本开始新增了 utf8mb4 编码，将一个字符扩展到 4 个字节。因此，如果要考虑支持 RFC 3629 规范，应使用 utf8mb4 编码。

② GBK 是在国家标准 GB 2312 基础上扩容后兼容 GB 2312 的标准。GBK 包括中日韩字符的大字符集合。GBK 的文字编码是用双字节来表示的，即不论中、英文字符均使用双字节来表示，为了区分中文，将其最高位都设置成 1。GBK 包含全部中文字符，支持简体中文及繁体中文，是国家编码；GB2312 支持简体中文，UTF-8 几乎支持所有字符。GBK 通用性比 UTF8 差，不过 UTF8 占用的数据库比 GBK 大。

MySQL 8.0.19 中，字符集有 41 种。查看字符集的语句如下：

```
mysql> SHOW CHARACTER SET;
```

操作结果如图 3-1-28 所示。

```
mysql> SHOW CHARACTER SET;
+----------+---------------------------------+---------------------+--------+
| Charset  | Description                     | Default collation   | Maxlen |
+----------+---------------------------------+---------------------+--------+
| armscii8 | ARMSCII-8 Armenian              | armscii8_general_ci |      1 |
| ascii    | US ASCII                        | ascii_general_ci    |      1 |
| big5     | Big5 Traditional Chinese        | big5_chinese_ci     |      2 |
| binary   | Binary pseudo charset           | binary              |      1 |
| cp1250   | Windows Central European        | cp1250_general_ci   |      1 |
| cp1251   | Windows Cyrillic                | cp1251_general_ci   |      1 |
| cp1256   | Windows Arabic                  | cp1256_general_ci   |      1 |
| cp1257   | Windows Baltic                  | cp1257_general_ci   |      1 |
| cp850    | DOS West European               | cp850_general_ci    |      1 |
| cp852    | DOS Central European            | cp852_general_ci    |      1 |
| cp866    | DOS Russian                     | cp866_general_ci    |      1 |
| cp932    | SJIS for Windows Japanese       | cp932_japanese_ci   |      2 |
| dec8     | DEC West European               | dec8_swedish_ci     |      1 |
| eucjpms  | UJIS for Windows Japanese       | eucjpms_japanese_ci |      3 |
| euckr    | EUC-KR Korean                   | euckr_korean_ci     |      2 |
| gb18030  | China National Standard GB18030 | gb18030_chinese_ci  |      4 |
| gb2312   | GB2312 Simplified Chinese       | gb2312_chinese_ci   |      2 |
| gbk      | GBK Simplified Chinese          | gbk_chinese_ci      |      2 |
| geostd8  | GEOSTD8 Georgian                | geostd8_general_ci  |      1 |
| greek    | ISO 8859-7 Greek                | greek_general_ci    |      1 |
| hebrew   | ISO 8859-8 Hebrew               | hebrew_general_ci   |      1 |
| hp8      | HP West European                | hp8_english_ci      |      1 |
| keybcs2  | DOS Kamenicky Czech-Slovak      | keybcs2_general_ci  |      1 |
| koi8r    | KOI8-R Relcom Russian           | koi8r_general_ci    |      1 |
| koi8u    | KOI8-U Ukrainian                | koi8u_general_ci    |      1 |
| latin1   | cp1252 West European            | latin1_swedish_ci   |      1 |
| latin2   | ISO 8859-2 Central European     | latin2_general_ci   |      1 |
| latin5   | ISO 8859-9 Turkish              | latin5_turkish_ci   |      1 |
| latin7   | ISO 8859-13 Baltic              | latin7_general_ci   |      1 |
| macce    | Mac Central European            | macce_general_ci    |      1 |
| macroman | Mac West European               | macroman_general_ci |      1 |
| sjis     | Shift-JIS Japanese              | sjis_japanese_ci    |      2 |
| swe7     | 7bit Swedish                    | swe7_swedish_ci     |      1 |
| tis620   | TIS620 Thai                     | tis620_thai_ci      |      1 |
| ucs2     | UCS-2 Unicode                   | ucs2_general_ci     |      2 |
| ujis     | EUC-JP Japanese                 | ujis_japanese_ci    |      3 |
| utf16    | UTF-16 Unicode                  | utf16_general_ci    |      4 |
| utf16le  | UTF-16LE Unicode                | utf16le_general_ci  |      4 |
| utf32    | UTF-32 Unicode                  | utf32_general_ci    |      4 |
| utf8     | UTF-8 Unicode                   | utf8_general_ci     |      3 |
| utf8mb4  | UTF-8 Unicode                   | utf8mb4_0900_ai_ci  |      4 |
+----------+---------------------------------+---------------------+--------+
41 rows in set (0.11 sec)
```

图 3-1-28 查看字符集语句执行结果

（2）校对规则

校对规则是一种比较的集合。当进行数据比较时，会自动使用校对集来进行验证。一个字符集会有多个校对集。

MySQL 8.0.19 中校对规则有 272 种。查看校对规则语句如下：

```
mysql> SHOW COLLATION;
```

操作结果如图 3-1-29 所示。

```
mysql> SHOW COLLATION;
+----------------------------+----------+-----+---------+----------+---------+---------------+
| Collation                  | Charset  | Id  | Default | Compiled | Sortlen | Pad_attribute |
+----------------------------+----------+-----+---------+----------+---------+---------------+
| armscii8_bin               | armscii8 |  64 |         | Yes      |       1 | PAD SPACE     |
| armscii8_general_ci        | armscii8 |  32 | Yes     | Yes      |       1 | PAD SPACE     |
| ascii_bin                  | ascii    |  65 |         | Yes      |       1 | PAD SPACE     |
| ascii_general_ci           | ascii    |  11 | Yes     | Yes      |       1 | PAD SPACE     |
| big5_bin                   | big5     |  84 |         | Yes      |       1 | PAD SPACE     |
| big5_chinese_ci            | big5     |   1 | Yes     | Yes      |       1 | PAD SPACE     |
| binary                     | binary   |  63 | Yes     | Yes      |       1 | NO PAD        |
                                   ......
| utf8_swedish_ci            | utf8     | 200 |         | Yes      |       8 | PAD SPACE     |
| utf8_tolower_ci            | utf8     |  76 |         | Yes      |       1 | PAD SPACE     |
| utf8_turkish_ci            | utf8     | 201 |         | Yes      |       8 | PAD SPACE     |
| utf8_unicode_520_ci        | utf8     | 214 |         | Yes      |       8 | PAD SPACE     |
| utf8_unicode_ci            | utf8     | 192 |         | Yes      |       8 | PAD SPACE     |
| utf8_vietnamese_ci         | utf8     | 215 |         | Yes      |       8 | PAD SPACE     |
+----------------------------+----------+-----+---------+----------+---------+---------------+
272 rows in set (0.46 sec)
```

图 3-1-29　查看校对集语句执行结果

UTF-8 字符集默认的校对规则为 utf8_general_ci。

utf8_general_ci 校对规则按照普通的字母顺序排序，不区分大小写；utf8_bin 校对规则，按照二进制排序，区分大小写。

4. 查看字符集和校对规则

字符集和校对规则有 4 个级别的默认设置：服务器级、数据库级、表级和连接级。

（1）查看服务器的字符集和校对规则

① 查看服务器的字符集。语句如下：

```
mysql> SHOW VARIABLES LIKE 'character_set_server';
```

执行结果如图 3-1-30 所示。

```
mysql> SHOW VARIABLES LIKE 'character_set_server';
+----------------------+---------+
| Variable_name        | Value   |
+----------------------+---------+
| character_set_server | utf8mb4 |
+----------------------+---------+
1 row in set (0.10 sec)
```

图 3-1-30　查看服务器的字符集

② 查看服务器的校对规则。语句如下：

```
mysql> SHOW VARIABLES LIKE 'collation_server';
```

执行结果如图 3-1-31 所示。

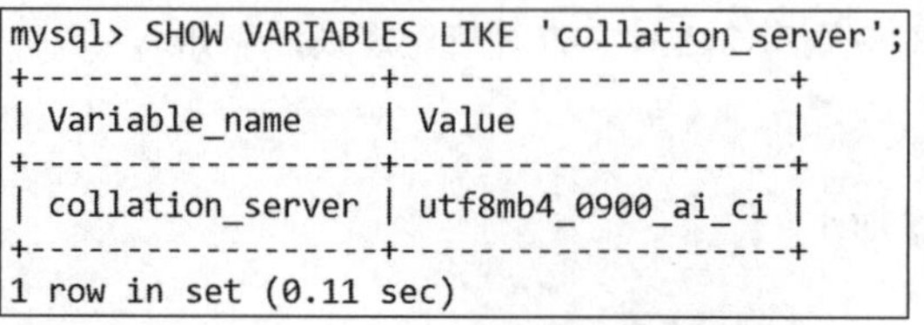

```
mysql> SHOW VARIABLES LIKE 'collation_server';
+------------------+--------------------+
| Variable_name    | Value              |
+------------------+--------------------+
| collation_server | utf8mb4_0900_ai_ci |
+------------------+--------------------+
1 row in set (0.11 sec)
```

图 3-1-31　查看服务器的校对规则

2. 查看数据库的字符集与校对规则

① 查看数据库的字符集。语句如下：

```
mysql> SHOW VARIABLES LIKE 'character_set_database';
```

执行结果如图 3-1-32 所示。

```
mysql> SHOW VARIABLES LIKE 'character_set_database';
+------------------------+---------+
| Variable_name          | Value   |
+------------------------+---------+
| character_set_database | utf8mb4 |
+------------------------+---------+
1 row in set (0.14 sec)
```

图 3-1-32　查看数据库的字符集

② 查看数据库的校对规则。语句如下：

```
mysql> SHOW VARIABLES LIKE 'collation_database';
```

执行结果如图 3-1-33 所示。

```
mysql> SHOW VARIABLES LIKE 'collation_database';
+--------------------+--------------------+
| Variable_name      | Value              |
+--------------------+--------------------+
| collation_database | utf8mb4_0900_ai_ci |
+--------------------+--------------------+
1 row in set (0.11 sec)
```

图 3-1-33　查看数据库的校对规则

每一个数据库有一个数据库字符集和一个数据库校对规则，它不能为空。

5. 删除数据库

如果一个刚刚创建的没有数据的数据库创建错误，可以使用删除语句删除数据库。如果数据库已经运行一段时间，删除时就要慎重。

基本语句格式：

```
DROP DATABASE [IF EXISTS]数据库名称;
```

删除 Market 数据库的语句如下：

```
mysql> DROP DATABASE Market;
Query OK, 0 rows affected (0.01 sec)
```

常见错误

1. 重复创建同一数据库，提示 Can't create database 'Market'; database exists

（1）问题分析

MySQL 不允许在同一系统下创建两个相同名称的数据库。执行一次创建 Market 语句 CREATE DATABASE Market; 后，若再次输入此语句，则系统会给出错误提示信息，如下所示：

```
mysql> CREATE DATABASE Market;
ERROR 1007 (HY000): Can't create database 'Market'; database exists
```

提示不能创建 Market 数据库，数据库已存在。

（2）解决办法

加上 IF NOT EXISTS 从句，就可以避免类似错误，如下所示：

```
mysql> CREATE DATABASE IF NOT EXISTS Market;
Query OK, 1 row affected (0.01sec)
```

或者在创建数据库前加上 DROP DATABASE 语句，先删除数据库，再执行创建语句。

```
mysql> DROP DATABASE IF EXISTS Market;
Query OK, 0 rows affected (0.01 sec)
mysql> CREATE DATABASE Market;
Query OK, 1 row affected (0.01 sec)
```

2. 删除数据库时，提示 Unknown database 'market'

（1）问题分析

提示不知道的数据库 Market，此时需要确认当前数据库服务器中有无 market 数据库。如果没有，则不用删除。

（2）解决办法

使用“SHOW DATABASES;”语句，查询服务器中的数据库。

① 如果不存在 Market 数据库，则不必再次删除。

② 如果数据库的名称不同，则用实际存在的数据库名称删除数据库。

执行解析 1-4　创建数据表与数据类型

任务目标

① 理解数据类型。

② 创建 Market 数据库中的数据表。

创建数据表与数据类型

任务解析

1. 理解 MySQL 的数据类型

MySQL 支持多种类型，大致可以分为三类：数值、日期 / 时间和字符串（字符）类型。

（1）数值类型

MySQL 支持所有标准 SQL 数值数据类型。这些类型包括严格数值数据类型（INTEGER、SMALLINT、DECIMAL 和 NUMERIC）以及近似数值数据类型（FLOAT、REAL 和 DOUBLE PRECISION）。

关键字 INT 是 INTEGER 的同义词，关键字 DEC 是 DECIMAL 的同义词。

BIT 数据类型保存位字段值，并且支持 MyISAM、MEMORY、InnoDB 和 BDB 表。

作为 SQL 标准的扩展，MySQL 也支持整数类型 TINYINT、MEDIUMINT 和 BIGINT。表 3-1-1 给出了需要的每个整数类型的存储空间和范围。

表 3-1-1　数值类型

类　型	存储空间	范围（有符号）	范围（无符号）	用　途
TINYINT	1 B	(–128，127)	(0，255)	小整数值
SMALLINT	2 B	(–32 768，32 767)	(0，65 535)	大整数值
MEDIUMINT	3 B	(–8 388 608，8 388 607)	(0，16 777 215)	大整数值
INT 或 INTEGER	4 B	(–2 147 483 648，2 147 483 647)	(0，4 294 967 295)	大整数值
BIGINT	8 B	(–9 223 372 036 854 775 808，9 223 372 036 854 775 807)	(0，18 446 744 073 709 551 615)	极大整数值
FLOAT	4 B	(–3.402 823 466E+38，–1.175 494 351E–38)，0，(1.175 494 351E–38，3.402 823 466 351E+38)	0，(1.175 494 351E–38，3.402 823 466E+38)	单精度浮点数值
DOUBLE	8 B	(–1.797 693 134 862 315 7E+308，–2.225 073 858 507 201 4E–308)，0，(2.225 073 858 507 201 4E–308，1.797 693 134 862 315 7E+308)	0，(2.225 073 858 507 201 4E–308，1.797 693 134 862 315 7E+308)	双精度浮点数值
DECIMAL	DECIMAL(M,D)，如果 M>D，为 M+2；否则为 D+2	依赖于 M 和 D 的值	依赖于 M 和 D 的值	小数值

（2）日期和时间类型

表示时间值的日期和时间类型为 DATETIME、DATE、TIMESTAMP、TIME 和 YEAR。

每个时间类型有一个有效值范围和一个“零”值，当指定不合法的 MySQL 不能表示的值时使用“零”值。TIMESTAMP 类型有专有的自动更新特性，设置为 TIMESTAMP 类型的字段，可以设置默认值为 Current_time（当前时间）。日期 / 时间类型的存储空间和范围如表 3-1-2 所示。

表 3-1-2　日期 / 时间类型

类　型	存储空间	范　围	格　式	用　途
DATE	3	1000–01–01/9999–12–31	YYYY–MM–DD	日期值
TIME	3	'–838:59:59'/'838:59:59'	HH:MM:SS	时间值或持续时间
YEAR	1	1901/2155	YYYY	年份值
DATETIME	8	1000–01–01 00:00:00/9999–12–31 23:59:59	YYYY–MM–DDHH:MM:SS	混合日期和时间值
TIMESTAMP	4	1970–01–0100:00:00/2038 结束时间是第 2 147 483 647 s，至北京时间 2038–1–19 11:14:07，格林尼治时间 2038 年 1 月 19 日 03:14:07	YYYYMMDDHHMMSS	混合日期和时间值，时间戳

(4) 字符串类型

字符串类型指 CHAR、VARCHAR、BINARY、VARBINARY、BLOB、TEXT、ENUM 和 SET，如表 3-1-3 所示。

表 3-1-3　字符串类型

类　型	大　小	用　途
CHAR(n)	0 ~ 255 B	定长字符串
VARCHAR(n)	0 ~ 6 553 5 B	变长字符串
TINYBLOB	0 ~ 255 B	不超过 255 个字符的二进制字符串
TINYTEXT	0 ~ 255 B	短文本字符串
BLOB	0 ~ 65 535 B	二进制形式的长文本数据
TEXT	0 ~ 65 53 5 B	长文本数据
MEDIUMBLOB	0 ~ 167 772 15 B	二进制形式的中等长度文本数据
MEDIUMTEXT	0 ~ 1 677 721 5 B	中等长度文本数据
LONGBLOB	0 ~ 4 294 967 295 B	二进制形式的极大文本数据
LONGTEXT	0 ~ 4 294 967 295 B	极大文本数据

① CHAR(n) 和 VARCHAR(n) 类型：中括号中 n 代表字符的个数，并不代表字节个数，比如 CHAR(30) 就可以存储 30 个字符。

CHAR(n) 是固定长度字符类型。这种类型的字段值固定长度为 n，如果存入字符小于 n，则尾部以空格补齐长度；如果存入字符大于 n，则存储前 n 个字符。

VARCHAR(n) 是可变长度字符类型。这种类型的字段值最大长度为 n，如果存入字符小于 n，则存储实际字符，尾部不以空格补齐；如果存入字符大于 n，则存储前 n 个字符。在存储或检索过程中不进行大小写转换。

② BINARY 和 VARBINARY 类型：类似于 CHAR 和 VARCHAR，不同的是它们包含二进制字符串而不包含非二进制字符串。也就是说，它们包含字节字符串而不是字符字符串。这说明它们没有字符集，并且排序和比较基于列值字节的数值。

③ BLOB 类型：BLOB 是一个二进制对象，可以容纳可变数量的数据。有 4 种 BLOB 类型：TINYBLOB、BLOB、MEDIUMBLOB 和 LONGBLOB。它们的区别在于可容纳存储范围不同。

④ TEXT 类型：有 TINYTEXT、TEXT、MEDIUMTEXT 和 LONGTEXT 这 4 种。对应的这 4 种 TEXT 类型可存储的最大长度不同，可根据实际情况选择。

2. 创建数据表

(1) 创建数据表的语法

基本语句格式：

```
CREATE [TEMPORARY] TABLE [IF NOT EXISTS] [数据库.]<表名>
(<字段名> <字段类型> [字段属性] [COMMENT <字段描述>][,…n]) [表选项]
```

说明：

- 创建数据表前，要选择数据库，可使用“USE 数据库”或使用“数据库 . 表名”。
- 语句中使用的标点、空格必须是半角英文符号，不能使用全角汉字符号。
- TEMPORARY：可选，表示创建临时表，仅在当前会话中可见。
- 表名：数据库中表的名称，前面可以添加数据库名，没有数据库名则表示在当前数据库中创建表。
- 字段名：是数据表的列名。
- 字段类型：字段中保存的数据类型及长度说明。
- 字段属性：可选，字段的某些特殊约束条件，如为空性、主键、默认值等。
- [,…n]：表示前面内容可重复。
- 表选项：可选，用于设置表的相关特性，如字符集与校对集、存储引擎（ENGINE）。

（2）创建 Market 数据库中的数据表，实现字段定义和主键、为空性

在 Navicat 的查询窗口完成创建数据表的操作，所生成的创建表语句可以保存为 CreateTables.sql 文件。

创建数据表的语句如下：

```
#创建tblGoods表
CREATE TABLE tblGoods(
goodsID Char(6) Primary Key not null COMMENT '商品代码',
QRCode Char(13) not null COMMENT '商品条型码',
goodsName Varchar(50) not null COMMENT '商品名称',
type enum('食品', '调料','洗化用品','日用品','文具','水果','饮料','其他') not null COMMENT '商品类型',
metric Char(5) not null COMMENT '计量单位',
specifications Char(20) not null COMMENT '规格型号',
sellPrice Decimal(10,2) null COMMENT '销售价格',
quotiety decimal(18,2) not null COMMENT '积分系数'
);

#创建tblSupplier表
CREATE TABLE tblSupplier(
supplierID Int Primary Key not null COMMENT '供应商代码',
supplierName varChar(50) not null COMMENT '供应商名称',
address varChar(100) COMMENT '供应商地址',
postalAddress varChar(100) COMMENT '通信地址',
postalCode Char(6) COMMENT '邮政编码',
corporation varChar(30) COMMENT '企业法人',
linkMan Varchar(30) COMMENT '联系人',
tel Char(13) COMMENT '联系电话'
);

#创建tblOrder表
CREATE TABLE tblOrder(
```

```
    orderID int Primary Key not null COMMENT '订单编号',
    supplierID int not null COMMENT '供应商代码',
    startingDate timestamp COMMENT '起始日期',
    endingDate timestamp(3) COMMENT '截止日期',
    purchaserID Char(6) not null COMMENT '采购员编号',
    linkman varChar(30) not null COMMENT '供应商联系人',
    tel Char(13) not null COMMENT '联系电话',
    paymentTerm Varchar(100) COMMENT '付款条件',
    orderStatus enum('未审核','已确认','交货中','已完成','逾期','取消') not null
COMMENT '订单状态',
    ApproverID Char(6) COMMENT '审核人'
    );

    #创建tblOrderList表
    CREATE TABLE tblOrderList(
    orderListID int Primary Key not null COMMENT '订单明细编号',
    orderID int not null COMMENT '订单编号',
    goodsID Char(6) not null COMMENT '商品代码',
    buyAmount decimal(10,2) not null COMMENT '采购数量',
    stockPrice decimal(10,2) COMMENT '采购价格',
    sDeliveryAmount decimal(10,2) COMMENT '交货数量',
    toleranc decimal(10,2) COMMENT '容差'
    );

    #创建tblOrderDelivery表
    CREATE TABLE tblOrderDelivery(
    deliveryTime timestamp(3) Primary Key not null COMMENT '交货时间',
    orderListID int not null COMMENT '订单明细编号',
    userID Char(6) not null COMMENT '收货人编号',
    deliveryAmount Decimal(10,2) not null COMMENT '交货数量'
    );

    #创建tblFund表
    CREATE TABLE tblFund(
    fundID Char(7) Primary Key not null COMMENT '卡号',
    money decimal(18,2) not null COMMENT '金额',
    beginDate timestamp COMMENT '办卡日期',
    cardID Char(18) COMMENT '身份证号',
    customerName Char(50) COMMENT '姓名'
    );

    #创建tblScoreCard表
    CREATE TABLE tblScoreCard(
    SCID Char(7) Primary Key not null COMMENT '卡号',
    score decimal(18,2) not null COMMENT '现有积分',
    IDcard Char(18) not null COMMENT '顾客身份证号',
    customer Char(50) not null COMMENT '顾客姓名',
```

```
tel Char(13) not null COMMENT '联系电话',
cardDate timestamp not null COMMENT '办卡日期'
);

#创建tblTrade表
CREATE TABLE tblTrade(
tradeID Char(20) Primary Key not null COMMENT '交易号',
machineID Char(3) not null COMMENT '机器号',
cashierID char(6) not null COMMENT '收银员编号',
salesTime Timestamp(3) not null COMMENT '交易时间',
fundID decimal(18,2) null COMMENT '储值卡编号',
SCPay decimal(10,2) null COMMENT '储值卡支付金额',
SCID Char(7) COMMENT '积分卡编号',
tradeScore decimal(18,2) COMMENT '积分'
);

#创建tblTradeList表
CREATE TABLE tblTradeList(
tradeID Char(20) not null COMMENT '交易号',
goodsID Char(6) not null COMMENT '商品代码',
amount decimal(10,2) not null COMMENT '商品数量',
sum decimal(10,2) not null COMMENT '金额'
);

#创建tblDept表
CREATE TABLE tblDept(
deptID Char(3) Primary Key not null COMMENT '部门编号',
deptName Char(10) not null COMMENT '部门名称',
headerID Char(6) COMMENT '部门负责人编号'
);

#创建tblUser表
CREATE TABLE tblUser(
userID Char(6) Primary Key not null COMMENT '用户编号',
userName varChar(30) not null COMMENT '用户名',
password Varchar(20) not null COMMENT '口令',
employeeName Varchar(30) not null COMMENT '员工姓名',
deptID Char(3) COMMENT '部门编号',
sex enum('男','女') COMMENT '性别',
IDcard Char(18) COMMENT '身份证号',
tel Char(11) COMMENT '联系电话',
address varChar(50) COMMENT '住址',
postalcode Char(6) COMMENT '邮编',
userStatus enum('正常','退休','离职','其他') COMMENT '用户状态'
);
```

创建 tblGoods 表的执行结果如图 3-1-34 所示，其他表类似。

```
信息  剖析  状态
#创建tblGoods表
CREATE TABLE tblGoods(
goodsID Char(6) Primary Key not null COMMENT '商品代码',
QRCode Char(13) not null COMMENT '商品条型码',
goodsName Varchar(50) not null COMMENT '商品名称',
type enum('食品','调料','洗化用品','日用品','文具','水果','饮料','其他') not null COMMENT '商品类型',
metric Char(5) not null COMMENT '计量单位',
specifications Char(20) not null COMMENT '规格型号',
sellPrice Decimal(10,2) null COMMENT '销售价格',
quotiety decimal(18,2) not null COMMENT '积分系数'
)
> OK
> 时间: 0.047s
```

图 3-1-34　创建 tblGoods 表的执行结果

提示“OK”表示创建成功。

3. 查看数据表

（1）查看数据表的语法

基本语句格式如下：

```
SHOW TABLES;
```

（2）查看 Market 数据库中的数据表

语句如下：

```
mysql> USE Market;
mysql> SHOW TABLES;
```

执行前先要选择 Market 数据库。执行结果如图 3-1-35 所示。

4. 保存创建表语句为 CreateTable.sql

一个查询窗口中第一次单击“保存”按钮，会打开“查询名”对话框，输入查询名，单击 OK 按钮（见图 3-1-36），文件会默认存储在计算机文档中“\Navicat\MySQL\Servers\MySQL-Market”文件夹下。以后再单击“保存”按钮就直接保存，打开“查询名”对话框。

```
mysql> USE Market;
Database changed

mysql> SHOW TABLES;
+------------------+
| Tables_in_market |
+------------------+
| tbldept          |
| tblfund          |
| tblgoods         |
| tblorder         |
| tblorderdelivery |
| tblorderlist     |
| tblscorecard     |
| tblsupplier      |
| tbltrade         |
| tbltradelist     |
| tbluser          |
+------------------+
11 rows in set (0.10 sec)
```

图 3-1-35　查看 Market 数据库中的数据表

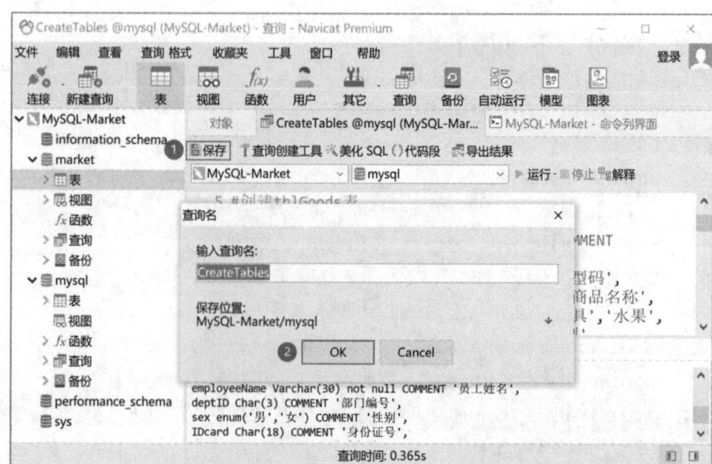

图 3-1-36　保存创建表语句界面

拓展任务

1. 查看数据表的字段信息

（1）查看数据表字段信息的语法

基本语句格式：

```
{ DESCRIBE | DESC } 数据表名 [字段名];
```

说明：

- DESCRIBE 语句可以简写成 DESC。
- [字段名] 选项，不选择查看数据表的所有字段信息；选择查看指定字段的信息。

（2）查看 tblGoods 数据表的全部字段信息

语句如下：

```
mysql> DESC tblGoods;
```

执行结果如图 3-1-37 所示。

```
mysql> DESC tblGoods;
+----------------+---------------------------------------------------------------+------+-----+---------+-------+
| Field          | Type                                                          | Null | Key | Default | Extra |
+----------------+---------------------------------------------------------------+------+-----+---------+-------+
| goodsID        | char(6)                                                       | NO   | PRI | NULL    |       |
| QRCode         | char(13)                                                      | NO   |     | NULL    |       |
| goodsName      | varchar(50)                                                   | NO   |     | NULL    |       |
| type           | enum('食品','调料','洗化用品','日用品','文具','水果','饮料','其他') | NO   |     | NULL    |       |
| metric         | char(5)                                                       | NO   |     | NULL    |       |
| specifications | char(20)                                                      | NO   |     | NULL    |       |
| sellPrice      | decimal(10,2)                                                 | YES  |     | NULL    |       |
| quotiety       | decimal(18,2)                                                 | NO   |     | NULL    |       |
+----------------+---------------------------------------------------------------+------+-----+---------+-------+
8 rows in set (0.07 sec)
```

图 3-1-37　查看 Market 数据库中 tblGoods 表的字段信息

（3）查看 tblGoods 数据表的 type 字段信息

语句如下：

```
mysql> DESC tblGoods type;
```

执行结果如图 3-1-38 所示。

```
mysql> DESC tblGoods type;
+-------+---------------------------------------------------------------+------+-----+---------+-------+
| Field | Type                                                          | Null | Key | Default | Extra |
+-------+---------------------------------------------------------------+------+-----+---------+-------+
| type  | enum('食品','调料','洗化用品','日用品','文具','水果','饮料','其他') | NO   |     | NULL    |       |
+-------+---------------------------------------------------------------+------+-----+---------+-------+
1 row in set (0.08 sec)
```

图 3-1-38　查看 tblGoods 表的 type 字段信息

2. 查看数据表的结构

（1）查看数据表结构的语法

基本语句格式：

```
SHOW [FULL] COLUMNS FROM [数据库名.]<数据表名>;
```

说明：

- 可选项 [FULL]，省略时查询结果与 DESC 语法相同；添加时可额外查看字段权限、COMMENT 字段注释等。
- 可选项 [数据库名 .]，省略时查询当前数据库中的数据表结构；添加时查询指定的数据库中的数据表结构。

（2）查看 tblGoods 数据表的结构

语句如下：

```
mysql> SHOW COLUMNS FROM tblGoods;
```

运行结果如图 3-1-39 所示。

mysql> SHOW FULL COLUMNS FROM tblGoods;

Field	Type	Collation	Null	Key	Default	Extra	Privileges	Comment
goodsID	char(6)	utf8mb4_0900_ai_ci	NO	PRI	NULL		select,insert,update,references	商品代码
QRCode	char(13)	utf8mb4_0900_ai_ci	NO		NULL		select,insert,update,references	商品条型码
goodsName	varchar(50)	utf8mb4_0900_ai_ci	NO		NULL		select,insert,update,references	商品名称
type	enum('食品','调料','洗化用品','日用品','文具','水果','饮料','其他')	utf8mb4_0900_ai_ci	NO		NULL		select,insert,update,references	商品类型
metric	char(5)	utf8mb4_0900_ai_ci	NO		NULL		select,insert,update,references	计量单位
specifications	char(20)	utf8mb4_0900_ai_ci	NO		NULL		select,insert,update,references	规格型号
sellPrice	decimal(10,2)	NULL	YES		NULL		select,insert,update,references	销售价格
quotiety	decimal(18,2)	NULL	NO		NULL		select,insert,update,references	积分系数

8 rows in set (0.07 sec)

图 3-1-39　查看 tblGoods 数据表结构

（3）查看 tblGoods 数据表的结构，包括字段权限、COMMENT 字段注释

语句如下：

```
mysql> SHOW FULL COLUMNS FROM tblGoods;
```

运行结果如图 3-1-40 所示。

mysql> SHOW FULL COLUMNS FROM tblGoods;

Field	Type	Collation	Null	Key	Default	Extra	Privileges	Comment
goodsID	char(6)	utf8mb4_0900_ai_ci	NO	PRI	NULL		select,insert,update,references	商品代码
QRCode	char(13)	utf8mb4_0900_ai_ci	NO		NULL		select,insert,update,references	商品条型码
goodsName	varchar(50)	utf8mb4_0900_ai_ci	NO		NULL		select,insert,update,references	商品名称
type	enum('食品','调料','洗化用品','日用品','文具','水果','饮料','其他')	utf8mb4_0900_ai_ci	NO		NULL		select,insert,update,references	商品类型
metric	char(5)	utf8mb4_0900_ai_ci	NO		NULL		select,insert,update,references	计量单位
specifications	char(20)	utf8mb4_0900_ai_ci	NO		NULL		select,insert,update,references	规格型号
sellPrice	decimal(10,2)	NULL	YES		NULL		select,insert,update,references	销售价格
quotiety	decimal(18,2)	NULL	NO		NULL		select,insert,update,references	积分系数

8 rows in set (0.07 sec)

图 3-1-40　查看 tblGoods 数据表结构

3. 查看数据表的创建语句

（1）查看数据表的创建语句的语法

基本语句格式：

```
SHOW CREATE TABLE [数据库名.]<表名>{;|\g|\G}
```

说明：

- 查看创建数据表的具体 SQL 语句。
- 查看数据表的字符编码。
- {;|\g|\G} 选项表示 “;” 、“\g” 和 “\G” 任选其一。在 MySQL 的 SQL 语句后加上 “;” 和 “\g” 含义相同，都表示结束语句；在 MySQL 的 SQL 语句后加上 “\G” ，表示将查询结果按列打印，可以使每个字段打印到单独的行，即将查到的结果旋转 90°变成纵向。

（2）查看 Market 数据库中 tblGoods 数据表的创建语句

语句如下：

```
mysql> SHOW CREATE TABLE tblGoods\G
```

执行结果如图 3-1-41 所示。

```
mysql> SHOW CREATE TABLE tblGoods\G
*************************** 1. row ***************************
       Table: tblGoods
Create Table: CREATE TABLE `tblgoods` (
  `goodsID` char(6) NOT NULL COMMENT '商品代码',
  `QRCode` char(13) NOT NULL COMMENT '商品条型码',
  `goodsName` varchar(50) NOT NULL COMMENT '商品名称',
  `type` enum('食品','调料','洗化用品','日用品','文具','水果','饮料','其他') NOT NULL COMMENT '商品类型',
  `metric` char(5) NOT NULL COMMENT '计量单位',
  `specifications` char(20) NOT NULL COMMENT '规格型号',
  `sellPrice` decimal(10,2) DEFAULT NULL COMMENT '销售价格',
  `quotiety` decimal(18,2) NOT NULL COMMENT '积分系数',
  PRIMARY KEY (`goodsID`)
) ENGINE=InnoDB DEFAULT CHARSET=utf8mb4 COLLATE=utf8mb4_0900_ai_ci
1 row in set (0.00 sec)
```

图 3-1-41　查看 tblGoods 数据表的创建语句

常见错误

1. 创建表时提示 near……

（1）问题分析

创建数据表时提示“check the manual that corresponds to your MySQL server version for the right syntax to use near'goodsName Varchar(50) not null COMMENT' 商品名称 ', type enum(' 食品 ',' 调 ' at line 7，如图 3-1-42 所示。

```
信息　状态
CREATE TABLE tblGoods(
goodsID Char(6) Primary Key not null COMMENT '商品代码',
QRCode Char(13) not null COMMENT '商品条型码'
goodsName Varchar(50) not null COMMENT '商品名称',
type enum('食品','调料','洗化用品','日用品','文具','水果','饮料','其他') not null COMMENT '商品类型',
metric Char(5) not null COMMENT '计量单位',
specifications Char(20) not null COMMENT '规格型号',
sellPrice Decimal(10,2) null COMMENT '销售价格',
quotiety decimal(18,2) not null COMMENT '积分系数'
)
> 1064 - You have an error in your SQL syntax; check the manual that corresponds to your MySQL server version for the right
syntax to use near 'goodsName Varchar(50) not null COMMENT '商品名称',
type enum('食品','调æ' at line 7
> 时间: 0s
```

图 3-1-42　创建表未成功提示

创建表的语句要求两字段定义语句间用逗号分隔，此提示是由于缺少逗号所致。

（2）解决办法

细致查找，发现在字段 goodsName 前缺少逗号，加上后故障排除。

2. 创建数据表时，提示 Table‘tblgoods’already exists

（1）问题分析

MySQL 不允许在同一数据库下创建两个相同名称的数据表。执行一次创建 tblGoods 语句后，若再次运行此语句，则系统会给出错误提示信息，如图 3-1-43 所示。

```
信息    状态
#创建tblGoods表
CREATE TABLE tblGoods(
goodsID Char(6) Primary Key not null COMMENT '商品代码',
QRCode Char(13) not null COMMENT '商品条型码',
goodsName Varchar(50) not null COMMENT '商品名称',
type enum('食品','调料','洗化用品','日用品','文具','水果','饮料','其他') not null COMMENT '商品类型',
metric Char(5) not null COMMENT '计量单位',
specifications Char(20) not null COMMENT '规格型号',
sellPrice Decimal(10,2) null COMMENT '销售价格',
quotiety decimal(18,2) not null COMMENT '积分系数'
)
> 1050 - Table 'tblgoods' already exists
> 时间: 0.003s
```

图 3-1-43　创建 tblGoods 错误提示

提示 tblgoods 数据表已存在。

（2）解决办法

可以使用“SHOW FULL COLUMNS FROM tblGoods;”语句，查看已创建的数据表的结构。如果结构正确，则不需要再次运行；如果结构不正确，可以先删除 tblGoods 表，修改创建 tblGoods 表语句，再次运行。

3. 创建数据表提示成功，查看数据表时却没有

语句显示如图 3-1-44 所示。

```
mysql> USE Market;
Database changed

mysql> SHOW TABLES;
Empty set
```

图 3-1-44　查看 Market 数据库中的表为空

（1）问题分析

创建数据表语句正常运行，Market 数据库中却没有数据表，可能是创建数据表时未选择 Market 数据库，数据表创建到别的数据库中了。

在 Navicat 中导航窗口中刷新、查看各数据库的表，在 mysql 数据库中找到了刚刚创建成功的数据表，如图 3-1-45 所示。

（2）解决办法

右击删除 mysql 数据库中所创建的数据表，在查询窗口执行选择数据库语句“USE Market;”，再执行创建表语句。

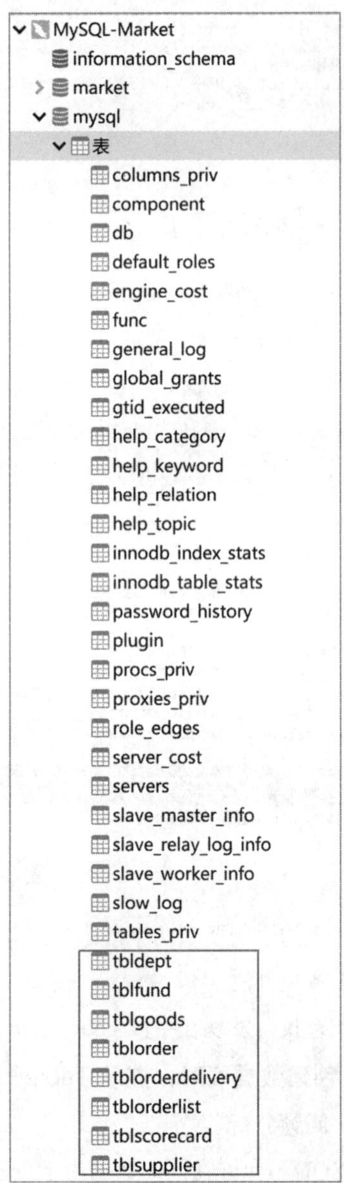

图 3-1-45　在导航窗口中查看 mysql 数据库中的表

执行解析 1-5　管理数据表

管理数据表

任务目标

① 修改数据表。

② 修改数据表结构。

③ 删除数据表。

任务解析

1. 修改表的名称

（1）修改数据表名称的语法

基本语句格式 1：

```
ALTER TABLE 旧表名 RENAME [TO|AS] 新表名;
```

基本语句格式 2：

```
RENAME TABLE 旧表名 TO 新表名 [,...n]
```

说明：

- ALTER TABLE…RENAME 后的 TO 或 AS 可以省略。
- RENAME TABLE…TO 可以同时修改多个数据表的名称。

（2）修改 tblSupplier 数据表的名称为供应商表

语句如下：

```
mysql> RENAME TABLE tblSupplier to 供应商表;
```

执行结果如图 3-1-46 所示。

```
mysql> RENAME TABLE tblSupplier to 供应商表;
1146 - Table 'market.tblsupplier' doesn't exist
mysql> RENAME TABLE 供应商表 to tblSupplier;
1146 - Table 'market.供应商表' doesn't exist
mysql> RENAME TABLE 供应商表;  to tblSupplier;
Query OK, 0 rows affected (0.02 sec)

mysql> RENAME TABLE tblSupplier to 供应商表;
Query OK, 0 rows affected (0.02 sec)

mysql> SHOW TABLES;
+-------------------+
| Tables_in_market |
+-------------------+
| tbldept           |
| tblfund           |
| tblgoods          |
| tblorder          |
| tblorderdelivery |
| tblorderlist      |
| tblscorecard      |
| tbltrade          |
| tbltradelist      |
| tbluser           |
| 供应商表          |
+-------------------+
11 rows in set (0.10 sec)
```

图 3-1-46　修改 tblSupplier 数据表的名称为供应商表

2. 修改数据表的字符集

（1）修改数据表字符集的语法

基本语句格式：

```
ALTER TABLE <表名> <表选项> [=] <值>;
```

说明：

常见的表选项有字符集、存储引擎以及校对规则。

（2）将 tblGoods 数据表的字符集改为 GB 2312

语句如下：

```
mysql> ALTER TABLE tblGoods CHARSET=gb2312;
mysql> SHOW CREATE TABLE tblGoods \G
```

执行结果如图 3-1-47 所示。

```
mysql>  ALTER TABLE tblGoods CHARSET = gb2312;
Query OK, 0 rows affected (0.01 sec)
Records: 0  Duplicates: 0  Warnings: 0

mysql> SHOW CREATE TABLE tblGoods \G
*************************** 1. row ***************************
       Table: tblGoods
Create Table: CREATE TABLE `tblgoods` (
  `goodsID` char(6) CHARACTER SET utf8mb4 COLLATE utf8mb4_0900_ai_ci NOT NULL COMMENT '商品代码',
  `QRCode` char(13) CHARACTER SET utf8mb4 COLLATE utf8mb4_0900_ai_ci NOT NULL COMMENT '商品条型码',
  `goodsName` varchar(50) CHARACTER SET utf8mb4 COLLATE utf8mb4_0900_ai_ci NOT NULL COMMENT '商品名称',
  `type` enum('食品','调料','洗化用品','日用品','文具','水果','饮料','其他') CHARACTER SET utf8mb4 COLLATE
 utf8mb4_0900_ai_ci NOT NULL COMMENT '商品类型',
  `metric` char(5) CHARACTER SET utf8mb4 COLLATE utf8mb4_0900_ai_ci NOT NULL COMMENT '计量单位',
  `specifications` char(20) CHARACTER SET utf8mb4 COLLATE utf8mb4_0900_ai_ci NOT NULL COMMENT '规格型号',
  `sellPrice` decimal(10,2) DEFAULT NULL COMMENT '销售价格',
  `quotiety` decimal(18,2) NOT NULL COMMENT '积分系数',
  PRIMARY KEY (`goodsID`)
) ENGINE=InnoDB DEFAULT CHARSET=gb2312
1 row in set (0.00 sec)
```

图 3-1-47　将 tblGoods 数据表的字符集改为 GB 2312

3. 修改数据表的字段名称

（1）修改数据表的字段名称的语法

基本语句格式：

```
ALTER TABLE<表名> CHANGE <旧字段名> <新字段名>
<字段类型> [字段属性][,n…];
```

说明：

- “旧字段名”指的是字段修改前的名称。
- “新字段名”指的是字段修改后的名称。
- “字段类型”表示新字段名的数据类型，不能为空，即使与旧字段的数据类型相同，也必须重新设置。
- [,n…] 选项表示“CHANGE 旧字段名 新字段名 字段类型 [字段属性]”部分可以重复为多个字段改名，中间用“,”隔开。

（2）将 tblDept 数据表的字段名称改为中文

语句如下：

```
mysql> ALTER TABLE tblDept
    -> CHANGE deptID 部门编号 Char(3) not null,
    -> CHANGE deptName 部门名称 Char(10) not null,
    -> CHANGE headerID 部门负责人编号 Char(6) not null;
```

执行结果如图 3-1-48 所示。

```
mysql> ALTER TABLE tblDept
    -> CHANGE deptID 部门编号 Char(3) not null,
    -> CHANGE deptName 部门名称 Char(10) not null,
    -> CHANGE headerID 部门负责人编号 Char(6) not null;
Query OK, 0 rows affected (0.01 sec)
Records: 0  Duplicates: 0  Warnings: 0
```

图 3-1-48　将 tblDept 数据表的字段名称改为中文

4. 自动增长

（1）自动增长字段

在系统开发过程中，经常要用到唯一编号。MySQL 中定义字段为自动增长属性的关键字为 AUTO_INCREMENT。

自动增长字段有如下特性：

① 一个表中只能有一个自动增长字段。

② 自动增长字段的数据类型是整数类型。

③ 自动增长字段必须定义为键，如 UNIQUE KEY、PRIMARY KEY。

④ 若为自动增长字段插入 NULL、0、DEFAULT，或在插入时省略该字段，该字段就会使用自动增长值；若插入的是一个具体值，则不会使用自动增长值。

⑤自动增长值从 1 开始自增，每次加 1。

⑥ 若插入的值大于自动增长的值，则下次插入的自动增长值会自动使用最大值加 1。

⑦ 若插入的值小于自动增长值，则不会对自动增长值产生影响。

⑧ 使用 DELETE 删除记录时，自动增长值不会减小或填补空缺。

（2）修改字段类型的语法

基本语句格式：

```
ALTER TABLE <数据表名> MODIFY [COLUMN] <字段名> <新类型> [字段属性];
```

 **说明：**

- 在 MySQL 中仅修改数据表中的字段类型，通常使用 MODIFY 实现。
- 通过设置字段属性为 AUTO_INCREMENT，定义自动增长字段，默认初始值为 1，步长为 1。

（3）修改供应商表的供应商编号字段类型为 INT UNSIGNED 类型，自动增长

语句如下：

```
mysql> ALTER TABLE 供应商表
-> MODIFY supplierID INT UNSIGNED AUTO_INCREMENT;
```

执行结果如图 3-1-49 所示。

```
mysql> ALTER TABLE 供应商表 MODIFY supplierID INT UNSIGNED AUTO_INCREMENT;
Query OK, 0 rows affected (0.05 sec)
Records: 0  Duplicates: 0  Warnings: 0
```

图 3-1-49　修改供应商表的供应商编号字段为自动增长字段

5. 修改表中字段位置

（1）修改表中字段位置的语法

基本语句格式：

```
ALTER TABLE <数据表名>
MODIFY [COLUMN] <字段名1> <数据类型> [字段属性]
[FIRST | AFTER 字段名2];
```

说明：

- FIRST：表示将字段名 1 调整为数据表的第 1 个字段。
- AFTER 字段名 2：表示将字段名 1 插入到字段名 2 的后面。

（2）设置供应商表中 address 字段为最后字段

语句如下：

```
mysql> ALTER TABLE 供应商表 MODIFY address VARCHAR ( 100 )
    -> COMMENT '供应商地址' AFTER tel;
```

执行结果如图 3-1-50 所示。

```
mysql> ALTER TABLE 供应商表 MODIFY address VARCHAR ( 100 )
    -> COMMENT '供应商地址' AFTER tel;
Query OK, 0 rows affected (0.01 sec)
Records: 0  Duplicates: 0  Warnings: 0
```

图 3-1-50　设置供应商表中 address 字段为最后字段

6. 新增字段

（1）新增字段的语法

语句格式 1：新增一个字段，并可指定其位置。

```
ALTER TABLE <数据表名>
ADD [COLUMN] <字段名> <字段类型> [FIRST | AFTER 字段名]
```

语句格式 2：同时新增多个字段。

```
ALTER TABLE <数据表名>
ADD [COLUMN] (<字段名1> <字段类型1>, …)
```

（2）在供应商表联系电话字段后新增 email 字段，类型为 char(50), 允许为空

语句如下：

```
mysql> ALTER TABLE 供应商表 ADD email char(50);
```

执行结果如图 3-1-51 所示。

```
mysql> ALTER TABLE 供应商表 ADD email char(50);
Query OK, 0 rows affected (0.02 sec)
Records: 0  Duplicates: 0  Warnings: 0
```

图 3-1-51　增加 email 字段

7. 删除字段

（1）删除字段的语法

基本语句格式：

```
ALTER TABLE <数据表名> DROP [COLUMN] <字段名>[,…n];
```

 **说明：**

[,…n]选项表示DROP [COLUMN] 字段名部分在语句中可以重复使用，用来删除多个字段。

（2）删除供应商表中 email 字段

语句如下：

```
mysql> ALTER TABLE  供应商表 DROP email;
```

执行结果如图 3-1-52 所示。

```
mysql> ALTER TABLE  供应商表 DROP email;
Query OK, 0 rows affected (0.05 sec)
Records: 0  Duplicates: 0  Warnings: 0
```

图 3-1-52　删除 email 字段

拓展任务

1. 修改供应商表的名称为 tblSupplier

语句如下：

```
mysql> ALTER TABLE 供应商表 RENAME tblSupplier;
```

执行结果如图 3-1-53 所示。

```
mysql> ALTER TABLE 供应商表 RENAME tblSupplier;
Query OK, 0 rows affected (0.01 sec)
```

图 3-1-53　修改供应商表名称为 tblSupplier

2. 将 tblGoods 数据表的字符集改为 utf8

语句如下：

```
mysql> ALTER TABLE tblGoods CHARSET=utf8;
```

执行结果如图 3-1-54 所示。

```
mysql> ALTER TABLE tblGoods CHARSET=utf8;
Query OK, 0 rows affected (0.01 sec)
Records: 0  Duplicates: 0  Warnings: 1
```

图 3-1-54　将 tblGoods 数据表的字符集改为 utf8

3. 将 tblDept 数据表的字段名称改为英文名称

语句如下：

```
mysql> ALTER TABLE tblDept
    -> CHANGE 部门编号 deptID Char(3) not null,
    -> CHANGE 部门名称 deptName Char(10) not null,
    -> CHANGE 部门负责人编号 hearderID Char(6) not null;
```

执行结果如图 3-1-55 所示。

```
mysql> ALTER TABLE tblDept
    -> CHANGE 部门编号 deptID Char(3) not null,
    -> CHANGE 部门名称 deptName Char(10) not null,
    -> CHANGE 部门负责人编号 hearderID Char(6) not null;
Query OK, 0 rows affected (0.01 sec)
Records: 0  Duplicates: 0  Warnings: 0
```

图 3-1-55　将 tblDept 数据表的字段名称改为英文名称

4. 删除 tblSupplier 表中 address 和 tel 字段

语句如下：

```
mysql>ALTER TABLE tblSupplier DROP address,DROP tel;
```

执行结果如图 3-1-56 所示。

```
mysql> ALTER TABLE tblSupplier DROP address,DROP tel;
Query OK, 0 rows affected (0.05 sec)
Records: 0  Duplicates: 0  Warnings: 0
```

图 3-1-56　删除 tblSupplier 表中 address 和 tel 字段

常见错误

1. 修改数据表名称时，提示“Table'market. 供应商表 'doesn't exist”

（1）问题分析

修改表的名称时正常提示 OK，如图 3-1-57（a）所示；查看数据库中的表，能够看到有供应商表，但供应商表名称后有一个“；”，如图 3-1-57（b）所示；重新把供应商表改回为 tblSupplier 时，提示“Table 'market. 供应商表 ' doesn't exist”，如图 3-1-57（c）所示。

细致查看，发现第一次改名的语句“RENAME TABLE tblSupplier to 供应商表；”中的“；”是全角符号，不能作为语句结束符，而是像汉字字符一样处理。

特别注意：语句中使用到的符号都要使用半角英文符号。

（2）解决办法

使用如下语句把错误命名为“供应商表；”的表重新命名为“供应商表”。

```
mysql> RENAME TABLE 供应商表; to  供应商表;
Query OK, 0 rows affected (0.02 sec)
```

```
mysql> RENAME TABLE tblSupplier to 供应商表;
    -> ;
Query OK, 0 rows affected (0.02 sec)
```

(a)

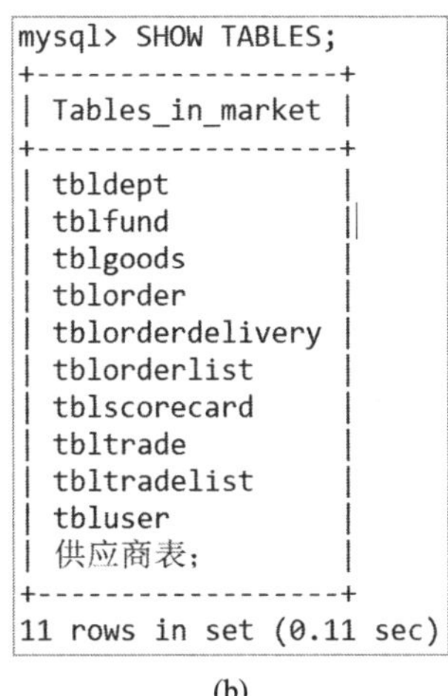

```
mysql> SHOW TABLES;
+------------------+
| Tables_in_market |
+------------------+
| tbldept          |
| tblfund          |
| tblgoods         |
| tblorder         |
| tblorderdelivery |
| tblorderlist     |
| tblscorecard     |
| tbltrade         |
| tbltradelist     |
| tbluser          |
| 供应商表;        |
+------------------+
11 rows in set (0.11 sec)
```

(b)

```
mysql> RENAME TABLE 供应商表 to tblSupplier;
1146 - Table 'market.供应商表' doesn't exist
```

(c)

图 3-1-57　错误过程

2. 修改字段名时，提示 Multiple primary key defined

（1）问题分析

运行结果如图 3-1-58 所示。提示“Multiple primary key defined”，表示定义了多个主键。查看此句中主键部分，在部门编号字段后设置了主键，由于主键是约束的一种，和表一样，都是数据库对象的一种，在未修改字段名前已设置过主键，没有做删除主键的操作，就再次设置主键，所以会出现定义多个主键的提示。

```
mysql> ALTER TABLE tblDept
    -> CHANGE deptID 部门编号 Char(3) not null Primary Key,
    -> CHANGE deptName 部门名称 Char(10) not null,
    -> CHANGE headerID 部门负责人编号 Char(6) not null;
1068 - Multiple primary key defined
```

图 3-1-58　错误过程

（2）解决办法

把部门编号字段后的主键设置去掉，就可以正常执行。然后，使用另外的修改表语句添加主键。

执行解析 1-6　管理索引

任务目标

① 理解索引的概念、分类。

② 设置普通索引、主键索引、唯一索引。

任务解析

1. 索引概述

（1）索引的概念

索引是一种特殊的数据结构，可以看作是利用 MySQL 提供的语法将数据表中的某个或某些字段与记录的位置建立一个对应的关系，并按照一定的顺序排序。类似于书籍中的文件夹，目的是为了快速定位指定数据的位置。

例如，用户表中记录着 2 万个人的信息。在 tel 字段记录电话号码，现在想要查询电话号码为 18812345678 的用户信息。如果没有索引，将从表中第一条记录一条条往下遍历，直到找到该条信息为止。有了在 tel 字段建立的索引，就会将 tel 字段值通过一定的方法进行存储，在查询该字段上的信息时，能够快速找到对应的数据，而不必再遍历 2 万条数据。其中 MySQL 中索引的存储类型有两种：BTREE、HASH，也就是用树或者 Hash 值来存储该字段。

一个表中能够创建多个索引，这些索引会被存放到一个索引文件中（专门存放索引的地方）。

（2）MySQL 中索引的优点、缺点和使用原则

① 优点：

• 所有的 MySQL 字段类型都可以被索引，也就是可以给任意字段设置索引。

• 大大加快数据的查询速度。

② 缺点：

• 创建索引和维护索引要耗费时间，并且随着数据量的增加所耗费的时间也会增加。

• 索引也需要占用空间，数据表中的数据也会有最大上限设置值，如果有大量的索引，索引文件可能会比数据文件更快达到上限值。

• 当对表中的数据进行增加、删除、修改时，索引也需要动态地维护，降低了数据的维护速度。

③ 使用原则：

• 并不是每个字段都适合设置索引，也不是索引越多越好，而是需要合理地使用。

• 对更新频繁的字段要避免对其建立索引，查询条件中频繁使用的字段适合建立索引。

• 数字型的字段更适用建立索引。

• 存储空间较小的字段适合建立索引。

• 数据量小的表最好不要使用索引，因为由于数据较少，可能查询全部数据花费的时间比遍历索引的时间还要短，索引就可能不会产生优化效果。

• 重复值较高的字段不适合建立索引，比如在学生表的“性别”字段上只有男、女两个不同值。相反的，在一个字段上不同值较多时更适合建立索引。

（3）索引的分类

索引是在存储引擎中实现的，不同的存储引擎，会使用不同的索引。

MyISAM 和 InnoDB 存储引擎只支持 BTREE 索引；MEMORY/HEAP 存储引擎支持 HASH 和 BTREE 索引。

索引可以分为四类：单列索引（普通索引、唯一索引、主键索引）、组合索引、全文索引、

空间索引。

① 单列索引。一个索引只包含单个列，一个表中可以有多个单列索引。单列索引又分为普通索引、唯一索引、主键索引。

• 普通索引是 MySQL 中的基本索引类型，允许在定义索引的字段中插入重复值和空值，设置的目的是为了提升查询速度。

• 唯一索引要求索引字段的值必须是唯一的，允许为空值，由 UNIQUE INDEX 定义，创建唯一性索引的字段需要添加唯一性约束，用于防止用户添加重复的值。

• 主键索引是特殊的唯一索引，不允许有空值。若在 InnoDB 表中数据保存的顺序与主键索引字段的顺序一致，可将这种主键索引称为"聚簇索引"。一般聚簇索引指的都是表的主键。一张数据表中只能有一个聚簇索引。

② 组合索引。在多个字段组合上创建的索引，只有在查询条件中使用了这些字段的左边字段时，索引才会被使用，使用组合索引时遵循最左前缀集合。

③ 全文索引：在文字中，通过某个关键字找到该字段所属的记录行。

由 FULLTEXT INDEX 定义，用于根据查询字符提高数据量较大的字段查询速度。此索引在定义时字段类型必须是 CHAR、VARCHAR 或 TEXT 中的一种。MySQL 5.6 以前的版本，只有 MyISAM 存储引擎支持全文索引；MySQL 5.6 及以后的版本，MyISAM 和 InnoDB 存储引擎均支持全文索引。

④ 空间索引：对空间数据类型的字段建立的索引。由 SPATIAL INDEX 定义在空间数据类型字段上的索引，可提高系统获取空间数据的效率。MySQL 中的空间数据类型有 GEOMETRY、POINT、LINESTRING、POLYGON 四种。仅 MyISAM 和 InnoDB 存储引擎支持空间索引，还要保证创建索引的字段不能为空。

2. 创建表时创建索引

（1）创建表时创建索引的语法

基本语句格式：

```
CREATE TABLE <表名>(
<字段名> <数据类型> [字段选项] [,…n]
[UNIQUE| PRIMARY KEY|FULLTEXT|SPATIAL] [INDEX|KEY] [索引名]
(<索引字段列表>[ASC|DESC] ) [(,…n)]
)
```

说明:

• 定义索引子句可以放在创建表语句的最后，也可以放在中间。与定义字段子句同一等级，中间要用逗号隔开。

• 主键索引不能设置索引名称，其他索引省略 [索引名] 时自动用字段名作为索引名，复合索引则使用第一个字段的名称作为索引名。

• UNIQUE 定义唯一索引。

• PRIMARY KEY 定义主键索引。

- FULLTEXT 定义全文索引。
- SPATIAL 定义空间索引。
- ASC 升序，DESC 降序。
- (,…n) 表示字段定义可以重复多次。

（2）创建表 tblGoods 时设置商品条形码 QRCode 字段为唯一索引

创建索引的子句可以放在被设置字段的下面，也可以放在所有字段定义完成之后。

语句如下：

```
CREATE TABLE tblGoods(
goodsID Char(6) Primary Key not null COMMENT '商品代码',
QRCode Char(13) not null COMMENT '商品条型码',
goodsName Varchar(50) not null COMMENT '商品名称',
type enum('食品','洗化用品','日用品','文具','水果','饮料','其他') not null
COMMENT '商品类型',
metric Char(5) not null COMMENT '计量单位',
specifications Char(20) not null COMMENT '规格型号',
sellPrice Decimal(10,2) null COMMENT '销售价格',
quotiety decimal(18,2) not null COMMENT '积分系数',
UNIQUE INDEX UQ_QRCode(QRCode ASC)
);
```

执行结果如图 3-1-59 所示。

```
信息 剖析 状态
#创建tblGoods表
CREATE TABLE tblGoods(
goodsID Char(6) Primary Key not null COMMENT '商品代码',
QRCode Char(13) not null COMMENT '商品条型码',
UNIQUE INDEX UQ_QRCode(QRCode ASC),
goodsName Varchar(50) not null COMMENT '商品名称',
type enum('食品','调料','洗化用品','日用品','文具','水果','饮料','其他') not null COMMENT '商品类型',
metric Char(5) not null COMMENT '计量单位',
specifications Char(20) not null COMMENT '规格型号',
sellPrice Decimal(10,2) null COMMENT '销售价格',
quotiety decimal(18,2) not null COMMENT '积分系数 '
)
> OK
> 时间: 0.031s
```

图 3-1-59 创建表设置唯一索引

（3）创建表 tblGoods 时设置商品条形码 QRCode 字段为唯一索引，商品名称 goodsName 字段为普通索引

语句如下：

```
CREATE TABLE tblGoods(
goodsID Char(6) Primary Key not null COMMENT '商品代码',
QRCode Char(13) not null COMMENT '商品条形码',
goodsName Varchar(50) not null COMMENT '商品名称',
type enum('食品', '调料', '洗化用品','日用品','文具','水果','饮料','其他') not
null COMMENT '商品类型',
metric Char(5) not null COMMENT '计量单位',
specifications Char(20) not null COMMENT '规格型号',
```

```
sellPrice Decimal(10,2) null COMMENT '销售价格',
quotiety decimal(18,2) not null COMMENT '积分系数',
UNIQUE INDEX UQ_QRCode(QRCode ASC),
INDEX (goodsName)
);
```

执行结果如图 3-1-60 所示。

```
信息　剖析　状态
#创建表 tblGoods时设置商品条型码QRCode字段为唯一索引，商品名称goodsName字段为普通索引
CREATE TABLE tblGoods(
goodsID Char(6) Primary Key not null COMMENT '商品代码',
QRCode Char(18) not null COMMENT '商品条型码',
goodsName Varchar(50) not null COMMENT '商品名称',
type enum('食品','调料','洗化用品','日用品','文具','水果','饮料','其他') not null COMMENT '商品类型',
metric Char(5) not null COMMENT '计量单位',
specifications Char(20) not null COMMENT '规格型号',
sellPrice Decimal(10,2) null COMMENT '销售价格',
quotiety decimal(18,2) not null COMMENT '积分系数 ',
UNIQUE UQ_QRCode(QRCode ASC),
INDEX (goodsName)
)
> OK
> 时间: 0.03s
```

图 3-1-60　创建表时设置多个索引

（4）创建表 tblTradeList 时设置 tradeID 字段和 goodsID 字段共同作为主键索引

语句如下：

```
CREATE TABLE tblTradeList(
tradeID Char(20) not null COMMENT '交易号',
goodsID Char(6) not null COMMENT '商品代码',
amount decimal(10,2) not null COMMENT '商品数量',
sum decimal(10,2) not null COMMENT '金额',
PRIMARY KEY PKINDEX_TRDLST(tradeID,goodsID)
);
```

执行结果如图 3-1-61 所示。

```
信息　剖析　状态
#创建表tblTradeList时设置tradeID字段和goodsID字段共同作为主键索引
CREATE TABLE tblTradeList(
tradeID Char(20) not null COMMENT '交易号',
goodsID Char(6) not null COMMENT '商品代码',
amount decimal(10,2) not null COMMENT '商品数量',
sum decimal(10,2) not null COMMENT '金额 ',
PRIMARY KEY PKINDEX_TRDLST(tradeID,goodsID)
)
> OK
> 时间: 0.025s
```

图 3-1-61　创建表时设置多字段主键索引

3. 修改表时设置索引

（1）使用修改表语句设置索引的语法

基本语句格式：

```
ALTER TABLE <表名> ADD [UNIQUE|PRIMARY KEY|FULLTEXT|SPATIAL]
```

```
{INDEX|KEY} [索引名] (<索引字段列表> [ASC|DESC] )
```

各选项功能同创建表创建索引。

（2）使用修改表语句设置 tblSupplier 表的 supplierName 字段为普通索引

语句如下：

```
ALTER TABLE tblSupplier ADD INDEX (supplierName);
```

执行结果如图 3-1-62 所示。

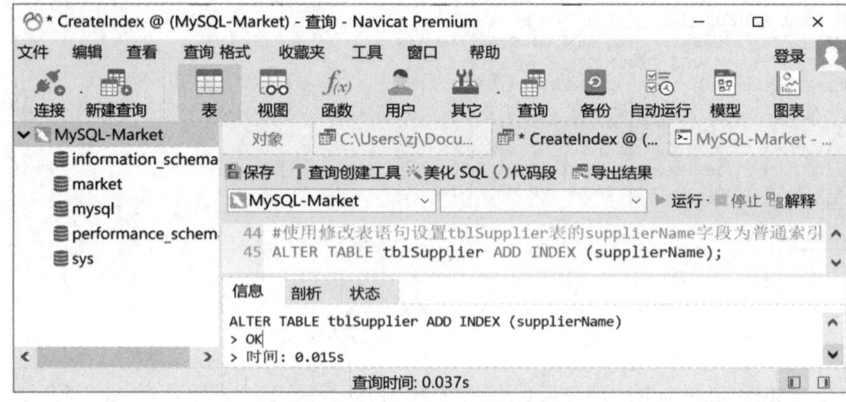

图 3-1-62　修改表时设置普通索引

（3）使用修改表语句设置 tblUser 表的 IDcard 字段为唯一索引

语句如下：

```
ALTER TABLE tblUser ADD UNIQUE (IDcard);
```

执行结果如图 3-1-63 所示。

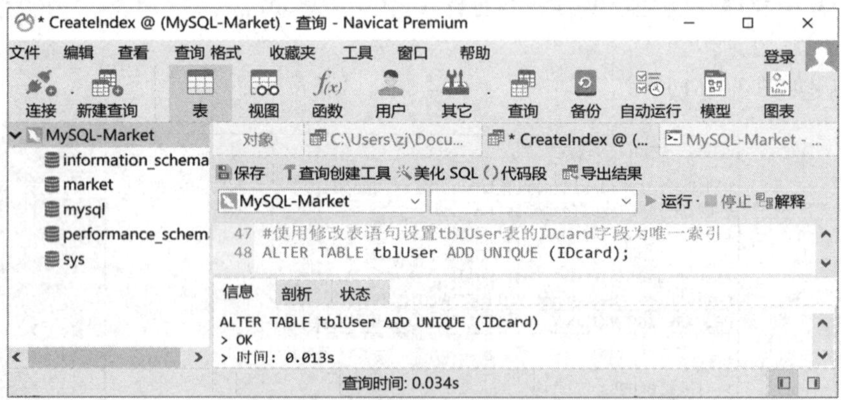

图 3-1-63　创建表时设置多字段主键索引

4. 使用 CREATE INDEX 语句设置索引

（1）CREATE INDEX 语句创建索引的语法

基本语句格式：

```
CREATE [UNIQUE|FULLTEXT|SPATIAL] [INDEX|KEY] <索引名称>
```

```
ON <表名>(<索引字段列表> [ASC|DESC] )
```

说明:

CREATE INDEX 语句无法创建主键索引，各选项功能同创建表创建索引。

（2）使用 CREATE INDEX 语句设置表 tblScoreCard 的联系电话 tel 字段为普通索引

语句如下：

```
CREATE INDEX INDEX_tel ON tblScoreCard(tel);
```

执行结果如图 3-1-64 所示。

图 3-1-64　使用 CREATE INDEX 语句设置普通索引

（3）使用 CREATE INDEX 语句设置表 tblOrderList 中的 orderID 和 goodsID 两字段为组合唯一索引

语句如下：

```
CREATE INDEX INDEX_OIDGID ON tblOrderList(orderID,goodsID);
```

执行结果如图 3-1-65 所示。

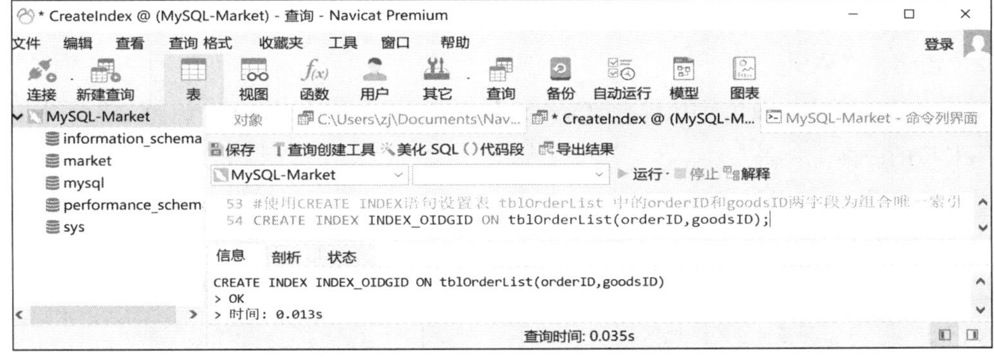

图 3-1-65　使用 CREATE INDEX 语句设置唯一索引

拓展任务

1. 查看表的索引设置

（1）查看表的索引设置语法

基本语句格式：

```
SHOW {INDEXES|INDEX|KEYS} FROM <表名>;
```

{INDEXES|INDEX|KEYS} 三个选项任选其一，查看结果没有区别。

（2）查看 tblGoods 表的索引

语句如下：

```
mysql> SHOW INDEX FROM tblGoods;
```

执行结果如图 3-1-66 所示。

```
mysql> SHOW INDEX FROM tblGoods;
+----------+------------+------------+--------------+-------------+-----------+-------------+----------+--------+------+------------+---------+---------------+---------+------------+
| Table    | Non_unique | Key_name   | Seq_in_index | Column_name | Collation | Cardinality | Sub_part | Packed | Null | Index_type | Comment | Index_comment | Visible | Expression |
+----------+------------+------------+--------------+-------------+-----------+-------------+----------+--------+------+------------+---------+---------------+---------+------------+
| tblgoods |          0 | PRIMARY    |            1 | goodsID     | A         |           0 | NULL     | NULL   |      | BTREE      |         |               | YES     | NULL       |
| tblgoods |          0 | UQ_QRCode  |            1 | QRCode      | A         |           0 | NULL     | NULL   |      | BTREE      |         |               | YES     | NULL       |
| tblgoods |          1 | goodsName  |            1 | goodsName   | A         |           0 | NULL     | NULL   |      | BTREE      |         |               | YES     | NULL       |
+----------+------------+------------+--------------+-------------+-----------+-------------+----------+--------+------+------------+---------+---------------+---------+------------+
3 rows in set (0.05 sec)
```

图 3-1-66　查看 tblGoods 表的索引

（3）查看 tblTradeList 表的索引

语句如下：

```
mysql> SHOW CREATE TABLE tblTradeList;
```

执行结果如图 3-1-67 所示。

```
mysql> SHOW INDEXES FROM tblTradeList;
+--------------+------------+----------+--------------+-------------+-----------+-------------+----------+--------+------+------------+---------+---------------+---------+------------+
| Table        | Non_unique | Key_name | Seq_in_index | Column_name | Collation | Cardinality | Sub_part | Packed | Null | Index_type | Comment | Index_comment | Visible | Expression |
+--------------+------------+----------+--------------+-------------+-----------+-------------+----------+--------+------+------------+---------+---------------+---------+------------+
| tbltradelist |          0 | PRIMARY  |            1 | tradeID     | A         |           0 | NULL     | NULL   |      | BTREE      |         |               | YES     | NULL       |
| tbltradelist |          0 | PRIMARY  |            2 | goodsID     | A         |           0 | NULL     | NULL   |      | BTREE      |         |               | YES     | NULL       |
+--------------+------------+----------+--------------+-------------+-----------+-------------+----------+--------+------+------------+---------+---------------+---------+------------+
2 rows in set (0.27 sec)
```

图 3-1-67　查看 tblTradeList 表的索引

2. 创建全文索引

全文索引的功能与 SQL 中模糊查询类似，在实现时不支持前缀索引，因此在设置时可以省略字段长度的设置。

（1）用创建表语句创建全文索引的语法

语句格式如下：

```
CREATE TABLE <表名>(
<字段名> <数据类型> [字段选项] [,…n]
FULLTEXT INDEX (<字段名>)
)
```

（2）对 tblSupplier 表 address 字段创建全文索引

语句如下：

```
CREATE TABLE tblSupplier(
```

```
supplierID Int Primary Key not null COMMENT '供应商代码',
supplierName varChar(50) not null COMMENT '供应商名称',
address varChar(100) COMMENT '供应商地址',
postalAddress varChar(100) COMMENT '通信地址',
postalCode Char(6) COMMENT '邮政编码',
corporation varChar(30) COMMENT '企业法人',
linkMan Varchar(30) COMMENT '联系人',
tel Char(13) COMMENT '联系电话',
FULLTEXT INDEX (address)
);
```

执行结果如图 3-1-68 所示。

```
信息    剖析    状态
#对tblSupplier表address字段创建全文索引
CREATE TABLE tblSupplier(
supplierID Int Primary Key not null COMMENT '供应商代码',
supplierName varChar(50) not null COMMENT '供应商名称',
address varChar(100) COMMENT '供应商地址',
postalAddress varChar(100) COMMENT '通讯地址',
postalCode Char(6) COMMENT '邮政编码',
corporation varChar(30) COMMENT '企业法人',
linkMan Varchar(30) COMMENT '联系人',
tel Char(13) COMMENT '联系电话 ',
FULLTEXT INDEX (address)
)
> OK
> 时间: 0.207s
```

图 3-1-68　查看 tblTradeList 表的索引

3. 删除索引

（1）删除索引的语法

基本语句格式 1：

```
ALTER TABLE <表名> DROP INDEX <索引名>
```

基本语句格式 2：

```
DROP INDEX <索引名> ON <表名> [算法选项][锁选项]
```

 **说明:**

以上两种语句格式适用于删除主键索引以外的其他索引时使用。

（2）删除 tblTradeList 表的主键索引

语句如下：

```
ALTER TABLE tblSupplier DROP INDEX address;
```

执行结果如图 3-1-69 所示。

```
SHOW INDEX FROM tblSupplier;

#删除tblTradeList表的主键索引
ALTER TABLE tblSupplier DROP INDEX address;
```

```
信息  剖析  状态

ALTER TABLE tblSupplier DROP INDEX address
> OK
> 时间: 0.026s
```

图 3-1-69　查看 tblTradeList 表索引

常见错误

1. 删除主键索引时，提示“Incorrect table definition; there can be only one auto column and it must be defined as a key”

（1）问题分析

在删除主键索引时，需要考虑该主键字段是否含有 AUTO_INCREMENT 属性，若有则需要在删除主键索引前删除该属性，否则程序会报以下的错误提示信息。

```
"Incorrect table definition; there can be only one auto column and it must be defined as a key"
```

（2）解决办法

首先删除主键字段的 AUTO_INCREMENT 属性：

```
ALTER TABLE 数据表 MODIFY 字段名 字段类型 AUTO_INCREMENT
```

再删除主键索引：

```
ALTER TABLE 数据表 DROP PRIMARY KEY 或 DROP INDEX `PRIMARY` ON 数据表
```

当使用 DROP INDEX 删除主键索引时，其后的 PRIMARY 由于是 MySQL 中的保留字，因此必须使用反引号（`）包裹。

执行解析 1-7　管理主键约束、唯一约束

任务目标

① 设置主键约束。

② 设置唯一约束。

任务解析

为了节省存储空间，减少歧义，记录数据时，不希望同一事务的数据（如同一学生、同一员工、同一商品）记录多次。数据库中利用主键约束和唯一约束实现这一规则。

1. 主键约束与唯一约束

选择表中值不重复的字段或者字段的组合作为主键，主键的值不可以为空值，也不可以重复。作为唯一约束的字段或字段组合的值同样不可以重复，但可以为空值。可以理解为主键约

束是唯一约束与空值约束的组合。一个表只能有一个主键。通过主键约束和唯一约束实现表的实体完整性。

主键约束分为单字段主键和多字段联合主键。

（1）约束与索引的区别

约束是一种限制，它通过对表的行或列的数据做出限制，来确保表的数据的完整性、唯一性。

约束是业务检查，例如非空约束，是检查字段非空。而索引是一种数据结构，RowID 与字段值的键值对。

（2）唯一约束与唯一索引区别

① 唯一约束和唯一索引，都可以实现字段数据的唯一，字段值可以取 null。

② 创建唯一约束，会自动创建一个同名的唯一索引，该索引不能单独删除，删除约束会自动删除索引。唯一约束是通过唯一索引来实现数据的唯一。

③ 创建一个唯一索引，这个索引就是独立，可以单独删除。

④ 如果一个列上想有约束和索引，且两者可以单独删除，最好先建唯一索引，再建同名的唯一约束。这样，在进行大批量数据插入时，可以先失效约束，插入完成后再进行索引重建。

⑤ 索引的键不一定要和唯一约束完全匹配，唯一约束可以只用索引的前导列。

⑥ 如果表的一个字段要作为另外一个表的外键，这个字段必须有唯一约束（或是主键），如果只是有唯一索引，就会报错。

2. 创建表语句创建主键约束

（1）创建表时创建主键约束的语法

基本语句格式 1：

```
CREATE TABLE <表名>(
<字段名> <数据类型> [字段选项] [PRIMARY KEY]
[,…n]);
```

基本语句格式 2：

```
CREATE TABLE <表名>(
<字段名> <数据类型> [字段选项] [,…n]
[CONSTARINT 主键名] PRIMARY KEY (字段名1, 字段名2,…));
```

说明：

- 语句格式 1 在字段定义后直接定义主键约束，适用于单字段作为主键，多字段组合作为主键不能使用这种格式。
- 语句格式 1 的 [PRIMARY KEY] 选项在要定义主键的列后选用。
- 语句格式 2 在全部字段确定后使用定义主键约束子句定义主键，可用于定义所有类型的主键约束。

（2）创建 tblGoods 表、tblSupplier 表、tblOrder 表的主键

语句如下：

```
USE Market;
```

```
#创建tblGoods表
DROP TABLE IF EXISTS tblGoods;        #创建前先删除
CREATE TABLE tblGoods(
goodsID Char(6) not null COMMENT '商品代码' Primary Key,
QRCode Char(13) not null COMMENT '商品条形码',
goodsName Varchar(50) not null COMMENT '商品名称',
type enum('食品','洗化用品','日用品','文具','水果','饮料','其他') not null
COMMENT '商品类型',
metric Char(5) not null COMMENT '计量单位',
specifications Char(20) not null COMMENT '规格型号',
sellPrice Decimal(10,2) null COMMENT '销售价格',
quotiety decimal(18,2) not null COMMENT '积分系数'
);
```

```
#创建tblSupplier表
DROP TABLE IF EXISTS tblSupplier;     #创建前先删除
CREATE TABLE tblSupplier(
supplierID Int not null COMMENT '供应商代码',
supplierName varChar(50) not null COMMENT '供应商名称',
address varChar(100) COMMENT '供应商地址',
postalAddress varChar(100) COMMENT '通信地址',
postalCode Char(6) COMMENT '邮政编码',
corporation varChar(30) COMMENT '企业法人',
linkMan Varchar(30) COMMENT '联系人',
tel Char(13) COMMENT '联系电话',
Primary Key (supplierID)
);
```

```
#创建tblOrder表
DROP TABLE IF EXISTS tblOrder;        #创建前先删除
CREATE TABLE tblOrder(
orderID int not null COMMENT '订单编号',
supplierID Int not null COMMENT '供应商代码',
startingDate timestamp COMMENT '起始日期',
endingDate timestamp(3) COMMENT '截止日期',
purchaserID Char(6) not null COMMENT '采购员编号',
linkman varChar(30) not null COMMENT '供应商联系人',
tel Char(13) not null COMMENT '联系电话',
paymentTerm Varchar(100) COMMENT '付款条件',
orderStatus enum('未审核','已确认','交货中','已完成','逾期','取消') not null
COMMENT '订单状态',
ApproverID Char(6) COMMENT '审核人',
CONSTRAINT PK_tblOrder PRIMARY KEY (orderID)
);
```

创建 tblGoods 表的主键使用在字段后直接定义的方法，此时在 PRIMARY KEY 关键字前不用加逗号；创建 tblSupplier 表的主键使用在所有字段定义后再定义主键，需要在 PRIMARY KEY

前加逗号分隔；创建 tblOrder 表的主键同 tblSupplier 表，使用 CONSTRAINT 定义主键名称。

3. 修改表语句创建主键约束

（1）修改表语句创建主键约束的语法

基本语句格式：

```
ALTER TABLE <表名> ADD [CONSTARINT <主键名>] PRIMARY KEY (字段列表);
```

说明：

- [CONSTARINT < 主键名 >] 可以省略。
- 字段列表可以是多个字段，各字段间用逗号分隔。

（2）使用修改表语句设置 tblOrderList 表、tblOrderDelivery 表、tblFund 表、tblScoreCard 表、tblTrade 表、tblTradeList 表、tblDept 表、tblUser 的主键

语句如下：

```
ALTER TABLE tblOrderList ADD PRIMARY KEY (orderListID);
ALTER TABLE tblOrderDelivery ADD PRIMARY KEY (deliveryTime);
ALTER TABLE tblFund ADD PRIMARY KEY (fundID);
ALTER TABLE tblScoreCard ADD PRIMARY KEY (SCID);
ALTER TABLE tblTrade ADD PRIMARY KEY (tradeID);
ALTER TABLE tblTradeList ADD PRIMARY KEY (tradeID,goodsID);
ALTER TABLE tblDept ADD PRIMARY KEY (deptID);
ALTER TABLE tblUser ADD CONSTRAINT PK User PRIMARY KEY (userID);
```

4. 创建表语句设置唯一约束

（1）使用创建表语句设置唯一约束的语法

基本语句格式：

```
CREATE TABLE <表名>(
<字段名> <数据类型> [,…],
[CONSTRAINT <约束名>] UNIQUE (字段名1, 字段名2,…));
```

说明：

可以定义一个表的一个或多个字段为唯一约束。

（2）使用创建表语句设置表 tblGoods 中的 QRCode 字段为唯一约束

语句如下：

```
DROP TABLE IF EXISTS tblGoods;    #创建前先删除
CREATE TABLE tblGoods(
goodsID Char(6)  not null COMMENT '商品代码' Primary Key,
QRCode Char(13) not null COMMENT '商品条形码' ,
goodsName Varchar(50) not null COMMENT '商品名称',
type enum('食品', '调料', '洗化用品','日用品','文具','水果','饮料','其他') not
null COMMENT '商品类型',
metric Char(5) not null COMMENT '计量单位',
specifications Char(20) not null COMMENT '规格型号',
```

```
sellPrice Decimal(10,2) null COMMENT '销售价格',
quotiety decimal(18,2) not null COMMENT '积分系数',
CONSTRAINT UNQ_QRCD UNIQUE (QRCode)
);
```

执行结果如图 3-1-70 所示。

```
信息  结果 1  剖析  状态
CREATE TABLE tblGoods(
goodsID Char(6)  not null COMMENT '商品代码' Primary Key,
QRCode Char(13) not null COMMENT '商品条形码' ,
goodsName Varchar(50) not null COMMENT '商品名称',
type enum('食品','调料','洗化用品','日用品','文具','水果','饮料','其他') not null COMMENT '商品类型',
metric Char(5) not null COMMENT '计量单位',
specifications Char(20) not null COMMENT '规格型号',
sellPrice Decimal(10,2) null COMMENT '销售价格',
quotiety decimal(18,2) not null COMMENT '积分系数',
CONSTRAINT UNQ_QRCD UNIQUE (QRCode)
)
> OK
> 时间: 0.026s
```

图 3-1-70　使用创建表语句设置唯一约束

（3）使用创建表语句设置表 tblScoreCard 的 IDcard 字段为唯一约束

语句如下：

```
DROP TABLE IF EXISTS tblScoreCard;
CREATE TABLE tblScoreCard(
SCID Char(7) Primary Key not null COMMENT '卡号',
score decimal(18,2) not null COMMENT '现有积分',
IDcard Char(18) not null COMMENT '顾客身份证号',
customer Char(50) not null COMMENT '顾客姓名',
tel Char(13) not null COMMENT '联系电话',
cardDate timestamp not null COMMENT '办卡日期',
CONSTRAINT UNQ_IDCRD UNIQUE (IDcard)
);
```

执行结果如图 3-1-71 所示。

```
信息  剖析  状态

CREATE TABLE tblOrder(
orderID int not null COMMENT '订单编号',
supplierID Int not null COMMENT '供应商代码',
startingDate timestamp COMMENT '起始日期',
endingDate timestamp COMMENT '截止日期',
purchaserID Char(6) not null COMMENT '采购员编号',
linkman varChar(30) not null COMMENT '供应商联系人',
tel Char(13) not null COMMENT '联系电话',
paymentTerm Varchar(100) COMMENT '付款条件',
orderStatus enum('未审核','已确认','交货中','已完成','逾期','取消') not null COMMENT '订单状态',
ApproverID Char(6) COMMENT '审核人',
CONSTRAINT PK_tblOrder PRIMARY KEY (orderID)
)
> OK
> 时间: 0.023s
```

图 3-1-71　使用创建表语句设置唯一约束

5. 修改表语句设置唯一约束

（1）修改表语句设置唯一约束的语法

基本语句格式：

```
ALTER TABLE <表名> ADD [CONSTRAINT约束名] UNIQUE (<字段名>[,…]);
```

（2）使用修改表语句设置 tblOrderList 表中的 orderID 和 goodsID 两字段组合为唯一约束

语句如下：

```
ALTER TABLE tblOrderList
ADD CONSTRAINT UNQ_OIDGID
UNIQUE (orderID,goodsID);
```

执行结果如图 3-1-72 所示。

```
#使用修改表语句设置tblOrderList表中的orderID和goodsID两字段组合为唯一约束
ALTER TABLE tblOrderList ADD CONSTRAINT UNQ_OIDGID UNIQUE (orderID,goodsID);
信息  剖析  状态
ALTER TABLE tblOrderList ADD CONSTRAINT UNQ_OIDGID UNIQUE (orderID,goodsID)
> OK
> 时间: 0.015s
```

图 3-1-72　使用修改表语句设置唯一约束

（3）使用修改表语句设置 tblUser 表的 IDcard 字段为唯一约束

语句如下：

```
ALTER TABLE tblUser ADD CONSTRAINT UNQ_IDCRD UNIQUE (IDcard);
```

执行结果如图 3-1-73 所示。

```
#使用修改表语句设置tblUser表的IDcard字段为唯一约束
ALTER TABLE tblUser ADD CONSTRAINT UNQ_IDCRD UNIQUE (IDcard);
信息  剖析  状态
ALTER TABLE tblUser ADD CONSTRAINT UNQ_IDCRD UNIQUE (IDcard)
> OK
> 时间: 0.019s
```

图 3-1-73　使用修改表语句设置唯一约束

拓展任务

1. 查看表的约束

（1）查看表约束的语法

查看表的约束操作经常用在对表的数据操作出现错误时，如插入记录错误，需要确是否有主键约束、唯一键约束；另外当删除约束时要使用约束名称，就要先查看表的约束。

基本语句格式：

```
SHOW CREATE TABLE <数据表名>\G
```

说明：

- 使用 \G 代替“;”，能够使用显示结果成列显示。
- 有些版本需要在命令窗口使用 \G。

（2）查看 tblGoods 表的约束

语句如下：

```
mysql> SHOW CREATE TABLE tblGoods \G;
```

执行结果如图 3-1-74 所示。

```
mysql> SHOW CREATE TABLE tblGoods \G;
*************************** 1. row ***************************
       Table: tblGoods
Create Table: CREATE TABLE `tblgoods` (
  `goodsID` char(6) NOT NULL COMMENT '商品代码',
  `QRCode` char(13) NOT NULL COMMENT '商品条型码',
  `goodsName` varchar(50) NOT NULL COMMENT '商品名称',
  `type` enum('食品','调料','洗化用品','日用品','文具','水果','饮料','其他') NOT NULL COMMENT '商品类型',
  `metric` char(5) NOT NULL COMMENT '计量单位',
  `specifications` char(20) NOT NULL COMMENT '规格型号',
  `sellPrice` decimal(10,2) DEFAULT NULL COMMENT '销售价格',
  `quotiety` decimal(18,2) NOT NULL COMMENT '积分系数',
  PRIMARY KEY (`goodsID`),
  UNIQUE KEY `UNQ_QRCD` (`QRCode`)
) ENGINE=InnoDB DEFAULT CHARSET=utf8mb4 COLLATE=utf8mb4_0900_ai_ci
1 row in set (0.00 sec)
```

图 3-1-74 查询 tbLGoods 表的约束

（3）查看 tblSupplier 表的约束

语句如下：

```
mysql> SHOW CREATE TABLE tblSupplier \G;
```

执行结果如图 3-1-75 所示。

```
mysql> SHOW CREATE TABLE tblSupplier \G;
*************************** 1. row ***************************
       Table: tblSupplier
Create Table: CREATE TABLE `tblsupplier` (
  `supplierID` int NOT NULL COMMENT '供应商代码',
  `supplierName` varchar(50) NOT NULL COMMENT '供应商名称',
  `address` varchar(100) DEFAULT NULL COMMENT '供应商地址',
  `postalAddress` varchar(100) DEFAULT NULL COMMENT '通讯地址',
  `postalCode` char(6) DEFAULT NULL COMMENT '邮政编码',
  `corporation` varchar(30) DEFAULT NULL COMMENT '企业法人',
  `linkMan` varchar(30) DEFAULT NULL COMMENT '联系人',
  `tel` char(13) DEFAULT NULL COMMENT '联系电话',
  PRIMARY KEY (`supplierID`)
) ENGINE=InnoDB DEFAULT CHARSET=utf8mb4 COLLATE=utf8mb4_0900_ai_ci
1 row in set (0.00 sec)
```

图 3-1-75 查询 tblSupplier 表的约束

（4）查看 tblOrderList 表的约束

语句如下：

```
mysql> SHOW CREATE TABLE tblOrderList \G;
```

执行结果如图 3-1-76 所示。

```
mysql> SHOW CREATE TABLE tblOrderList \G
*************************** 1. row ***************************
       Table: tblOrderList
Create Table: CREATE TABLE `tblorderlist` (
  `orderListID` int NOT NULL COMMENT '订单明细编号',
  `orderID` int NOT NULL COMMENT '订单编号',
  `goodsID` char(6) NOT NULL COMMENT '商品代码',
  `buyAmount` decimal(10,2) NOT NULL COMMENT '采购数量',
  `stockPrice` decimal(10,2) DEFAULT NULL COMMENT '采购价格',
  `sDeliveryAmount` decimal(10,2) DEFAULT NULL COMMENT '交货数量',
  `toleranc` decimal(10,2) DEFAULT NULL COMMENT '容差',
  PRIMARY KEY (`orderListID`),
  UNIQUE KEY `UNQ_OIDGID` (`orderID`,`goodsID`)
) ENGINE=InnoDB DEFAULT CHARSET=utf8mb4 COLLATE=utf8mb4_0900_ai_ci
1 row in set (0.00 sec)
```

图 3-1-76 查询 tblOrderList 表的约束

（5）查看 tblUser 表的约束

语句如下：

```
mysql> SHOW CREATE TABLE tblUser \G;
```

执行结果如图 3-1-77 所示。

```
mysql> SHOW CREATE TABLE tblUser \G;
*************************** 1. row ***************************
       Table: tblUser
Create Table: CREATE TABLE `tbluser` (
  `userID` char(6) NOT NULL COMMENT '用户编号',
  `userName` varchar(30) NOT NULL COMMENT '用户名',
  `password` varchar(20) NOT NULL COMMENT '口令',
  `employeeName` varchar(30) NOT NULL COMMENT '员工姓名',
  `deptID` char(3) DEFAULT NULL COMMENT '部门编号',
  `sex` enum('男','女') DEFAULT NULL COMMENT '性别',
  `IDcard` char(18) DEFAULT NULL COMMENT '身份证号',
  `tel` char(11) DEFAULT NULL COMMENT '联系电话',
  `address` varchar(50) DEFAULT NULL COMMENT '住址',
  `postalcode` char(6) DEFAULT NULL COMMENT '邮编',
  `userStatus` enum('正常','退休','离职','其他') DEFAULT NULL COMMENT '用户状态 ',
  PRIMARY KEY (`userID`),
  UNIQUE KEY `UNQ_IDCRD` (`IDcard`)
) ENGINE=InnoDB DEFAULT CHARSET=utf8mb4 COLLATE=utf8mb4_0900_ai_ci
1 row in set (0.00 sec)
```

图 3-1-77 查询 tblUser 表的约束

2. 删除约束

（1）删除约束的语法

基本语句格式：

```
ALTER TABLE <表名> DROP {CONSTRAINT <约束名>|PRIMARY KEY}
```

说明：

- CONSTRAINT <约束名>可以删除约束，包括唯一约束。
- PRIMARY KEY 删除主键。

（2）删除 tblGoods 表的约束

语句如下：

```
#删除表的主键
ALTER TABLE tblGoods DROP PRIMARY KEY;
#删除表的唯一约束
ALTER TABLE tblGoods DROP CONSTRAINT UNQ_QRCD;
```

执行结果如图 3-1-78 所示。

（3）删除 tblSupplier 表的约束

语句如下：

```
ALTER TABLE tblSupplier DROP PRIMARY KEY;
```

执行结果如图 3-1-79 所示。

```
信息  剖析  状态
#删除表的主键
ALTER TABLE tblGoods DROP PRIMARY KEY
> OK
> 时间: 0.071s


#删除表的唯一约束
ALTER TABLE tblGoods DROP CONSTRAINT UNQ_QRCD
> OK
> 时间: 0.104s
```

图 3-1-78 删除 tblGoods 表的约束

```
信息  剖析  状态
#删除tblSupplier表的约束
ALTER TABLE tblSupplier DROP PRIMARY KEY
> OK
> 时间: 0.05s
```

图 3-1-79 删除 tblSupplier 表的约束

（4）删除 tblOrderList 表的约束

语句如下：

```
#删除表的主键
ALTER TABLE tblOrderList DROP PRIMARY KEY;
#删除表的唯一约束
ALTER TABLE tblOrderList DROP CONSTRAINT UNQ_OIDGID;
```

执行结果如图 3-1-80 所示。

（5）删除 tblUser 表的约束

语句如下：

```
#删除表的主键 7
ALTER TABLE tblUser DROP PRIMARY KEY;
#删除表的唯一约束
ALTER TABLE tblUser DROP CONSTRAINT UNQ_IDCRD;
```

执行结果如图 3-1-81 所示。

```
信息  剖析  状态
#删除表的主键
ALTER TABLE tblOrderList DROP PRIMARY KEY
> OK
> 时间: 0.091s

#删除表的唯一约束
ALTER TABLE tblOrderList DROP CONSTRAINT UNQ_OIDGID
> OK
> 时间: 0.101s
```

图 3-1-80　删除 tblOrderList 表的约束

```
#删除表的主键
ALTER TABLE tblUser DROP PRIMARY KEY
> OK
> 时间: 0.069s

#删除表的唯一约束
ALTER TABLE tblUser DROP CONSTRAINT UNQ_IDCRD
> OK
> 时间: 0.017s
```

图 3-1-81　删除 tblUser 表的约束

常见错误

删除主键时提示 Can't DROP 'PRIMARY'; check that column/key exists

（1）问题分析

没有找到主键，查看创建表语句，确实未创建主键。

（2）解决办法

重写创建表语句，创建主键；或者使用修改表语句创建主键。

执行解析 1-8　管理默认值约束、外键约束

任务目标

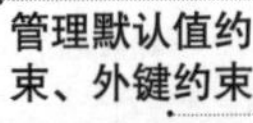

① 设置默认值约束。

② 设置外键约束。

任务解析

1. 使用创建表语句创建默认值约束

某些字段的一个值的使用率很高，可以设为默认值来提高录入速度。

（1）使用创建表语句创建默认值约束的语法

基本语句格式：

```
CREATE TABLE  表名(
字段名 数据类型 DEFAULT<默认值>
[,…]);
```

说明：

BLOB、TEXT 数据类型不支持默认约束。

（2）使用创建表语句定义 tblGoods 表的 type 字段默认值为“食品”

超市中“食品”类商品较多，为提高录入速度，设置“食品”类型为默认值。在录入商品信息时，“食品”类型的商品就不用再次录入 type 字段，不是“食品”类的商品再录入就可以。

语句如下：

```
CREATE TABLE tblGoods(
goodsID Char(6)  not null COMMENT '商品代码' Primary Key,
QRCode Char(13) not null COMMENT '商品条型码' ,
goodsName Varchar(50) not null COMMENT '商品名称',
type enum('食品', '调料','洗化用品','日用品','文具','水果','饮料','其他')
not null COMMENT '商品类型' DEFAULT '食品',
metric Char(5) not null COMMENT '计量单位',
specifications Char(20) not null COMMENT '规格型号',
sellPrice Decimal(10,2) null COMMENT '销售价格',
quotiety decimal(18,2) not null COMMENT '积分系数',
CONSTRAINT UNQ_QRCD UNIQUE (QRCode)
);
```

执行结果如图 3-1-82 所示。

```
信息  剖析  状态
CREATE TABLE tblGoods(
goodsID Char(6)  not null COMMENT '商品代码' Primary Key,
QRCode Char(13) not null COMMENT '商品条型码' ,
goodsName Varchar(50) not null COMMENT '商品名称',
type enum('食品','调料','洗化用品','日用品','文具','水果','饮料','其他') not null COMMENT '商品类型' DEFAULT '食品',
metric Char(5) not null COMMENT '计量单位',
specifications Char(20) not null COMMENT '规格型号',
sellPrice Decimal(10,2) null COMMENT '销售价格',
quotiety decimal(18,2) not null COMMENT '积分系数',
CONSTRAINT UNQ_QRCD UNIQUE (QRCode)
)
> OK
> 时间: 0.026s
```

图 3-1-82　创建表语句定义 tblGoods 表的 type 字段默认值为“食品”

（3）使用创建表语句定义表 tblOrder 的起始日期 startingDate 字段，默认值设置为 current_timestamp

把系统当前时间设置为字段的默认值需要字段为 timestamp 类型，当前时间用 CURRENT_TIMESTAMP 表示。

语句如下：

```
CREATE TABLE tblOrder(
orderID int PRIMARY KEY not null COMMENT '订单编号',
supplierID Int not null COMMENT '供应商代码',
startingDate timestamp COMMENT '起始日期' DEFAULT CURRENT_TIMESTAMP,
endingDate timestamp(3) COMMENT '截止日期',
purchaserID Char(6) not null COMMENT '采购员编号',
linkman varChar(30) not null COMMENT '供应商联系人',
tel Char(13) not null COMMENT '联系电话',
paymentTerm Varchar(100) COMMENT '付款条件',
orderStatus enum('未审核','已确认','交货中','已完成','逾期','取消') not null
COMMENT '订单状态',
ApproverID Char(6) COMMENT '审核人'
);
```

执行结果如图 3-1-83 所示。

```
信息  剖析  状态
#使用创建表语句定义表tblOrder的起始日期startingDate字段，默认值设置为current_timestamp;
#创建前先删除
DROP TABLE IF EXISTS tblOrder
> OK
> 时间: 0.015s


CREATE TABLE tblOrder(
orderID int PRIMARY KEY not null COMMENT '订单编号',
supplierID Int not null COMMENT '供应商代码',
startingDate timestamp COMMENT '起始日期' DEFAULT CURRENT_TIMESTAMP,
endingDate timestamp(3) COMMENT '截止日期',
purchaserID Char(6) not null COMMENT '采购员编号',
linkman varChar(30) not null COMMENT '供应商联系人',
tel Char(13) not null COMMENT '联系电话',
paymentTerm Varchar(100) COMMENT '付款条件',
orderStatus enum('未审核','已确认','交货中','已完成','逾期','取消') not null COMMENT '订单状态',
ApproverID Char(6) COMMENT '审核人'
)
> OK
> 时间: 0.024s
```

图 3-1-83　创建表语句定义 tblOrder 表的 startingDate 字段默认值为 current_timestamp

2. 修改表语句添加默认值约束

表创建之后需要添加默认值约束，可以使用修改表语句添加默认值约束。

（1）修改表语句添加默认值约束语法

基本语句格式 1：

```
ALTER TABLE <表名> CHANGE COLUMN <字段名>
<字段名> <数据类型> [<选项>] DEFAULT <默认值>;
```

基本语句格式 2：

```
ALTER TABLE <表名> ALTER COLUMN <字段名> SET DEFAULT <默认值>;
```

说明：

- 若字段不存在默认值约束则可以直接设置，若字段已有默认值约束，则要先删除，再设置。
- 语句格式 1 中 <字段名> 出现两次，第一次为表中原来字段名，第二次为要更改的新字段名。

• 语句格式 1 可以修改所有类型字段的默认值，语句格式 2 只有在默认值类型为数值型和字符型时，可以使用。

（2）参照数据库详细设计说明书使用修改表语句完成其他默认值设置

语句如下：

```
#（1）表tblOrderDelivery 中deliveryTime字段默认值设置为当前日期时间，精确到毫秒
ALTER TABLE tblOrderDelivery CHANGE deliveryTime
deliveryTime timestamp(3) not null PRIMARY KEY COMMENT '交货时间'
DEFAULT CURRENT_TIMESTAMP(3);

#（2）表tblFund的金额money字段默认值为1000
ALTER TABLE tblFund CHANGE money money  decimal(18,2) not null
COMMENT '金额' default 1000;
#或者使用格式2
ALTER TABLE tblFund ALTER COLUMN money SET DEFAULT 1000;

#（3）表tblFund的办卡日期beginDate默认值为当前日期
ALTER TABLE tblFund CHANGE beginDate beginDate timestamp(3)
DEFAULT CURRENT_TIMESTAMP(3);

#（4）表tblScoreCard的现有积分score字段的默认值为0
ALTER TABLE tblScoreCard CHANGE score score decimal(18,2) not null
COMMENT '现有积分' DEFAULT 0;
#或者使用格式2
ALTER TABLE tblScoreCard ALTER COLUMN score SET DEFAULT 0;

#（5）表tblScoreCard的办卡日期cardDate字段的默认值为当前日期
ALTER TABLE tblScoreCard CHANGE cardDate cardDate timestamp not null
COMMENT '办卡日期' DEFAULT CURRENT_TIMESTAMP;
```

3. 使用创建表语句创建外键约束

现实生活中会遇到不是本公司的员工不能给发工资，不是本校的学生无法给成绩，不是超市里的商品不能销售。在信息世界也希望能够完整还原这种规则，于是引入了外键。

外键的取值要参照另一个表的主键，是另一个表的主键中有的值或者是空值。

例如，员工工资表里的员工编号是外键，取值要参照员工信息表里的主键员工编号；学生成绩表里的学号是外键，取值要参照学生信息表里的主键学号；超市交易表里的商品编号是外键，取值要参照商品信息表里的主键商品编号。由于存在参照和被参照关系，所以，外键表需要在被参照的主键表之后创建。外键表中相关数据需要在被参照的主键表的相关数据录入后才能正常录入。这就是数据库的参照完整性规则。

一个表有且只能有一个主键，可以有多个外键。强烈建议每个表都要创建主键。

（1）创建表语句创建外键约束的语法

基本语句格式：

```
CREATE TABLE <表名>(
```

```
<字段名> <数据类型> [字段选项] [,…],
[CONSTRAINT <外键名>] FOREIGN KEY (<字段名> [,…])
REFERENCES <主表名> (主键列1 [,主键列2, …] )
);
```

（2）定义表的外建

使用创建表语句定义表 tblOrder 的 supplierID 字段为外键，用于与表 tblSupplier 中的主键 supplierID 字段关联；定义表 tblOrder 的 purchaserID 字段为外键，用于与表 tblUser 中的 userID 字段关联。

语句如下：

```
CREATE TABLE tblOrder(
orderID int PRIMARY KEY not null COMMENT '订单编号',
supplierID Int not null COMMENT '供应商代码',
startingDate timestamp(3) COMMENT '起始日期' ,
endingDate timestamp COMMENT '截止日期',
purchaserID Char(6) not null COMMENT '采购员编号',
linkman varChar(30) not null COMMENT '供应商联系人',
tel Char(13) not null COMMENT '联系电话',
paymentTerm Varchar(100) COMMENT '付款条件',
orderStatus enum('未审核','已确认','交货中','已完成','逾期','取消') not null
COMMENT '订单状态',
ApproverID Char(6) COMMENT '审核人',
CONSTRAINT FK_SID FOREIGN KEY (supplierID) REFERENCES tblSupplier(supplierID),
CONSTRAINT FK_PID FOREIGN KEY (purchaserID) REFERENCES tblUser(userID)
);
```

执行结果如图 3-1-84 所示。

```
信息  剖析  状态
#使用创建表语句定义
#表tblOrder的supplierID字段为外键，用于与表tblSupplier中的主键supplierID字段关联
#表tblOrder的purchaserID字段定义为外键，用于与表tblUser中的userID字段关联;
#创建前先删除
 DROP TABLE IF EXISTS tblOrder
> OK
> 时间: 0.018s


CREATE TABLE tblOrder(
orderID int PRIMARY KEY not null COMMENT '订单编号',
supplierID Int not null COMMENT '供应商代码',
startingDate timestamp(3) COMMENT '起始日期' ,
endingDate timestamp COMMENT '截止日期',
purchaserID Char(6) not null COMMENT '采购员编号',
linkman varChar(30) not null COMMENT '供应商联系人',
tel Char(13) not null COMMENT '联系电话',
paymentTerm Varchar(100) COMMENT '付款条件',
orderStatus enum('未审核','已确认','交货中','已完成','逾期','取消') not null COMMENT '订单状态',
ApproverID Char(6) COMMENT '审核人',
CONSTRAINT FK_SID FOREIGN KEY (supplierID) REFERENCES tblSupplier(supplierID),
CONSTRAINT FK_PID FOREIGN KEY (purchaserID) REFERENCES tblUser(userID)
)
> OK
> 时间: 0.033s
```

图 3-1-84　创建 tblOrder 的外键

4. 使用修改表语句设置外键

如果表已经创建完成，但是忘记设置主键，可以使用修改表语句创建主键。

（1）使用修改表语句设置外键约束的语法

基本语句格式：

```
ALTER TABLE <表名>
ADD [CONSTRAINT <外键名>] FOREIGN KEY (<字段名> [,…])
REFERENCES <主表名> (主键列1 [,主键列2,…] ) [,…];
```

说明：

可以使用一条修改表语句在同一个表内创建多个外键约束。

（2）参照数据库详细设计说明书使用修改表语句完成其他表的外键设置

语句如下：

```
#（1）表 tblOrderList的orderID字段定义为外键，用于与表 tblOrder中的orderID字段关联
ALTER TABLE tblOrderList ADD CONSTRAINT FK_orderID
FOREIGN KEY (orderID) REFERENCES tblOrder(orderID);

#（2）表 tblOrderList的goodsID字段定义为外键，用于与表 tblGoods中的goodsID字段关联
ALTER TABLE tblOrderList ADD CONSTRAINT FK_goodsID
FOREIGN KEY (goodsID) REFERENCES tblGoods(goodsID);

#（3）表tblOrderDelivery的orderListID字段定义为外键，实现与表tblOrderList的关联
#（4）表tblOrderDelivery的userID字段定义为外键，实现与表tblUser的关联
ALTER TABLE tblOrderDelivery
ADD CONSTRAINT FK_orderListID
FOREIGN KEY (orderListID) REFERENCES tblorderList(orderListID),
ADD CONSTRAINT FK_OrderDelivery_userID
FOREIGN KEY (userID) REFERENCES tbluser(userID);

#（5）表tblTrade的cashierID字段定义为外键，实现与表tblUser的关联
ALTER TABLE tblTrade ADD CONSTRAINT FK_cashierID
FOREIGN KEY (cashierID) REFERENCES tblUser(userID);

#（6）表tblTradeList的tradeID字段定义为外键，实现与表tblTrade的关联
#（7）表tblTradeList的goodsID字段定义为外键，实现与表tblGoods的关联
ALTER TABLE tblTradeList
ADD CONSTRAINT FK_TradeID
FOREIGN KEY (tradeID) REFERENCES tblTrade(tradeID),
ADD CONSTRAINT FK_goodsID
FOREIGN KEY (goodsID) REFERENCES tblGoods(goodsID);

#（8）表tblDept的部门负责人headerID字段定义为外键，实现与表tblUser的关联
ALTER TABLE tblDept ADD CONSTRAINT FK_Dept_userID
FOREIGN KEY (headerID) REFERENCES tblUser(userID);

#（9）表tblUser的部门编号deptID字段定义为外键，实现与表tblDept的关联
```

```
ALTER TABLE tblUser ADD
FOREIGN KEY (deptID) REFERENCES tblDept(deptID);
```

拓展任务

在创建约束和修改约束之后需要使用查看约束语句，确认一下操作成功。

1. 查看表的约束

可以使用“DESC < 表名 >”语句查看表结构中的约束信息。

（1）查看 tblGoods 表的约束

语句如下：

```
DESC tblGoods;
```

执行结果如图 3-1-85 所示。

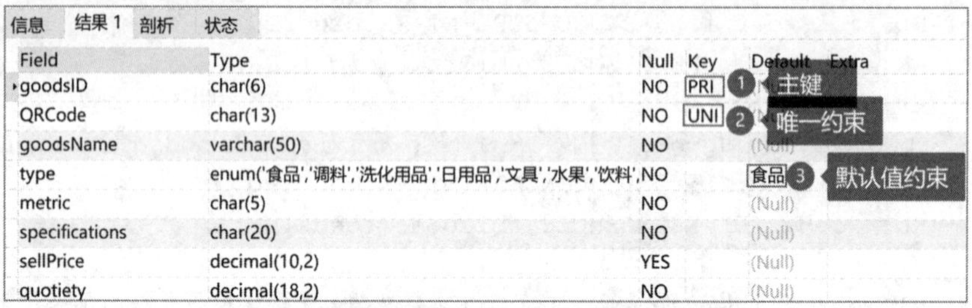

信息 结果 1 剖析 状态

Field	Type	Null	Key	Default	Extra
goodsID	char(6)	NO	PRI		
QRCode	char(13)	NO	UNI		
goodsName	varchar(50)	NO		(Null)	
type	enum('食品','调料','洗化用品','日用品','文具','水果','饮料',	NO		食品	
metric	char(5)	NO		(Null)	
specifications	char(20)	NO		(Null)	
sellPrice	decimal(10,2)	YES		(Null)	
quotiety	decimal(18,2)	NO		(Null)	

①主键 ②唯一约束 ③默认值约束

图 3-1-85　查看 tblGoods 表结构确认约束设置成功

（2）查看 tblOrder 表的约束

语句如下：

```
DESC tblOrder;
```

执行结果如图 3-1-86 所示。

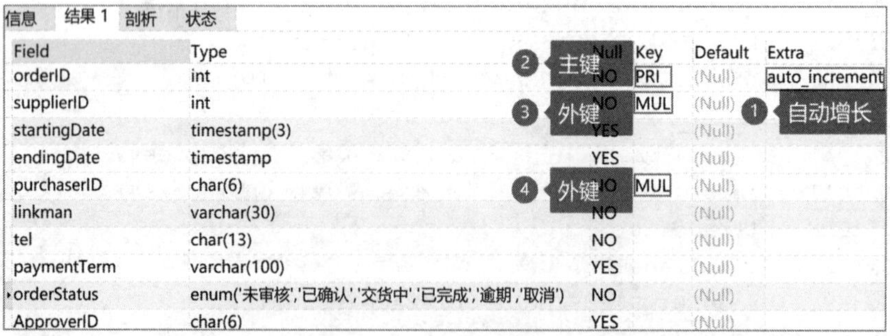

信息 结果 1 剖析 状态

Field	Type	Null	Key	Default	Extra
orderID	int	NO	PRI	(Null)	auto_increment
supplierID	int	NO	MUL	(Null)	
startingDate	timestamp(3)	YES		(Null)	
endingDate	timestamp	YES		(Null)	
purchaserID	char(6)	NO	MUL	(Null)	
linkman	varchar(30)	NO		(Null)	
tel	char(13)	NO		(Null)	
paymentTerm	varchar(100)	YES		(Null)	
orderStatus	enum('未审核','已确认','交货中','已完成','逾期','取消')	NO		(Null)	
ApproverID	char(6)	YES		(Null)	

①自动增长 ②主键 ③外键 ④外键

图 3-1-86　查看 tblGoods 表结构确认约束设置成功

2. 删除默认值约束

（1）删除默认值约束的语法

基本语句格式：

```
ALTER TABLE <数据表名>
```

```
CHANGE COLUMN <字段名>
<字段名> <数据类型> DEFAULT NULL;
```

（2）删除 tblGoods 表的默认值约束

语句如下：

```
ALTER TABLE tblGoods
CHANGE COLUMN type
type enum('食品','洗化用品','日用品','文具','水果','饮料','其他')
COMMENT '商品类型'
DEFAULT NULL;
```

执行结果如图 3-1-87 所示。

```
信息  剖析  状态
#删除tblGoods表的默认值约束
ALTER TABLE tblGoods
CHANGE COLUMN type
type enum('食品','调料','洗化用品','日用品','文具','水果','饮料','其他')
COMMENT '商品类型'
DEFAULT NULL
> OK
> 时间: 0.049s
```

图 3-1-87 删除 tblGoods 表的默认值约束

3. 删除外键约束

（1）删除外键约束的语法

基本语句格式：

```
ALTER TABLE <表名> DROP FOREIGN KEY <外键约束名>[,…];
```

 **说明：**

- 删除外键约束需要知道外键约束名，DESC 语句只能查看有无外键约束，不显示约束名，需要使用 SHOW CREATE TABLE 语句查看表的约束名。
- 可以在一个语句中删除一个表的多个外键约束。

（2）删除 tblOrder 表的外键约束

删除约束前需要先查看表的约束名，语句如图 3-1-88 所示。

```
mysql> SHOW CREATE TABLE tblOrder\G
*************************** 1. row ***************************
       Table: tblOrder
Create Table: CREATE TABLE `tblorder` (
  `orderID` int NOT NULL AUTO_INCREMENT COMMENT '订单编号',
  `supplierID` int NOT NULL COMMENT '供应商代码',
  `startingDate` timestamp(3) NULL DEFAULT NULL COMMENT '起始日期',
  `endingDate` timestamp NULL DEFAULT NULL COMMENT '截止日期',
  `purchaserID` char(6) NOT NULL COMMENT '采购员编号',
  `linkman` varchar(30) NOT NULL COMMENT '供应商联系人',
  `tel` char(13) NOT NULL COMMENT '联系电话',
  `paymentTerm` varchar(100) DEFAULT NULL COMMENT '付款条件',
  `orderStatus` enum('未审核','已确认','交货中','已完成','逾期','取消') NOT NULL COMMENT '订单状态',
  `ApproverID` char(6) DEFAULT NULL COMMENT '审核人',
  PRIMARY KEY (`orderID`),
  KEY `FK_SID` (`supplierID`),
  KEY `FK_PID` (`purchaserID`),
  CONSTRAINT `FK_PID` FOREIGN KEY (`purchaserID`) REFERENCES `tbluser` (`userID`),
  CONSTRAINT `FK_SID` FOREIGN KEY (`supplierID`) REFERENCES `tblsupplier` (`supplierID`)
) ENGINE=InnoDB DEFAULT CHARSET=utf8mb4 COLLATE=utf8mb4_0900_ai_ci
1 row in set (0.00 sec)
```

图 3-1-88 查看表的外键约束名

删除 tblOrder 表的外键约束语句如下：

```
ALTER TABLE tblOrder
DROP CONSTRAINT FK_SID,
DROP CONSTRAINT FK_PID;
```

执行结果如图 3-1-89 所示。

```
信息  剖析  状态
#删除tblOrder表的外键约束
ALTER TABLE tblOrder
DROP CONSTRAINT FK_SID,
DROP CONSTRAINT FK_PID
> OK
> 时间: 0.014s
```

图 3-1-89 删除表的外键约束

常见错误

1. 修改表的默认值时，提示“Multiple primary key defined”

错误提示如图 3-1-90 所示。

```
#（1）表tblOrderDelivery 中deliveryTime字段默认值设置为当前日期时间，精确到毫秒。
ALTER TABLE tblOrderDelivery CHANGE deliveryTime
deliveryTime timestamp(3) not null PRIMARY KEY COMMENT '交货时间' DEFAULT CURRENT_TIMESTAMP(3)
> 1068 - Multiple primary key defined
> 时间: 0.001s
```

图 3-1-90 修改表的默认值

（1）问题分析

错误提示“定义了多个主键”，考虑前期创建表时已创建主键，此时在修改表语句中再次添加 PRIMARY KEY 的设置，重复定义了主键。

（2）解决方法

删除修改表语句中的 PRIMARY KEY，再次执行；或者先删除表的主键，再执行此语句。

2. 创建表时，提示“Failed to open the referenced table 'tbluser'”

创建 tblOrder 表时，定义了两个外键，语句及提示信息如图 3-1-91 所示。

```
#创建tblOrder表
CREATE TABLE tblOrder(
orderID int PRIMARY KEY not null COMMENT '订单编号' AUTO_INCREMENT,
supplierID Int not null COMMENT '供应商代码',
startingDate timestamp(3) COMMENT '起始日期' ,
endingDate timestamp COMMENT '截止日期',
purchaserID Char(6) not null COMMENT '采购员编号',
linkman varChar(30) not null COMMENT '供应商联系人',
tel Char(13) not null COMMENT '联系电话',
paymentTerm Varchar(100) COMMENT '付款条件',
orderStatus enum('未审核','已确认','交货中','已完成','逾期','取消') not null COMMENT '订单状态',
ApproverID Char(6) COMMENT '审核人',
CONSTRAINT FK_SID FOREIGN KEY (supplierID) REFERENCES tblSupplier(supplierID),
CONSTRAINT FK_PID FOREIGN KEY (purchaserID) REFERENCES tblUser(userID)
);

信息  状态
> 1824 - Failed to open the referenced table 'tbluser'
> 时间: 0.001s
```

图 3-1-91 语句及错误提示

（1）问题分析

提示主键表 tblUser 不能打开。怀疑 tblUser 表出现问题，查找后，发现创建 tblUser 表的语句在创建 tblOrder 表语句后面，即在创建 tblOrder 表之前未创建 tblUser 表。由于外键要求被参照的表需要先创建后，才能创建外键所在表，故出现以上错误。

（2）解决方法

先创建 tblUser 表再创建 tblOrder 表即可；或者创建 tblOrder 表时不创建外键，创建 tblUser 表后，使用修改表语句再创建外键。

执行解析 1-9　数据操作

任务目标

数据操作

① 添加记录。

② 导入、导出数据。

③ 修改记录。

④ 删除记录。

任务解析

数据库是数据存储的仓库，不同类型的数据库存储数据的结构不同。关系型数据库中以多张二维表的形式存储数据，二维表就像实际仓库中的货架，而货架上的物品就相当于数据表中的数据。

数据库中表的每一行记录一个实体，如商品表一行记录一件商品信息，把表的行称为记录。

表的列记录实体的属性，称为字段或列，如商品的编号、二维码、名称、商品类型等。

创建数据表的操作就是画出二维表，此时表只有存储数据的结构，但表中的数据还没有，需要通过增、删、改操作对数据进行管理，就可以进行查询操作，获取需要的信息，这就是数据的增、删、改、查操作。由于查询较为复杂，所以这里，先就数据的增、删、改进行操作。

1. 插入记录

向表中插入记录是常见的操作之一，使用 INSERT 语句完成。

（1）插入记录的语法

基本语句格式：

```
INSERT INTO <表名> [( <字段名1> [ ,…n] )]
VALUES (值1 [,…n ])[,…n];
```

说明：

- < 表名 >：指定被操作的表名。
- < 字段名 >：指定需要插入数据的字段名。若向表中的所有字段插入数据，则字段名可以省略，直接采用 INSERT< 表名 >VALUES(…) 即可。
- VALUES 子句：该子句包含要插入的数据清单。数据清单中数据的顺序、类型要和字段的顺序、类型一一对应。
- (值 1 [,…n]) 项多次使用，中间用逗号隔开，可插入多条记录。
- 字符型、日期型数据用引号作定界符，数值型数据不用定界符。
- 未指定的字段，字段值会指定为该字段的默认值或空值（NULL）。

（2）插入部门信息到 tblDept 表

记录数据如图 3-1-92 所示。

deptid	deptName	headerID
101	销售部	
102	采购部	
103	客服部	
104	库管部	

图 3-1-92　部门信息数据

选用字段列表，值的个数与字段一一对应，语句如下：

```
INSERT tblDept(deptID,deptName) VALUES('101','销售部');
```

省略字段列表，值的个数和类型和全部字段一致，对于暂时未赋值的字段，使用 null 代替，表示此字段值为空值。语句如下：

```
INSERT tblDept VALUES('102','采购部',null);
INSERT tblDept VALUES('103','客服部',null);
INSERT tblDept VALUES('104','库管部',null);
```

执行结果如图 3-1-93 所示。

```
信息  剖析  状态
#选用字段列表，值的个数与字段一一对应的应用，语句如下：
INSERT tblDept(deptID,deptName) VALUES('101','销售部')
> Affected rows: 1
> 时间: 0.004s

#省略字段列表，值的个数与类型与全部字段的一致，语句如下：
INSERT tblDept VALUES('102','采购部',null)
> Affected rows: 1
> 时间: 0.003s

INSERT tblDept VALUES('103','客服部',null)
> Affected rows: 1
> 时间: 0.003s

INSERT tblDept VALUES('104','库管部',null)
> Affected rows: 1
> 时间: 0.003s
```

图 3-1-93　插入 tblDept 表记录的执行结果

（3）插入记录到 tblGoods 表中

插入如图 3-1-94 所示记录到 tblGoods 表中。

goodsID	QRCode	goodsName	type	metric	specifications	sellPrice	quotiety
040002	6910019013349	百年润发洗发露	洗化用品	瓶	1*400 ml	18.9	0.1
040006	6920465414125	超能增白皂	洗化用品	块	1*350 g	6.4	0.1
020004	6948049100265	北康酱油	调料	瓶	1*500 ml	11.8	0.1

图 3-1-94　tblGoods 表记录信息

一条 INSERT 语句插入多条记录，语句如下：

```
INSERT tblGoods VALUES
('040002','6910019013349','百年润发洗发露','洗化用品','瓶','1*400ml',18.9,0.1),
('040006','6920465414125','超能增白皂','洗化用品','块','1*350g',6.4,0.1),
('020004','6948049100265','北康酱油','调料','瓶','1*500ml',11.8,0.1);
```

执行结果如图 3-1-95 所示。

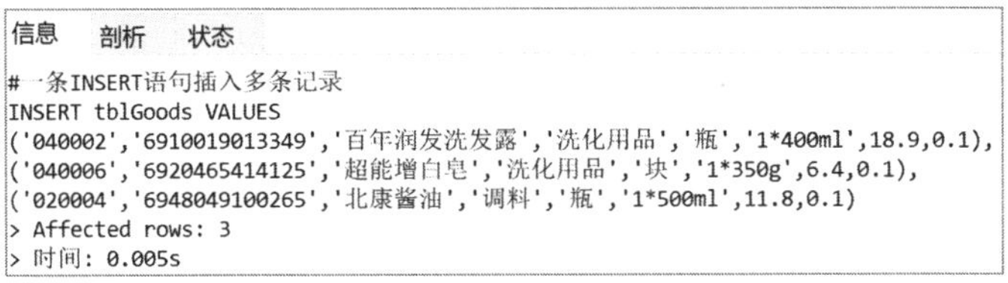

```
信息　剖析　状态
# 一条INSERT语句插入多条记录
INSERT tblGoods VALUES
('040002','6910019013349','百年润发洗发露','洗化用品','瓶','1*400ml',18.9,0.1),
('040006','6920465414125','超能增白皂','洗化用品','块','1*350g',6.4,0.1),
('020004','6948049100265','北康酱油','调料','瓶','1*500ml',11.8,0.1)
> Affected rows: 3
> 时间: 0.005s
```

图 3-1-95　插入 tblGoods 表记录执行结果

2. 导入记录

（1）Navicat 界面导入“员工信息表 .xlsx”数据到 tblUser 表中

超市员工信息原来记录在“员工信息表 .xlsx”文件中，对其中数据进行整理，使之与 Market 数据库中 tblUser 表结构一致。

① 在 Navicat 界面右击 tblUser 表，选择“导入向导”命令，如图 3-1-96 所示。

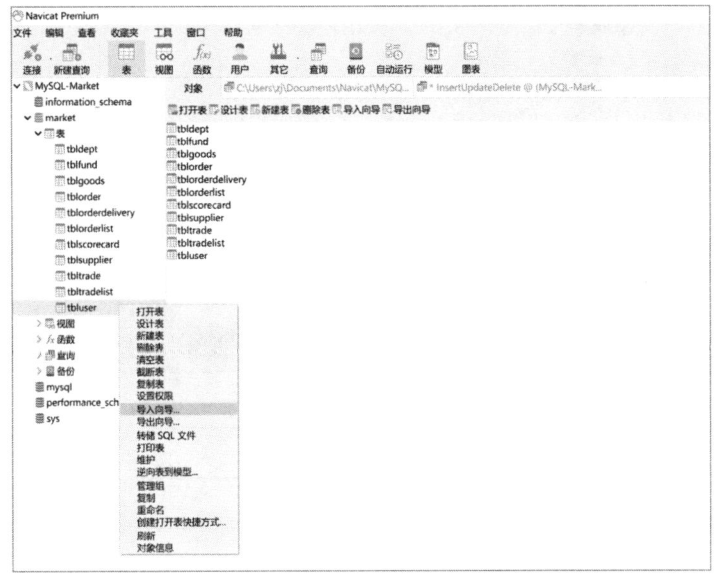

图 3-1-96　选择“导入向导”命令

② 在打开的“导入向导”对话框中，选择“Excel 文件”，单击“下一步”按钮，如图 3-1-97 所示。

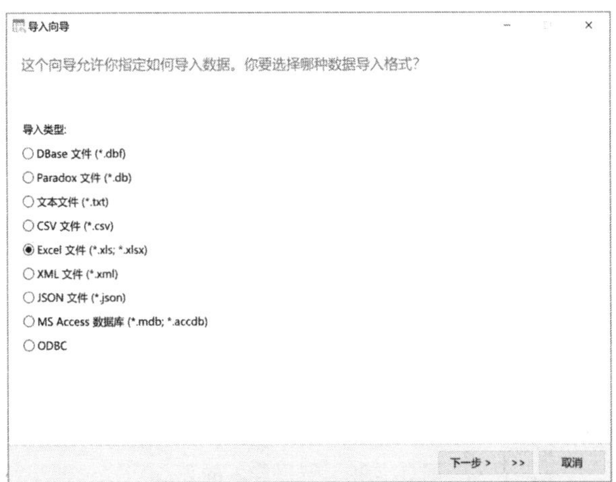

图 3-1-97　“导入向导”对话框

③ 在选择数据源对话框中单击“选择文件”按钮，选择要导入的文件路径和名称，单击“打开”按钮，如图 3-1-98 所示。

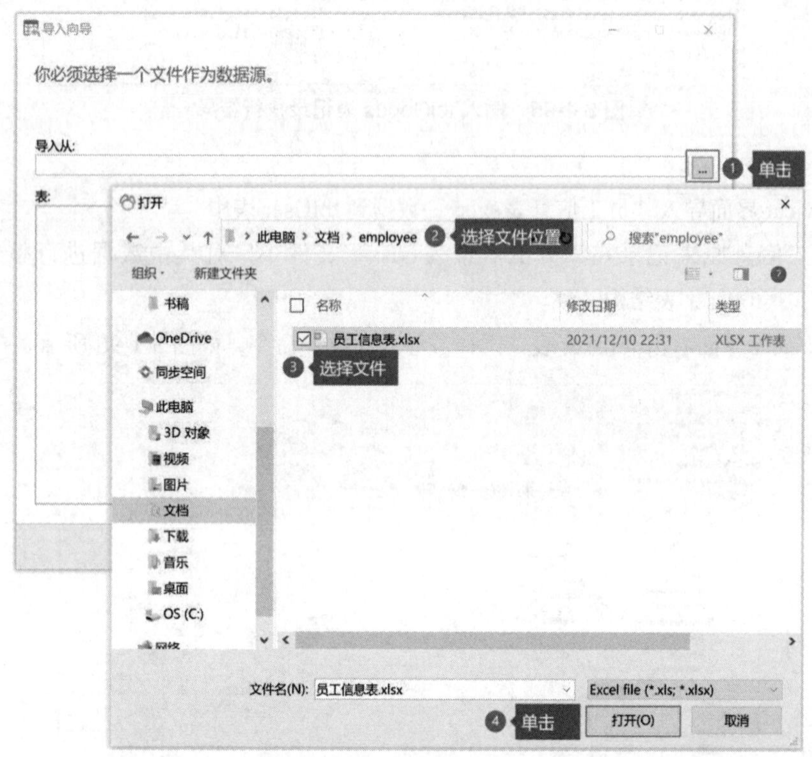

图 3-1-98　选择导入的文件

④ 在选择数据源对话框，选择要导入的表，单击“下一步”按钮，如图 3-1-99 所示。

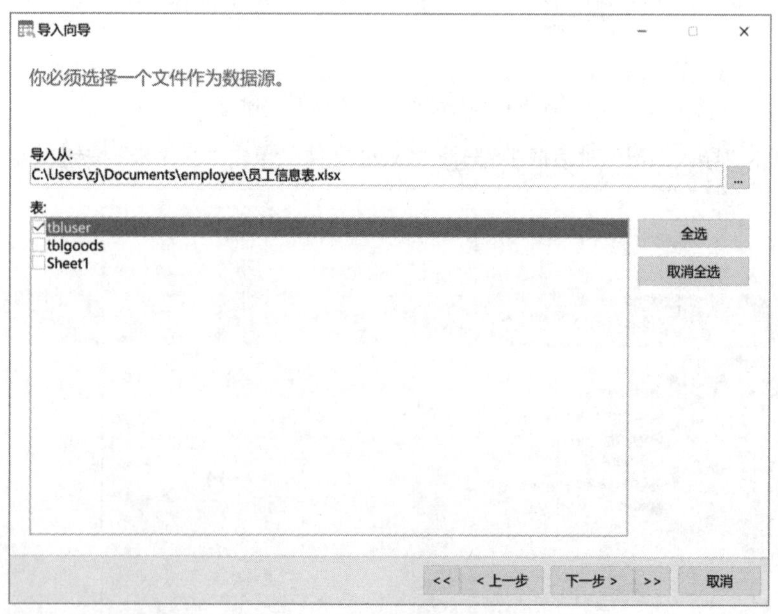

图 3-1-99　选择导入的表

⑤ 在附加的选项对话框进行设置，单击“下一步”按钮，如图 3-1-100 所示。

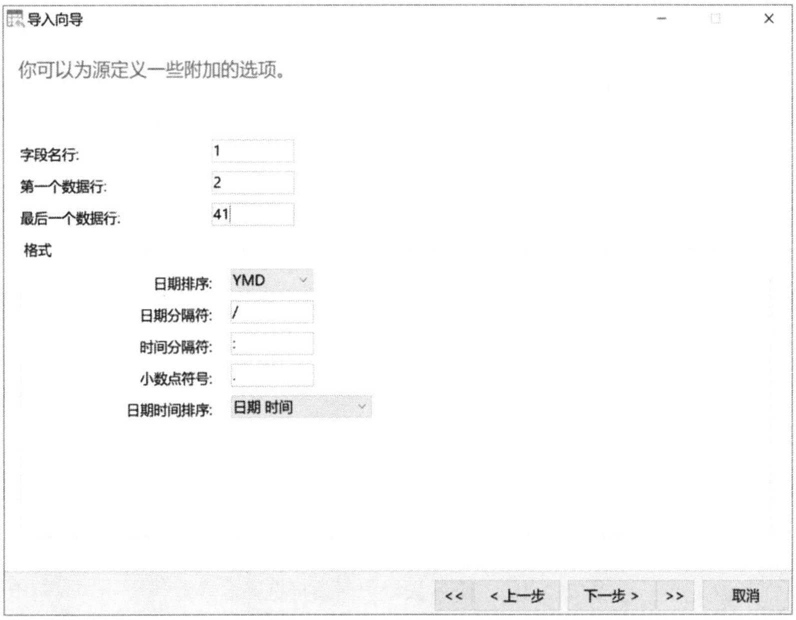

导入向导
你可以为源定义一些附加的选项。
字段名行:
1
第一个数据行:
2
最后一个数据行:
41
格式
日期排序:
YMD
日期分隔符:
/
时间分隔符:
:
小数点符号:
.
日期时间排序:
日期 时间
<<
< 上一步
下一步 >
>>
取消
图 3-1-100 设置附加选择项

⑥ 在打开的选择目标表对话框，可以向新建表或数据库中已有的表导入记录，单击“下一步”按钮，如图 3-1-101 所示。

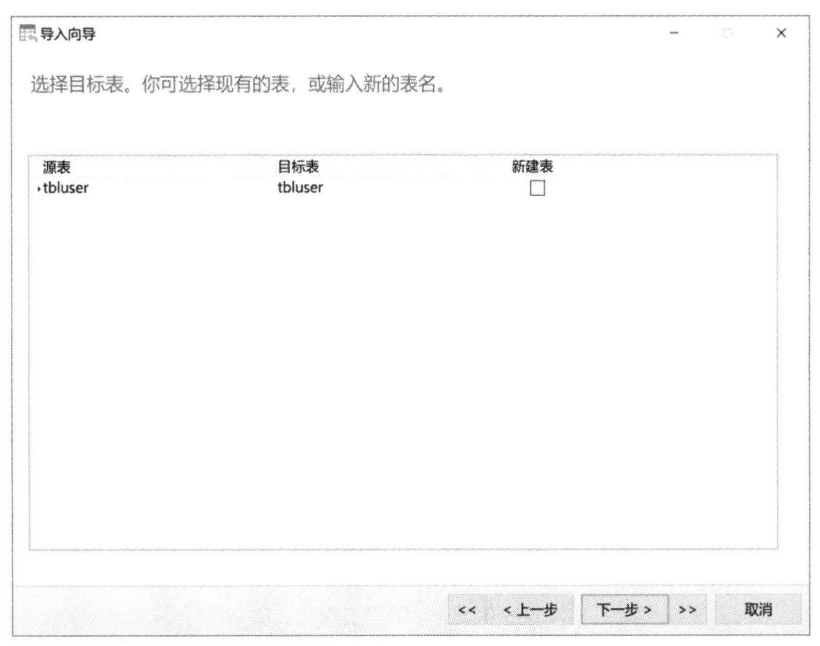

导入向导
选择目标表。你可选择现有的表，或输入新的表名。
源表
目标表
新建表
tbluser
tbluser
<<
< 上一步
下一步 >
>>
取消
图 3-1-101 选择目标表

⑦ 在打开的“字段映射”对话框中选择源表，单击“下一步”按钮，如图 3-1-102 所示。

图 3-1-102　在字段映射对话框选择源表

⑧ 在打开的“导入模式”对话框中选择“追加”模式，在“高级”对话框中设置相关选项，单击“确定”按钮，单击“下一步”按钮，如图 3-1-103 所示。

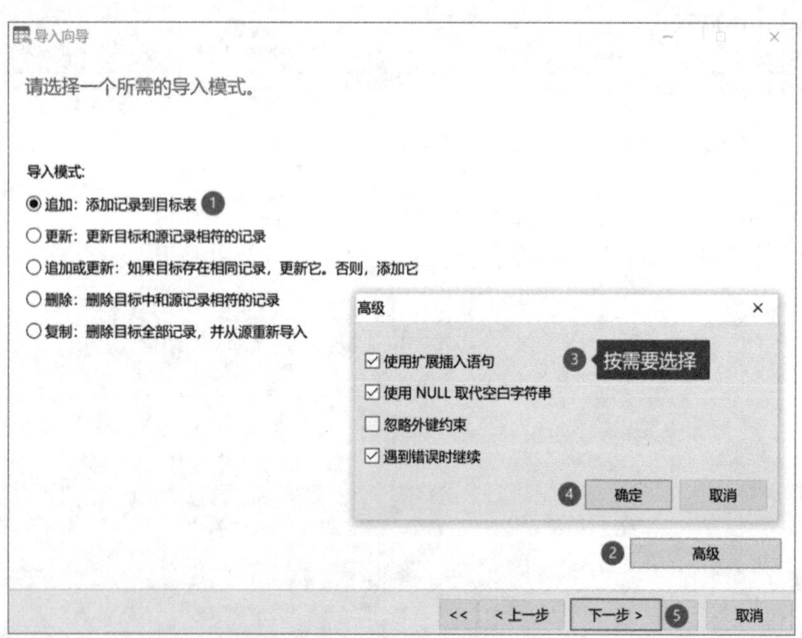

图 3-1-103　“导入模式”对话框

⑨ 在打开的进行导入对话框（见图 3-1-104）单击“开始”按钮，开始数据录入操作，完成后如图 3-1-105 所示。单击“关闭”按钮完成导入操作。

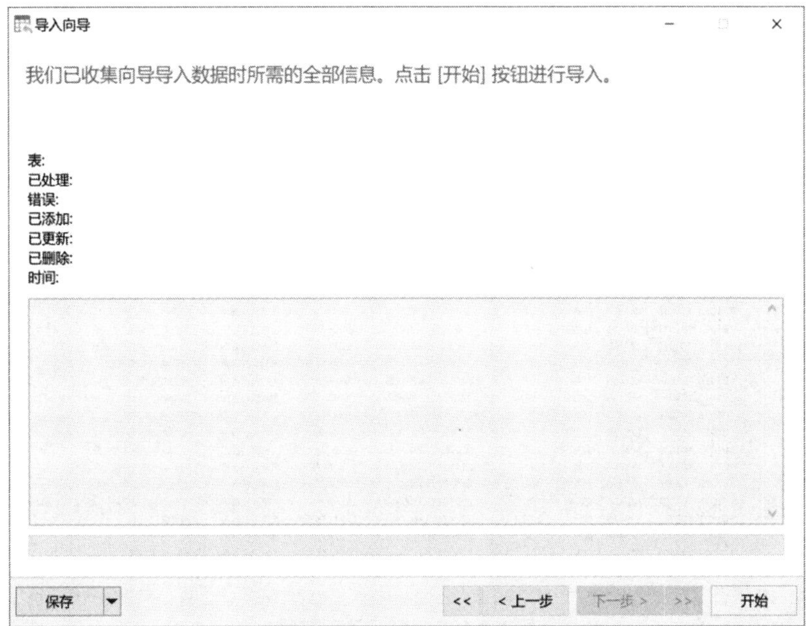

图 3-1-104　进行导入对话框

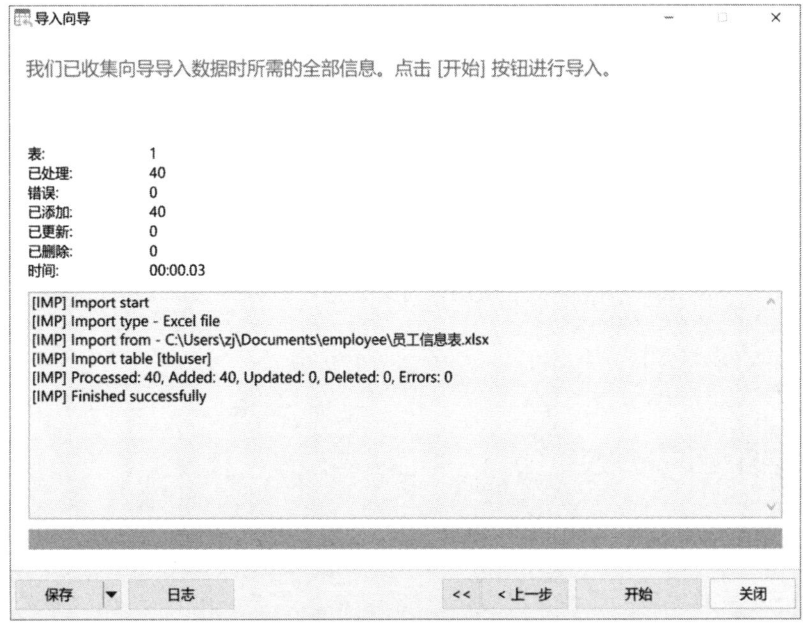

图 3-1-105　成功导入数据

⑩ 双击导航窗口中的 tblUser 表，显示表中导入的数据，如图 3-1-106 所示。

（2）导入“供应商 .xlsx”数据到 tblSupplier 表中

MySQL 中提供了 LOAD DATA 语句从 csv 文件中导入数据。

导入语句的语句格式如下：

```
LOAD DATA INFILE <文件路径> INTO TABLE <表名> FIELDS TERMINATED BY <分隔符>;
```

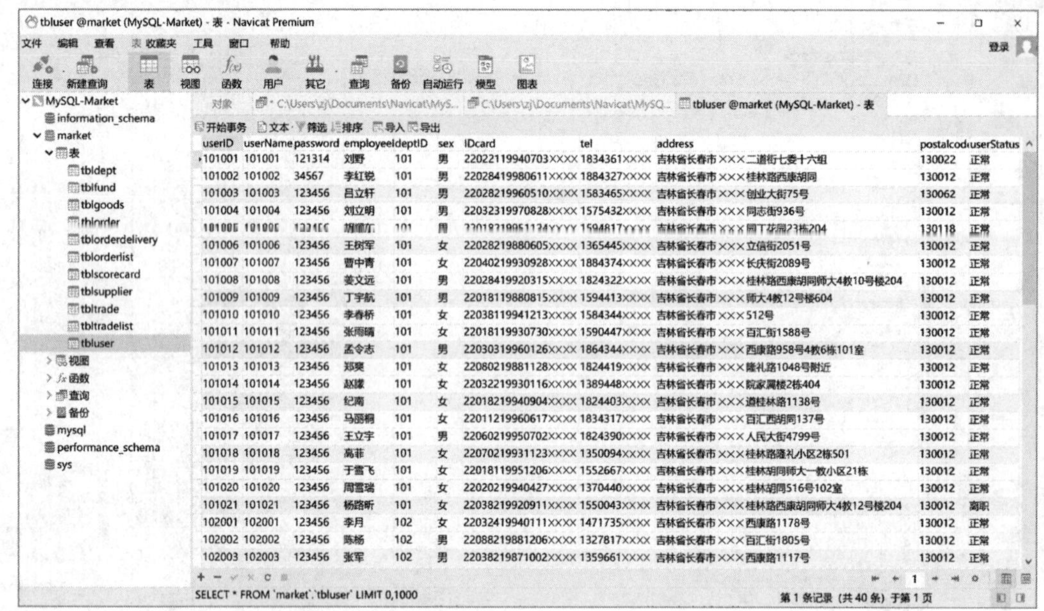

图 3-1-106　显示导入数据

说明：

- <文件路径>路径中使用“/”符号，不能使用“\”。
- 导入前需要把文件转化为 UTF-8 编码的 CSV 文件。

① 需要把 Excel 文件转换为 csv 文件。打开“供应商 .xlsx”文件另存为 supplier.csv 文件，如图 3-1-107 所示。

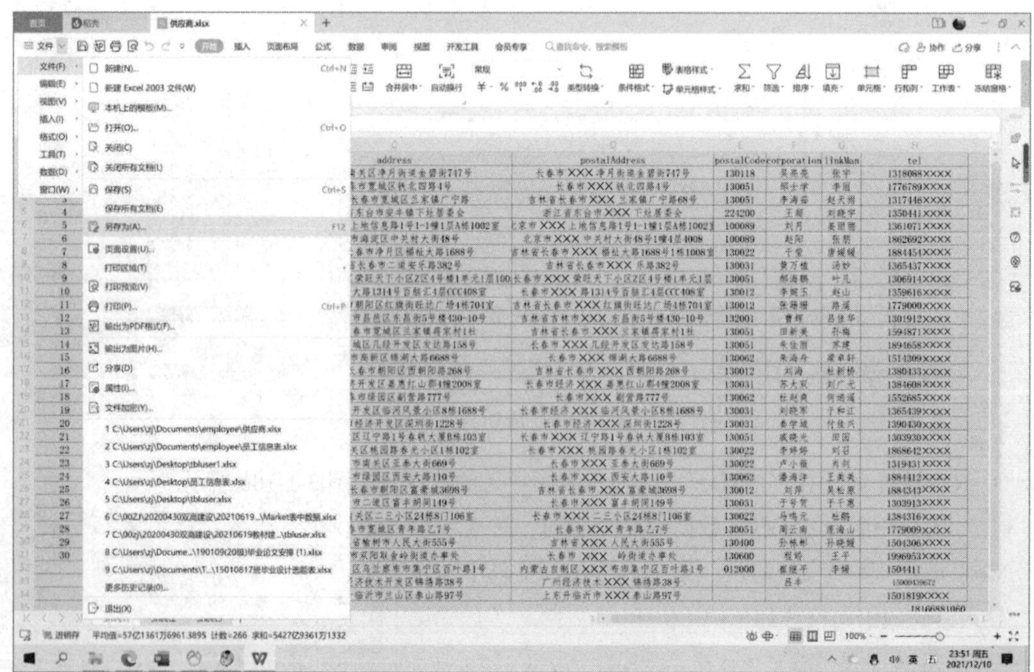

图 3-1-107　显示另存为 csv 文件

② 需要把 supplier.csv 文件的编码改为与数据库相同的编码 UTF-8。

③ 关闭 supplier.csv 文件，用记事本打开，在“另存为”对话框中改变编码为 UTF-8，单击“保存”按钮，如图 3-1-108 所示。

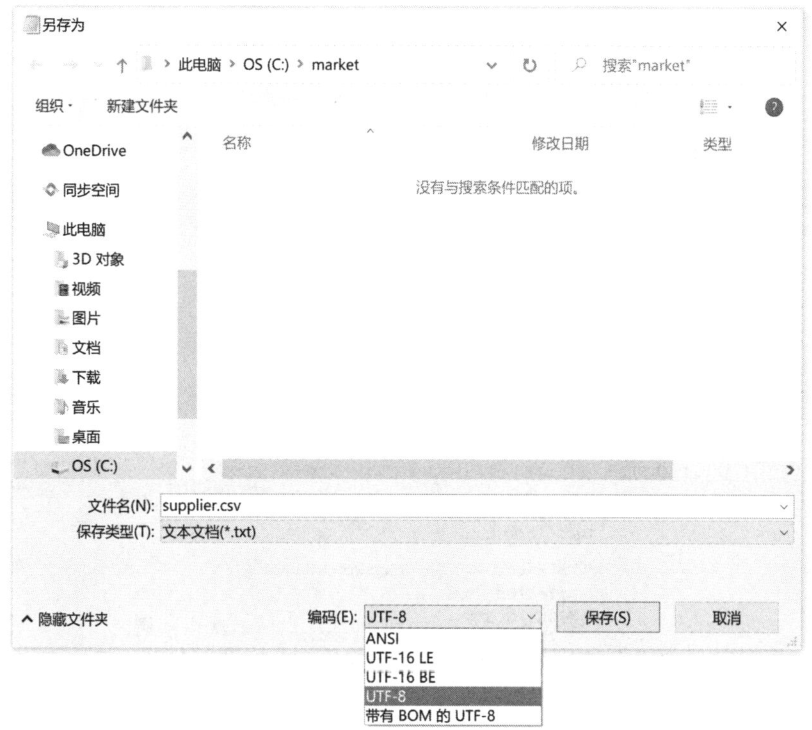

图 3-1-108　改变编码为 UTF-8

④ 使用导入语句进行导入操作，导入 supplier.csv 数据到 tblSupplier 表中的语句如下：

```
LOAD DATA INFILE 'C:/market/supplier.csv' INTO TABLE tblSupplier FIELDS TERMINATED BY ',';
```

执行结果如图 3-1-109 所示。

```
信息　剖析　状态
LOAD DATA INFILE 'C:/market/supplier.csv' INTO TABLE tblSupplier FIELDS TERMINATED BY ','
> Affected rows: 33
> 时间: 0.007s
```

图 3-1-109　导入 supplier.csv 数据到 tblSupplier 表

3. 修改记录

由于业务需要，经常要进行修改记录的操作，如重置所有用户密码、修改某一用户的登录密码。

（1）修改记录的语法

基本语句格式：

```
UPDATE <表名> SET 字段1=值1 [,…n] [WHERE <逻辑表达式> ]
[ORDER BY子句] [LIMIT n]
```

说明：

- <表名>：用于指定要更新的表名称。
- SET 子句：用于指定表中要修改的字段名及值。其中，字段值可以是表达式，也可以是该列对应的默认值。如果指定的是默认值，可用关键字 DEFAULT 表示。当修改一行数据的多个字段值时，每个值用逗号分开。
- WHERE <逻辑表达式>：可选项，用于限定表中要修改的行。若不指定，则修改表中所有的行。<逻辑表达式>表示限定的条件，可以使用<、>、<>（不等于）、=等条件比较符，也可以使用 and（并且）、or（或者）、not（否）等逻辑运算符。
- ORDER BY 子句：可选项，用于限定表中的行被修改的次序。
- LIMIT n：可选项，用于限定被修改的行数。

（2）修改 tblUser 表中所有记录的 password 为“123456”

系统刚刚投入使用时，有时会为用户统一设置密码，语句如下：

```
UPDATE tblUser SET password='123456';
```

执行结果如图 3-1-110 所示。

```
信息    剖析    状态
UPDATE tblUser SET password='123456'
> Affected rows: 2
> 时间: 0.004s
```

图 3-1-110　修改所有记录的 password 为“123456”

说明：

“Affected rows: 2”表示影响 2 行，分析后发现表中只有两个人的密码不是“123456”，全部修改过来。

（3）修改 tblUser 表中 userName 为“101001”的 password 为“12131415”

为某一特定用户修改密码，需要添加限定条件。语句如下：

```
UPDATE tblUser SET password='12131415' WHERE userName='101001';
```

执行结果如图 3-1-111 所示。

```
信息    剖析    状态
#修改tblUser表中userName为“101001”的password为“12131415”
UPDATE tblUser SET password='12131415' WHERE userName='101001'
> Affected rows: 1
> 时间: 0.004s
```

图 3-1-111　修改 userName 为“101001”的 password 为“12131415”

（4）修改 tblUser 表中 userID 值“101003”的 userStatus 字段值为“离职”

数据库的删除记录操作需要慎重对待，很多业务不会删除记录，而是在表中添加状态字段，通过状态字段的值来进行记录的逻辑删除，而不是物理删除。

语句如下：

```
UPDATE tblUser SET userStatus='离职' WHERE userID='101003';
```

执行结果如图 3-1-112 所示。

```
信息　剖析　状态
UPDATE tblUser SET userStatus='离职' WHERE userID='101003'
> Affected rows: 1
> 时间: 0.004s
```

图 3-1-112　修改 userID 值“101003”的 userStatus 字段值为“离职”

4. 删除记录

记录物理删除后不能恢复，这一操作要慎重对待。

（1）删除记录的语法

基本语句格式：

```
DELETE FROM <表名> [WHERE <逻辑表达式>] [ORDER BY 子句] [LIMIT n]
```

说明：

- <表名>: 指定要删除数据的表名。
- WHERE <逻辑表达式>: 可选项，表示为删除操作限定删除条件，特别注意若省略 WHERE 子句，则删除该表中的所有行，操作中一定要谨慎。
- ORDER BY 子句：可选项，表示删除时，表中各行将按照子句中指定的顺序进行删除。
- LIMIT n：可选项，用于告知服务器在控制命令被返回到客户端前被删除行的最大值。

（2）删除 tblUser 表中 deptID 值是“102”，employeeName 值为“程宇轩”的记录

删除的条件是 deptID 值是“102”并且 employeeName 值为“程宇轩”，两个条件要求全部满足才能实行删除操作。此时两个条件间需要使用 AND 关键字连接，是逻辑运算“与”，表示并且的关系。

语句如下：

```
DELETE FROM tblUser WHERE deptID='102' AND employeeName='程宇轩';
```

执行结果如图 3-1-113 所示。

```
信息　剖析　状态
#删除tblUser表中deptID值是“102”, employeeName值为“程宇轩”的记录。
DELETE FROM tblUser WHERE deptID='102' AND employeeName='程宇轩'
> Affected rows: 1
> 时间: 0.003s
```

图 3-1-113　删除 deptID 值是“102”employeeName 值为“程宇轩”的记录

拓展任务

1. 导出记录

Navicat 可以实现界面导出数据库中的记录，是导入的反向操作，在此不再赘述。下面以语句方式导出数据库中的记录为其他文件。

（1）导出记录的语法

基本语句格式：

```
SELECT <字段列表> INTO OUTFILE <文件路径> [LINES TERMINATED BY "/r/n"]
FROM <表名> [WHERE <逻辑表达式>];
```

说明：

- <字段列表>中各字段间使用逗号分隔，如果所选是表的全部字段，可以用“*”表示。
- <文件路径>的路径中使用“/”符号，不能使用“\”。
- [LINES TERMINATED BY “/r/n”]：可选项，表示行结束符，当导出文件是 TXT 或者 Excel 时省略这项。

（2）把 tblUser 表中 deptID 为“102”的记录导出为“C:/Market/StaffPurDep.xlsx”

语句如下：

```
SELECT * INTO OUTFILE "C:/Market/StaffPurDep.xlsx"   FROM tblUser WHERE deptID='102';
```

执行结果如图 3-1-114 所示。

```
信息  剖析  状态
#把tblUser表中deptID为“102”的记录导出为“C:/Market/采购部员工表.xlsx”
SELECT * INTO OUTFILE "C:/Market/StaffPurchasingDepartment.xlsx"   FROM tblUser WHERE deptID='102'
> OK
> 时间: 0.002s
```

图 3-1-114　导出采购部员工数据

二、更改部门负责人

把 tblDept 表中 deptID 为“102”部门的负责人更改为“陈杨”。

由于 tblDept 表中存储的是部门负责人编号，而不是部门负责人姓名，所以需要查询出“陈杨”的 userID，可以使用一个简单的查询语句（查询后续会详细介绍），如下所示：

```
SELECT userID FROM tblUser WHERE employeeName='陈杨';
```

执行结果如图 3-1-115 所示。

用这个查询结果作为条件进行更新操作。语句如下：

```
UPDATE tblDept SET headerID=
(SELECT userID FROM tblUser WHERE employeeName='陈杨');
```

执行结果如图 3-1-116 所示。

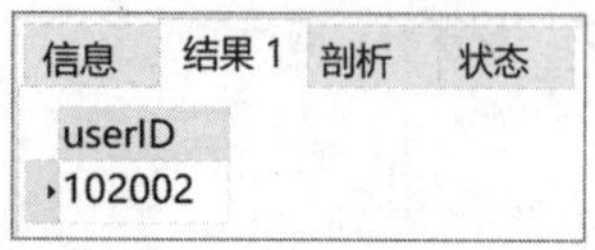

图 3-1-115　查询陈杨的员工编号

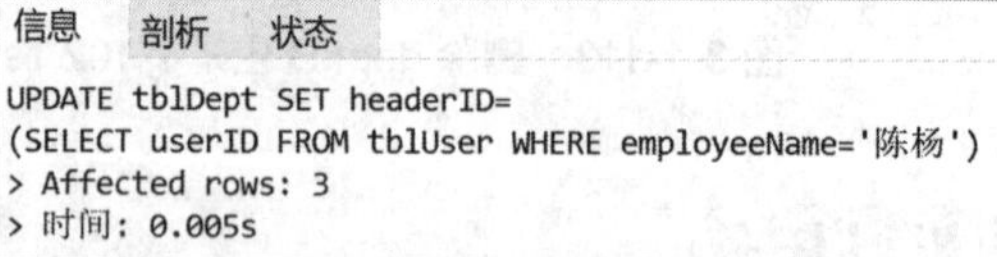

图 3-1-116　查询陈杨的员工编号

常见错误

1. Navicat 界面导入数据时提示“Data too long for column'tel' at row 35”

（1）问题分析

根据提示信息，35 行的 tel 数据太长。查看 35 行的数据，发现电话号码后面有一个空格，造成数据比字段定义得长，无法导入表中。

（2）解决方法

删除电话号码后面的空格，再次导入成功。

2. DATA LOAD 语句导入时错误提示 1029

执行导入语句，提示信息“The MySQL server is running with the --secure-file-priv option so it cannot execute this statement”，表示没有权限执行。

（1）问题分析

MySQL 数据库中，secure-file-priv 参数是用来限制 LOAD DATA, SELECT ... OUTFILE, and LOAD_FILE() 传到的指定文件夹。seure_file_priv 参数含义如下：

① seure_file_priv 的值为 null，表示限制 mysqld 不允许导入、导出。

② secure_file_priv 的值为 /tmp/，表示限制 mysqld 的导入、导出只能发生在 /tmp/ 文件夹下。

③ secure_file_priv 的值没有具体值时，表示不对 mysqld 的导入、导出做限制。

查看 secure-file-priv 参数的值的语句如下：

```
SHOW VARIABLES LIKE "secure_file_priv";
```

执行结果如图 3-1-117 所示。

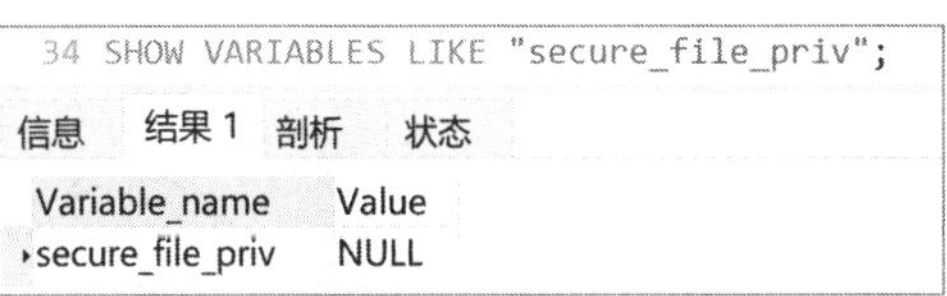

图 3-1-117　查看 secure-file-priv 参数的值

说明当前 secure-file-priv 参数的值为 NULL。

（2）解决方法

在 mysql 的安装文件夹下的 my.ini 文件，用记事本打开，加入“secure-file-priv=”后保存，如图 3-1-118 所示。

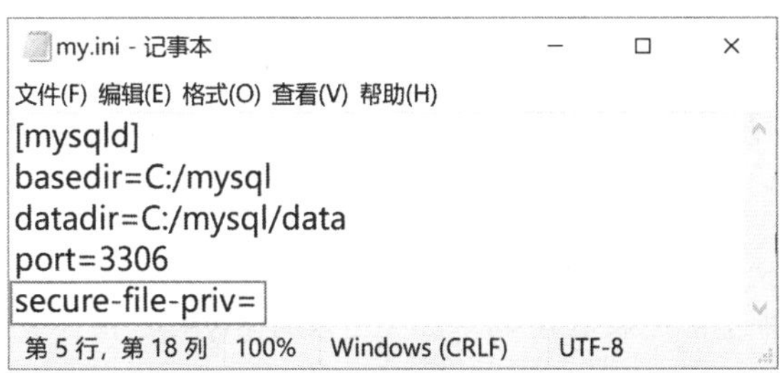

图 3-1-118　修改 my.ini 文件

注意：

加入语句是“secure-file-priv=”，与参数名“secure_file_priv”不同。

重新启动 MySQL 服务，再次执行导入语句即可正常运行。

第二期工作 查询与视图

执行解析 2-1 掌握简单查询

任务目标

掌握简单查询

① 掌握基本的 SELECT 语句语法格式。

② 掌握简单的查询方法。

③ 理解数据查询的意义。

任务解析

1. SELECT 语句概述

数据库查询是对数据库最基本的操作，在 MySQL 数据库中，使用 SELECT 语句来完成数据的查询。

查询的基本语句格式：

```
SELECT {*|<字段列表>}
FROM <表1>,<表2>,…
[WHERE <条件表达式>]
[GROUP BY <分组条件表达式>]
[HAVING <条件表达式>]
[ORDER BY <排序条件表达式>][ASC | DESC]
```

说明：

- {* | < 字段列表 >}：包含星号通配符和字段列表，表示查询的字段。其中，字段列表至少包含一个字段名称，如果要查询多个字段，多个字段之间用逗号隔开，最后一个字段后不加逗号。
- FROM < 表 1>,< 表 2>, ...：表 1 和表 2 表示查询数据的来源，可以是单个或者多个。
- WHERE< 条件表达式 >：可选项，如果选择该项，将限定查询行必须满足的查询条件。
- GROUP BY < 分组条件表达式 >：该子句告诉 MySQL 如何显示查询出来的数据，并按照指定的字段分组。
- HAVING<条件表达式>：与 GROUP BY 子句组合使用，对分组的结果进一步限定查询条件。
- [ORDER BY < 排序条件表达式 >]，该子句告诉 MySQL 按什么样的顺序显示查询出来的数据，可以进行的排序有升序（ASC）、降序（DESC），默认值是 ASC。

SELECT 语句的可选参数比较多，下面从简单的开始，逐步深入学习。

2. 查询单个字段

（1）查询单个字段的语法

基本语句格式：

```
SELECT <字段名> FROM 表名;
```

作为超市采购员经常会查询超市内当前有哪些产品或者产品的名字，可以通过 SELECT 语句进行查询。

（2）使用 SELECT 语句查询 tblGoods 表中的商品名称 goodsName

语句如下：

```
SELECT goodsName
FROM tblgoods
```

执行结果如图 3-2-1 所示。

3. 查询多个字段

（1）查询多个字段的语法

查询多个字段时，SELECT 后面要查找的字段名字之间用（,）号分隔开，最后一个字段后不需要加逗号。

基本语句格式：

```
SELECT 列名1[,…n] FROM 表名;
```

（2）查询 tblGoods 表中的商品条形码 QRCode 及商品名称 goodsName

语句如下：

```
SELECT QRCode,goodsName
FROM tblgoods
```

执行结果如图 3-2-2 所示。

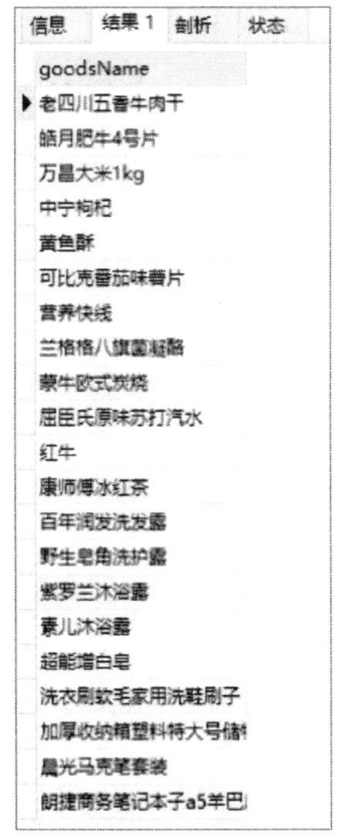

信息　结果 1　剖析　状态

goodsName
老四川五香牛肉干
皓月肥牛4号片
万昌大米1kg
中宁枸杞
黄鱼酥
可比克番茄味薯片
营养快线
兰格格八旗菌凝酪
蒙牛欧式炭烧
屈臣氏原味苏打汽水
红牛
康师傅冰红茶
百年润发洗发露
野生皂角洗护露
紫罗兰沐浴露
素儿沐浴露
超能增白皂
洗衣刷软毛家用洗鞋刷子
加厚收纳箱塑料特大号储
晨光马克笔套装
朗捷商务笔记本子a5羊巴

图 3-2-1　查询 tblGoods 表中的商品名称 goodsName

信息　结果 1　剖析　状态

QRCode	goodsName
6972444890117	中宁枸杞
6941452224221	黄鱼酥
6911988006455	可比克番茄味薯片
6901011101863	桃李醇熟切片面包
6902101110186	桃李布朗尼蛋糕
6902101110187	桃李酵母面包
6902101110188	桃李迷你豆沙面包
6932365573681	兰格格八旗菌凝酪
6934665091582	蒙牛欧式炭烧
6929402233423	海鲜粉
6923018998203	杞参花椒
6926933200208	桂花香醋
6948049100265	北康酱油
6936072100765	香辣干锅调料
6936072100048	水煮鱼调料
6937078000615	小苏打
6948473793118	营养快线
6920180238304	屈臣氏原味苏打汽水
6936544872562	红牛
6920459905029	康师傅冰红茶
6946537059743	欧莱雅润养洗发露
6910019013349	百年润发洗发露
9787051538303	野生皂角洗护露
6971540884945	紫罗兰沐浴露
6932835739098	素儿沐浴露
6920465414125	超能增白皂
6945484712541	洗衣刷软毛家用洗鞋刷子
6904287442552	加厚收纳箱塑料特大号储物箱
6903453264545	晨光马克笔套装
6970860559521	朗捷商务笔记本子a5羊巴皮面

图 3-2-2　查询 tblGoods 表中的商品条形码 QRCode 及商品名称 goodsName

4. 查询所有字段

查询表中所有列有两种方法：一种是在 SELECT 后面列出所有列名；另一种方法是用“*”代替所有的字段名称。

查询 tblGoods 表中所有列，语句如下：

```
SELECT *
FROM tblgoods
```

执行结果如图 3-2-3 所示。

信息 结果 1 剖析 状态

goodsID	QRCode	goodsName	type	metric	specifications	sellPrice	quotiety
010001	6945103223431	老四川五香牛肉干	食品	袋	1*10g	15.00	0.10
010002	6951215522101	皓月肥牛4号片	食品	袋	1*1000g	78.00	0.10
010003	6941255411124	万昌大米1kg	食品	盒	1*1kg	11.60	0.10
010004	6972444890117	中宁枸杞	食品	袋	1*248	22.80	0.10
010005	6941452224221	黄鱼酥	食品	袋	1*250	32.80	0.10
010006	6911988006455	可比克番茄味薯片	食品	袋	1*60g	3.50	0.10
010007	6901011101863	桃李醇熟切片面包	食品	袋	1*800g	11.30	0.10
010008	6902101110186	桃李布朗尼蛋糕	食品	盒	1*180g	9.90	0.10
010009	6902101110187	桃李酵母面包	食品	袋	1*900g	4.50	0.10
010010	6902101110188	桃李迷你豆沙面包	食品	袋	1*170g	5.60	0.10
010011	6932365573681	兰格格八旗菌凝酪	食品	瓶	1*760g	20.00	0.10
010012	6934665091582	蒙牛欧式炭烧	食品	瓶	1*1kg	25.00	0.10
020001	6929402233423	海鲜粉	调料	袋	1*5g	20.00	0.10
020002	6923018998203	杞参花椒	调料	袋	1*30g	19.50	0.10
020003	6926933200208	桂花香醋	调料	瓶	1*500ml	6.90	0.10
020004	6948049100265	北康酱油	调料	瓶	1*500ml	11.80	0.10
020005	6936072100765	香辣干锅调料	调料	袋	1*150	16.80	0.10
020006	6936072100048	水煮鱼调料	调料	袋	1*200	26.80	0.10
020007	6937078000615	小苏打	调料	袋	1*180	3.60	0.10
030001	6948473793118	营养快线	饮料	瓶	1*500ml	3.50	0.10
030002	6920180238304	屈臣氏原味苏打汽水	饮料	瓶	1*330ml	3.50	0.10
030003	6936544872562	红牛	饮料	罐	1*250ml	6.00	0.10
030004	6920459905029	康师傅冰红茶	饮料	瓶	1*500ml	3.50	0.10
040001	6946537059743	欧莱雅润养洗发露	洗化用品	瓶	1*400ml	25.60	0.10
040002	6910019013349	百年润发洗发露	洗化用品	瓶	1*400ml	18.90	0.10
040003	9787051538303	野生皂角洗护露	洗化用品	瓶	1*400ml	22.80	0.10
040004	6971540884945	紫罗兰沐浴露	洗化用品	瓶	1*310ml	39.50	0.10
040005	6932835739098	素儿沐浴露	洗化用品	瓶	1*500ml	45.80	0.10
040006	6920465414125	超能增白皂	洗化用品	块	1*350g	6.40	0.10
050001	6945484712541	洗衣刷软毛家用洗鞋刷子	日用品	个	1	1.80	0.10

图 3-2-3 用 SELECT 语句查询 tblGoods 表中所有列

5. 查询指定记录

数据库中存储大量的数据，用户对数据查询会有不同的需求，因此，可以根据指定的数据进行数据过滤进而查询想要的数据。在 SELECT 语句中，通过 WHERE 子句对数据进行过滤。

（1）查询指定记录的语法

基本语句格式：

```
SELECT <列名>[,…n]
FROM <表名>
WHERE <查询条件>
```

说明：

在 WHERE 子句中，MySQL 提供了多种条件判断符号，具体如表 3-2-1 所示。

表 3-2-1　WHERE 条件判断符

操作符	说　明
=	相等
<>、!=	不等于
<	小于
<=	小于等于
>	大于
>=	大于等于
BETWEEN …AND…	在…和…之间
NOT BETWEEN …AND…	不在…和…之间

（2）查询 tblGoods 表中“洗化用品”的所有信息

语句如下：

```
SELECT *
FROM tblgoods
WHERE type='洗化用品'
```

执行结果如图 3-2-4 所示。

信息　结果 1　剖析　状态

goodsID	QRCode	goodsName	type	metric	specifications	sellPrice	quotiety
040001	6946537059743	欧莱雅润养洗发露	洗化用品	瓶	1*400ml	25.60	0.10
040002	6910019013349	百年润发洗发露	洗化用品	瓶	1*400ml	18.90	0.10
040003	9787051538303	野生皂角洗护露	洗化用品	瓶	1*400ml	22.80	0.10
040004	6971540884945	紫罗兰沐浴露	洗化用品	瓶	1*310ml	39.50	0.10
040005	6932835739098	素儿沐浴露	洗化用品	瓶	1*500ml	45.80	0.10
040006	6920465414125	超能增白皂	洗化用品	块	1*350g	6.40	0.10

图 3-2-4　用 SELECT 语句查询 tblGoods 表中“洗化用品”的所有信息

（3）查询 tblGoods 表中“食品”产品的 QRCode、goodsName 及 sellPrice

语句如下：

```
SELECT QRCode,goodsName,sellPrice
FROM tblgoods
WHERE type='食品'
```

执行结果如图 3-2-5 所示。

信息　结果 1　剖析　状态

QRCode	goodsName	sellPrice
6945103223431	老四川五香牛肉干	15.00
6951215522101	皓月肥牛4号片	78.00
6941255411124	万昌大米1kg	11.60
6972444890117	中宁枸杞	22.80
6941452224221	黄鱼酥	32.80
6911988006455	可比克番茄味薯片	3.50
6901011101863	桃李醇熟切片面包	11.30
6902101110186	桃李布朗尼蛋糕	9.90
6902101110187	桃李酵母面包	4.50
6902101110188	桃李迷你豆沙面包	5.60
6932365573681	兰格格八旗菌凝酪	20.00
6934665091582	蒙牛欧式炭烧	25.00

图 3-2-5　查询 tblGoods 表中“食品”产品的 QRCode、goodsName 及 sellPrice

（4）查询 tblGoods 表中“饮料”产品中价格小于 4 元的 QRCode、goodsName 及 sellPrice

语句如下：

```
SELECT QRCode 商品条形码,goodsName 商品名称,sellPrice 销售价格
FROM tblgoods
WHERE type='饮料' AND sellPrice<4
```

执行结果如图 3-2-6 所示。

商品条型码	商品名称	销售价格
6948473793118	营养快线	3.50
6920180238304	屈臣氏原味苏打汽水	3.50
6920459905029	康师傅冰红茶	3.50

图 3-2-6　查询“饮料”产品价格小于 4 元的 QRCode、goodsName 及 sellPrice

（5）查询“调料”产品中价格在 1 ~ 5 元之间的商品条形码、商品名称及销售价格

语句如下：

```
SELECT QRCode 商品条形码,goodsName 商品名称,sellPrice 销售价格
FROM tblgoods
WHERE sellPrice>=1 and sellPrice<=5 AND type='调料'
```

执行结果如图 3-2-7 所示。

商品条型码	商品名称	销售价格
6937078000615	小苏打	3.60

图 3-2-7　查询“饮料”中价格在 1 ~ 5 元之间的商品二维码、商品名称及销售价格

（6）使 0 用 BETWEEN AND 查询 tblGoods 表中“调料”类商品价格在 1 ~ 5 元之间的商品条形码、商品名称及销售价格

语句如下：

```
SELECT QRCode 商品条形码,goodsName 商品名称,sellPrice 销售价格
FROM tblgoods
WHERE sellPrice BETWEEN 1 AND 5 AND type='调料'
```

执行结果如图 3-2-8 所示。

商品条形码	商品名称	销售价格
6937078000615	小苏打	3.60

图 3-2-8　BETWEEN AND 查询

（7）使用 NOT BETWEEN AND 查询 tblGoods 表中“调料”类商品价格不在 1 ～ 5 元之间的商品条形码、商品名称及销售价格

语句如下：

```
SELECT QRCode 商品条形码,goodsName 商品名称,sellPrice 销售价格
FROM tblgoods
WHERE sellPrice NOT BETWEEN 1 AND 10 AND type='调料'
```

执行结果如图 3-2-9 所示。

信息　结果 1　剖析　状态

商品条形码	商品名称	销售价格
6929402233423	海鲜粉	20.00
6923018998203	杞参花椒	19.50
6948049100265	北康酱油	11.80
6936072100765	香辣干锅调	16.80
6936072100048	水煮鱼调料	26.80

图 3-2-9　NOT BETWEEN AND 查询

6. 带 IN 或 NOT IN 关键字的查询

关键字 IN 或 NOT IN 用来实现满足指定范围内或不在范围内的条件查询，将所在可能取值用括号括起来，各值之间用逗号分隔开，查询时只要满足所有值中任意一个即认为条件为真。

（1）查询 tblGoods 表中价格是 15 元、20 元、25 元的“调料”类商品的商品条形码、商品名称和销售价格

语句如下：

```
SELECT QRCode 商品条形码,goodsName 商品名称,sellPrice 销售价格
FROM tblgoods
WHERE sellPrice IN (15,20,25) AND type='调料'
```

执行结果如图 3-2-10 所示。

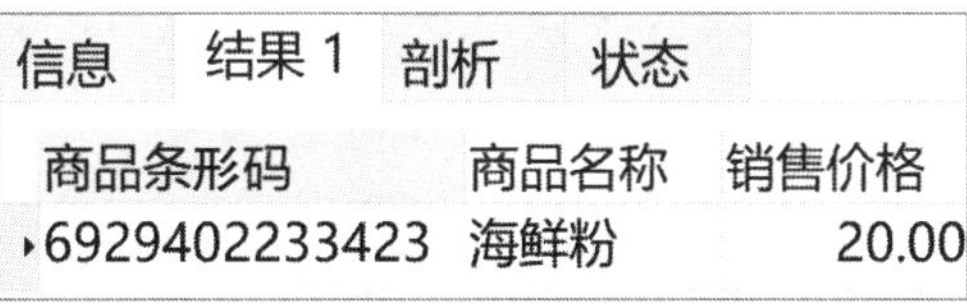

信息　结果 1　剖析　状态

商品条形码	商品名称	销售价格
6929402233423	海鲜粉	20.00

图 3-2-10　关键字 IN 查询

（2）查询 tblGoods 表中价格是 15 元、20 元、25 元的“调料”类商品的商品条形码和商品名称和销售价格

语句如下：

```
SELECT QRCode 商品条形码,goodsName 商品名称,sellPrice 销售价格
FROM tblgoods
WHERE sellPrice NOT IN (15,20,25) AND type='调料'
```

执行结果如图 3-2-11 所示。

商品条形码	商品名称	销售价格
6923018998203	杞参花椒	19.50
6926933200208	桂花香醋	6.90
6948049100265	北康酱油	11.80
6936072100765	香辣干锅调料	16.80
6936072100048	水煮鱼调料	26.80
6937078000615	小苏打	3.60

图 3-2-11　NOT IN 查询

7. 使用 IS NULL 或 NOT IS NULL 条件查询

（1）IS NULL 或 NOT IS NULL 条件查询的语法

关键字 IS NULL 或 IS NOT NULL 条件可以查询某一数据是否为 NULL 值，此处注意 NULL 不等于 0。IS NULL 用来查询数据值为 NULL 的信息；IS NOT NULL 用来查询数据值不为 NULL 的信息。

基本语句格式如下：

```
WHERE  列名 IS [NOT] NULL
```

（2）查询 tblUser 表中电话号码为空值的 UserID 和 employeeName

```
SELECT userID,employeeName
FROM tbluser
WHERE tel IS NULL
```

（3）查询 tblUser 表中电话号不为空值的 UserID 和 employeeName

```
SELECT userID,employeeName
FROM tbluser
WHERE tel NOT IS NULL
```

8. 使用 LIKE 或 NOT LIKE 条件查询

由于超市内产品种类很多，有时库管员或者采购员会出现记不清楚产品全名的情况，此时，对数据库就不能精准地进行查找，急需一种模糊查询方式。

MySQL 中经常用 LIKE 或 NOT LIKE 条件进行模糊查询，通过其表达式与字符串进行比较。在进行模糊查询时，常用到通配符“%”和“_”，“%”代表可以匹配任意长度的字符，甚至包括零字符，“_”代表单个字符。

（1）查询 tblUser 表身份证号 IDcard 是 220382 开头的 employeeName、IDcard、address

语句如下：

```
SELECT employeeName,IDcard,address
FROM  tbluser
WHERE IDcard LIKE '220382%'
```

（2）查询 tblUser 表中姓王，姓名为三个字的员工姓名、身份证号和住址

语句如下：

```
SELECT employeeName,IDcard,address
```

```
FROM  tbluser
WHERE employeeName LIKE '王__'
```

拓展任务

某天超市需要统计员工中不同年龄层的人员信息，这种情况下由于数据库内对员工的生日没有单独设计字段，因此需要使用到模糊查询，或者多条件查询等查询方式。

（1）查询 tblUser 表中 1994 年出生的人员信息

```
SELECT *
FROM tbluser
WHERE IDcard LIKE '______1994%'
```

（2）查询 tblUser 表中 1994 年出生、女生的人员信息

```
SELECT *
FROM tbluser
WHERE IDcard LIKE '______1994%' AND sex='女'
```

（3）查询 tblUser 表中男员工的姓名、身份证及电话

```
SELECT employeeName,IDcard,tel
FROM tbluser
WHERE sex='男'
```

（4）查询 tblUser 表中姓李或者姓王的员工信息

```
SELECT *
FROM tbluser
WHERE employeeName LIKE '李%' OR employeeName LIKE'王%'
```

执行解析 2-2　掌握分组排序查询与聚合函数

任务目标

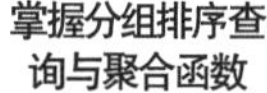

① 掌握 ORDER BY 子句的排序查询。

② 掌握 GROUP BY 分组查询。

③ 掌握常用聚合函数的查询。

任务解析

在对超市各产品的管理及更新等相关工作过程中，有时候需要根据实际需求对数据进行分类、统计等。通过 MySQL 提供的查询功能，可以对数据进行简单的分析。此时，就会用到分组查询和聚合函数查询，如统计食品类的产品的总数，一段时间内客户的储值总额，销售总额、各季度的平均销售额，计算最小值、最大值等。接下来就带着需求学习以下语句及函数的使用。

1. ORDER BY 排序查询

通过前面的查询操作可知，有些查询结果是没有任何顺序的，但在现实生活中，工作人员通常需要对查询的结果进行排序。MySQL 可以通过 ORDER BY 子句对查询结果进行排序。

ORDER BY 子句对查询结果按照一个或多个列进行排序。

语句格式：

```
ORDER BY 排序表达式 [ASC|DESC]
```

说明：

排序表达式中指定要排序的列或者包含列的表达式，多列之间用逗号分隔，ASC|DESC，表示升序排序|降序排序，默认是 ASC 排序。

（1）单列排序

例如，使用 SELECT 语句查询 tblGoods 表中产品“食品”类的信息，无论是价格还是编码都是无序排列的。

```
SELECT *
FROM tblgoods
WHERE type='食品'
```

执行结果如图 3-2-12 所示。

信息　结果 1　剖析　状态

goodsID	QRCode	goodsName	type	metric	specifications	sellPrice	quotiety
010001	6945103223431	老四川五香牛肉干	食品	袋	1*10g	15.00	0.10
010002	6951215522101	皓月肥牛4号片	食品	袋	1*1000g	78.00	0.10
010003	6941255411124	万昌大米1kg	食品	盒	1*1kg	11.60	0.10
010004	6972444890117	中宁枸杞	食品	袋	1*248	22.80	0.10
010005	6941452224221	黄鱼酥	食品	袋	1*250	32.80	0.10
010006	6911988006455	可比克番茄味薯片	食品	袋	1*60g	3.50	0.10
010007	6901011101863	桃李醇熟切片面包	食品	袋	1*800g	11.30	0.10
010008	6902101110186	桃李布朗尼蛋糕	食品	盒	1*180g	9.90	0.10
010009	6902101110187	桃李酵母面包	食品	袋	1*900g	4.50	0.10
010010	6902101110188	桃李迷你豆沙面包	食品	袋	1*170g	5.60	0.10
010011	6932365573681	兰格格八旗菌凝酪	食品	瓶	1*760g	20.00	0.10
010012	6934665091582	蒙牛欧式炭烧	食品	瓶	1*1kg	25.00	0.10

图 3-2-12　查询 tblGoods 表中产品“食品”类的信息

如果采购员需要对商品的价格进行降序排列，可以借助 ORDER BY 子句实现。语句如下：

```
SELECT *
FROM tblgoods
WHERE type='食品'
ORDER BY sellPrice DESC
```

执行结果如图 3-2-13 所示。

信息　结果 1　剖析　状态

goodsID	QRCode	goodsName	type	metric	specifications	sellPrice	quotiety
010002	6951215522101	皓月肥牛4号片	食品	袋	1*1000g	78.00	0.10
010005	6941452224221	黄鱼酥	食品	袋	1*250	32.80	0.10
010012	6934665091582	蒙牛欧式炭烧	食品	瓶	1*1kg	25.00	0.10
010004	6972444890117	中宁枸杞	食品	袋	1*248	22.80	0.10
010011	6932365573681	兰格格八旗菌凝酪	食品	瓶	1*760g	20.00	0.10
010001	6945103223431	老四川五香牛肉干	食品	袋	1*10g	15.00	0.10
010003	6941255411124	万昌大米1kg	食品	盒	1*1kg	11.60	0.10
010007	6901011101863	桃李醇熟切片面包	食品	袋	1*800g	11.30	0.10
010008	6902101110186	桃李布朗尼蛋糕	食品	盒	1*180g	9.90	0.10
010010	6902101110188	桃李迷你豆沙面包	食品	袋	1*170g	5.60	0.10
010009	6902101110187	桃李酵母面包	食品	袋	1*900g	4.50	0.10
010006	6911988006455	可比克番茄味薯片	食品	袋	1*60g	3.50	0.10

图 3-2-13　降序查询 tblGoods 表中“食品”类信息

（2）多列排序查询

有时单列的排序查询是不能满足用户需求的，比如，销售经理要为了了解储值卡的储值情况，不同的储值卡可能存在储值相同的情况或者储值日期相同的情况，此时需要根据多列进行排序。当根据多列数据进行排序时，需要将排序的列之间用逗号隔开。

查询 tblfund 表中储值卡信息按照价格和日期的升序排列：

语句如下：

```
SELECT *
FROM tblfund
ORDER BY money , beginDate ASC
```

执行结果如图 3-2-14 所示。

信息　结果 1　剖析　状态

fundID	money	beginDate	cardID	customerName
6365368	200.00	2021-09-02 00:00:00	220182197812183XXX	李百航
6365369	200.00	2021-09-02 00:00:00	220282198110011XXX	张朝阳
6365370	200.00	2021-10-10 00:00:00	220182198209177XXX	姜胜硕
6365374	200.00	2021-11-03 00:00:00	220403197806063XXX	袁世轩
6365373	200.00	2021-11-03 00:00:00	220183197308125XXX	高丛
5635633	500.00	2021-04-02 00:00:00	220322197801036XXX	曹鑫晓
6537543	500.00	2021-04-02 00:00:00	222426196809240XXX	郑文龙
6537546	500.00	2021-05-12 00:00:00	220323197810214XXX	程裕琪
6537545	500.00	2021-05-12 00:00:00	220625198412172XXX	李金丽
6537544	500.00	2021-05-12 00:00:00	220221197812043XXX	周丽媛
6537548	500.00	2021-06-13 00:00:00	220183197706255XXX	郭笑语
6537547	500.00	2021-06-13 00:00:00	220122197002016XXX	周童棋
6537551	500.00	2021-07-03 00:00:00	220721198410064XXX	徐鹤
6537550	500.00	2021-07-03 00:00:00	653226198703260XXX	赵璐
6537554	500.00	2021-08-01 00:00:00	224401197402080XXX	丁文靓
6537553	500.00	2021-08-01 00:00:00	220221197812043XXX	周丽媛
6537555	500.00	2021-08-01 00:00:00	220625198412172XXX	李金丽
1021934	981.80	2021-01-03 00:00:00	220183198001150XXX	陈璐
2394523	1000.00	2021-01-03 00:00:00	220112197205042XXX	李航毅
4325235	1000.00	2021-02-04 00:00:00	220183198801120XXX	张祥旺
2354235	1000.00	2021-02-04 00:00:00	220112198311180XXX	杜立远
2348686	1000.00	2021-03-04 00:00:00	220724198208091XXX	魏树林
4563456	1000.00	2021-03-05 00:00:00	222424197805094XXX	黄安祥
2546574	1000.00	2021-03-05 00:00:00	220602198511221XXX	张梓青
4563457	1000.00	2021-04-04 00:00:00	224401197402080XXX	丁文靓
6537549	1000.00	2021-07-03 00:00:00	220702197502179XXX	刘铭
6537552	1000.00	2021-08-01 00:00:00	220106198706290XXX	张家铭
6365367	1000.00	2021-09-02 00:00:00	220721197806252XXX	胡佳伟
6537556	1000.00	2021-09-02 00:00:00	220681197610101XXX	师恩龙
6365371	1000.00	2021-10-11 00:00:00	220322198711282XXX	杨航

图 3-2-14　按照价格和日期的升序查询储值卡信息

2. 分组查询和聚合函数

库房管理员在统计库存时经常会对一类产品进行数量的统计，此时就需要用到数据库的分组查询和聚合函数的使用。

分组查询是对数据按照某个或多个列名字段进行分组。MySQL 中使用 GROUP BY 子句对数据进行分组，基本语法如下：

```
GROUP BY 字段 [HAVING <条件表达式>]
```

 **说明：**

HAVING <条件表达式> 指定满足条件表达式的结果。

按类型查询 tblGoods 表中产品的信息，语句如下：

```
SELECT type, goodsName
```

```
FROM tblgoods
ORDER BY type
```

执行结果如图 3-2-15 所示。

type	goodsName
食品	老四川五香牛肉干
食品	皓月肥牛4号片
食品	万昌大米1kg
食品	中宁枸杞
食品	黄鱼酥
食品	可比克番茄味薯片
食品	桃李醇熟切片面包
食品	桃李布朗尼蛋糕
食品	桃李酵母面包
食品	桃李迷你豆沙面包
食品	兰格格八旗菌凝酪
食品	蒙牛欧式炭烧
调料	海鲜粉
调料	杞参花椒
调料	桂花香醋
调料	北康酱油
调料	香辣干锅调料
调料	水煮鱼调料
调料	小苏打
洗化用品	欧莱雅润养洗发露
洗化用品	百年润发洗发露
洗化用品	野生皂角洗护露
洗化用品	紫罗兰沐浴露
洗化用品	素儿沐浴露
洗化用品	超能增白皂
日用品	洗衣刷软毛家用洗鞋刷子
日用品	加厚收纳箱塑料特大号储物箱
文具	晨光马克笔套装
文具	朗捷商务笔记本子a5羊巴皮面
饮料	营养快线

图 3-2-15　tblGoods 表中产品信息

3. 聚合函数

GROUP BY 子句通常和聚合函数一起使用，如 MAX( )、MIN( )、AVG( )、COUNT( ) 等。例如，统计食品类产品的品类数量、平均价格等。常用的聚合函数如表 3-2-2 所示。

表 3-2-2　常用的聚合函数

函 数 名	功　能
COUNT()	统计分组中的行数，返回整数
SUM()	求分组后指定列的和
AVG()	求分组后指定列的平均值
MAX()	求分组后指定列的最大值
MIN()	求分组后指定列的最小值

（1）COUNT( ) 函数

COUNT( ) 函数统计数据表中包含记录行的总数，或者根据返回结果统计总行数。使用方法如下：

COUNT（*）计算表中总行数，包含空值的列。

COUNT(列名) 计算指定列的总行数，计算时忽略空值的行。

使用 COUNT( ) 函数，按照产品类型统计 tblGoods 表中各类产品的数量，语句如下：

```
SELECT type 商品类型,COUNT(type) AS 数量
FROM tblgoods
GROUP BY type
```

执行结果如图 3-2-16 所示。

商品类型	数量
食品	12
调料	7
饮料	4
洗化用品	6
日用品	2
文具	2

图 3-2-16　统计 tblGoods 表中各类产品的数量

（2）SUM( ) 函数

SUM( ) 是求总和的函数，返回指定列的总和，计算时忽略列值为 NULL 的行。

使用 SUM( ) 函数，统计交易明细表中每件商品的销售数量，语句如下：

```
SELECT goodsID 商品编号,SUM(amount) 商品销售数量
FROM tblTradeList
GROUP BY goodsID
```

执行结果如图 3-2-17 所示。

商品编号	商品销售数量
010001	3.00
010002	2.00
010003	3.00
010005	4.00
010006	2.00
010007	1.00
010009	1.00
010010	2.00
010011	5.00
010012	4.00
020001	3.00
020002	2.00
020003	3.00
020004	3.00
020005	4.00
020006	5.00
020007	4.00
030001	3.00
030002	2.00
030003	20.00
030004	2.00
040001	3.00
040002	3.00
040005	4.00
040006	5.00
050001	3.00
050002	1.00
060001	1.00

图 3-2-17　统计每天的用户储值总数

（3）AVG( ) 函数

AVG( ) 函数用于计算指定列的平均值。

使用 AVG( ) 函数，查询 tblUser 表中各类产品的平均价格，语句如下：

```
SELECT type 商品类型,AVG (sellPrice) AS 平均价格
FROM  tblgoods
GROUP BY type
```

执行结果如图 3-2-18 所示。

商品类型	平均价格
食品	20.000000
调料	15.057143
饮料	4.125000
洗化用品	26.500000
日用品	23.400000
文具	22.800000

图 3-2-18　查询 tblUser 表中各类产品的平均价格

（4）HAVING 子句

HAVING 子句通常用于 GROUP BY 子句中，用于限定显示记录所需满足的条件，在 HAVING 子句中也可以使用聚合函数。

使用后 HAVING 子句，查询 tblUser 表中“饮料”平均价格，语句如下：

```
SELECT type 商品类型,AVG (sellPrice) AS 饮料平均价格
FROM  tblgoods
GROUP BY type
HAVING type='饮料'
```

执行结果如图 3-2-19 所示。

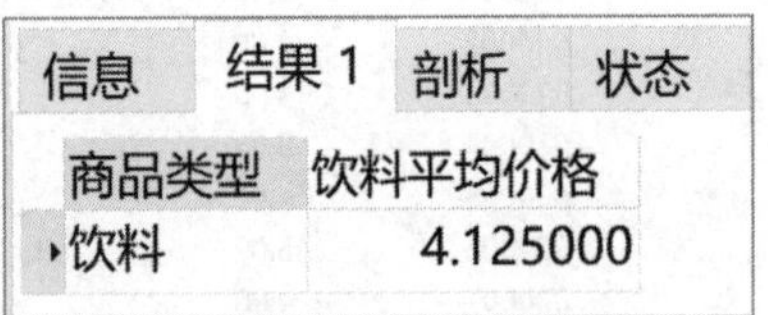

信息 | 结果 1 | 剖析 | 状态

商品类型	饮料平均价格
饮料	4.125000

图 3-2-19　查询 tblUser 表中“饮料”平均

（5）MAX( ) 和 MIN( ) 函数

MAX( ) 函数和 MIN( ) 函数可以与 GROUP BY 子句一起使用,求每个组中的最大值和最小值。适用于数值类型和字符类型的数据。

使用 MAX( ) 函数和 MIN( ) 函数，查询 tblUser 表中各类产品的最高价格和最低价格，语句如下：

```
SELECT type 商品类型,MAX(sellPrice) AS 最高价格,
MIN(sellPrice) AS 最低价格
FROM tblgoods
GROUP BY type
```

执行结果如图 3-2-20 所示。

信息 | 结果 1 | 剖析 | 状态

商品类型	最高价格	最低价格
食品	78.00	3.50
调料	26.80	3.60
饮料	6.00	3.50
洗化用品	45.80	6.40
日用品	45.00	1.80
文具	29.80	15.80

图 3-2-20　查询 tblUser 表中各类产品的最高价格和最低价格

拓展任务

（1）根据储值日期对 tblfund 表中的数据进行分组，统计每天的总储值

语句如下：

```
SELECT DATE(beginDate) 日期,SUM(money) 每天总储值
FROM tblfund
GROUP BY DATE(beginDate)
```

执行结果如图 3-2-21 所示。

日期	每天总储值
2021-01-03	1981.80
2021-03-04	1000.00
2021-02-04	2000.00
2021-03-05	2000.00
2021-04-04	1000.00
2021-04-02	1000.00
2021-09-02	2400.00
2021-10-10	200.00
2021-10-11	1000.00
2021-11-03	1400.00
2021-12-05	2000.00
2021-05-12	1500.00
2021-06-13	1000.00
2021-07-03	2000.00
2021-08-01	2500.00

图 3-2-21　执行结果

结果显示每天储值卡的总储值，如果销售经理同时要查看每天储值的用户名，应该怎么办？MYSQL 中，可以使用 GROUP_CONCAT() 函数，将每个分组中个字段的值显示出来。

（2）根据储值日期对 tblfund 表中的数据进行分组，并显示储值总额大于 2 000 元的用户姓名语句如下：

```
SELECT DATE(beginDate) 日期,
GROUP_CONCAT(customerName) 储值大于2 000元的用户姓名
FROM tblfund
GROUP BY DATE(beginDate)
HAVING SUM(money)>2000
```

执行结果如图 3-2-22 所示。

日期	储值大于2000元的用户姓名
2021-08-01	张家铭,周丽媛,丁文靓,李金丽
2021-09-02	李百航,张朝阳,师恩龙,胡佳伟

图 3-2-22　执行结果

（3）使用 ORDER BY 子句和 GROUP BY 子句，查询 tblGoods 表中各类产品的数量，按照

数量降序排列

语句如下：

```
SELECT type 商品类型,count(type) AS 数量
FROM tblgoods
GROUP BY type
ORDER BY 数量 DESC
```

执行结果如图 3-2-23 所示。

信息 | 结果 1 | 剖析

商品类型	数量
食品	12
调料	7
洗化用品	6
饮料	4
日用品	2
文具	2

图 3-2-23　执行结果

常见错误

① HAVING 子句和 WHERE 子句都是用来过滤数据的，HAVING 在数据分组之后进行过滤来选择分组，WHERE 在分组之前选择记录。

② 分组查询和聚合函数的联合使用，注意分组对象的选择。

执行解析 2-3　掌握多表查询

任务目标

掌握多表查询

① 掌握多表内连接查询。

② 掌握多表外连接查询。

③ 掌握多表自然连接查询。

④ 掌握多表复合条件连接查询。

任务解析

在实际应用中，由于数据的复杂性和不同的关联性，数据可能存储在不同的表或视图中，因此查找的数据可能源于多张表。例如，在 market 数据库中为了便于数据的管理及避免数据的冗余，在 tblgoods 表和 tblorderlist 表中存放商场相关订单信息和商品信息。若想获得某商品超市的订货量，则需要联合 tblgoods 表和 tblorderlist 表进行查询。该种涉及多个表的查询为多表查询，即指通过多张表之间共同列的相关性来查询数据。

1. 内连接查询

内连接查询是使用比较运算符进行多表间数据的比较操作，并列出这些基表中与连接条件相匹配的数据行，组合成新的记录。内连接分为等值连接、非等值连接等。多个表之间可以采用“,”号分隔、INNER JOIN 或 JOIN 关键字连接。基本语句格式如下：

```
SELECT {*|<字段列表>}
FROM <表1> [INNER] JOIN<表2>,…
ON <条件表达式>
```

或

```
SELECT {*|<字段列表>}
FROM <表1>,<表2>,…
WHERE <条件表达式>
```

（1）等值连接

等值连接是在连接条件中使用比较运算符“=”来比较建立连接的列的值，在结果中列出连接后的所有数据，此时的结果包含重复的列。

① 查询 market 数据库中商品订单及产品详细信息：

语句如下：

```
SELECT *
FROM tblgoods ,tblorderlist
where tblgoods.goodsID=tblorderlist.goodsID
```

多表之间的连接可以使用 INNER JOIN 或 JOIN，此时连接条件可以使用 ON 子句，后面条件同 WHERE 子句。

```
SELECT *
FROM tblgoods INNER JOIN tblorderlist
ON tblgoods.goodsID=tblorderlist.goodsID
```

查询结果数据过多，部分执行结果如图 3-2-24 所示。

通过上述查询语句，很容易发现在 tblgoods 表和 tblorderlist 表中有相同的字段 goodsID，因此，在比较时需要完全限定表名，格式为“表名 . 列名”，若在比较时只给出列名，MySQL 数据会无法区分是哪一个，进而提示错误。在有些时候因为表名书写起来比较复杂，会给其指定一个别名。

语句如下：

```
SELECT *
FROM tblgoods AS T1 INNER JOIN tblorderlist AS T2
ON T1 .goodsID=T2.goodsID
```

信息 结果 1 剖析 状态

goodsID	QRCode	goodsName	type	metric	specifications	sellPrice	quotiety	orderListID	orderID	goodsID(1	buyAmour	stockPrice	sDeliveryA	toleranc
010007	6901011101863	桃李醇熟切片面包	食品	袋	1*800g	11.30	0.10	1	1	010007	100.00	5.60	0.00	100.00
010008	6902101110186	桃李布朗尼蛋糕	食品	盒	1*180g	9.90	0.10	2	1	010008	100.00	6.80	100.00	0.00
010009	6902101110187	桃李酵母面包	食品	袋	1*900g	4.50	0.10	3	1	010009	100.00	3.00	100.00	0.00
010010	6902101110188	桃李迷你豆沙面包	食品	袋	1*170g	5.60	0.10	4	1	010010	100.00	3.20	100.00	0.00
020003	6926933200208	桂花香醋	调料	瓶	1*500ml	6.90	0.10	5	2	020003	50.00	7.20	50.00	2.00
020004	6948049100265	北康酱油	调料	瓶	1*500ml	11.80	0.10	6	2	020004	50.00	3.80	50.00	2.00
030001	6948473793118	营养快线	饮料	瓶	1*500ml	3.50	0.10	7	3	030001	12000.00	2.50	12000.00	0.00
030002	6920180238304	屈臣氏原味苏打汽水	饮料	瓶	1*330ml	3.50	0.10	8	3	030002	12000.00	2.00	12000.00	0.00
030003	6936544872562	红牛	饮料	罐	1*250ml	6.00	0.10	9	3	030003	12000.00	3.00	12000.00	0.00
030004	6920459905029	康师傅冰红茶	饮料	瓶	1*500ml	3.50	0.10	10	3	030004	12000.00	2.10	12000.00	0.00
010011	6932365573681	兰格格八旗菌凝酪	食品	瓶	1*760g	20.00	0.10	11	4	010011	2400.00	12.00	2400.00	0.00
010012	6934665091582	蒙牛欧式炭烧	食品	瓶	1*1kg	25.00	0.10	12	4	010012	2400.00	14.00	2400.00	0.00
010007	6901011101863	桃李醇熟切片面包	食品	袋	1*800g	11.30	0.10	13	5	010007	100.00	5.60	100.00	0.00
010008	6902101110186	桃李布朗尼蛋糕	食品	盒	1*180g	9.90	0.10	14	5	010008	100.00	6.80	100.00	0.00
010009	6902101110187	桃李酵母面包	食品	袋	1*900g	4.50	0.10	15	5	010009	100.00	3.00	100.00	0.00
010010	6902101110188	桃李迷你豆沙面包	食品	袋	1*170g	5.60	0.10	16	5	010010	100.00	3.20	100.00	0.00
020003	6926933200208	桂花香醋	调料	瓶	1*500ml	6.90	0.10	17	6	020003	50.00	7.20	100.00	2.00

图 3-2-24　查询 marke 数据库中商品订单及产品详细信息

② 查询商品代码、商品名称、类型、采购数量、采购价格：

语句如下：

```
SELECT tblgoods.goodsID,goodsName,type,buyAmount,stockPrice
FROM tblgoods INNER  JOIN tblorderlist
ON tblgoods.goodsID=tblorderlist.goodsID
```

查询结果数据过多，部分执行结果如图 3-2-25 所示。

信息 结果 1 剖析 状态

goodsID	goodsName	type	buyAmour	stockPrice
010007	桃李醇熟切片面包	食品	100.00	5.60
010008	桃李布朗尼蛋糕	食品	100.00	6.80
010009	桃李酵母面包	食品	100.00	3.00
010010	桃李迷你豆沙面包	食品	100.00	3.20
020003	桂花香醋	调料	50.00	7.20
020004	北康酱油	调料	50.00	3.80
030001	营养快线	饮料	12000.00	2.50
030002	屈臣氏原味苏打汽水	饮料	12000.00	2.00
030003	红牛	饮料	12000.00	3.00
030004	康师傅冰红茶	饮料	12000.00	2.10
010011	兰格格八旗菌凝酪	食品	2400.00	12.00
010012	蒙牛欧式炭烧	食品	2400.00	14.00
010007	桃李醇熟切片面包	食品	100.00	5.60
010008	桃李布朗尼蛋糕	食品	100.00	6.80
010009	桃李酵母面包	食品	100.00	3.00
010010	桃李迷你豆沙面包	食品	100.00	3.20
020003	桂花香醋	调料	50.00	7.20
020004	北康酱油	调料	50.00	3.80

图 3-2-25　查询商品代码、商品名称、类型、采购数量、采购价格

（2）非等值链接

非等值连接查询时在查询连接中使用 >、<、>=、<= 和 BETWEEN 运算符进行连接查询。

① 查询食品类商品中采购数量大于 2 000 的商品编号、商品名称、类型、采购数量及进价：

语句如下：

```
SELECT tblgoods.goodsID,goodsName,type,buyAmount,stockPrice
FROM tblgoods JOIN tblorderlist
ON tblgoods.goodsID=tblorderlist.goodsID AND buyAmount>1000
AND type ='食品'
```

执行结果如图 3-2-26 所示。

信息	结果 1	剖析	状态	
goodsID	goodsName	type	buyAmount	stockPrice
010011	兰格格八旗菌凝酪	食品	2400.00	12.00
010011	兰格格八旗菌凝酪	食品	2400.00	12.00
010011	兰格格八旗菌凝酪	食品	2400.00	12.00
010011	兰格格八旗菌凝酪	食品	2400.00	12.00
010011	兰格格八旗菌凝酪	食品	2400.00	12.00
010011	兰格格八旗菌凝酪	食品	2400.00	12.00
010011	兰格格八旗菌凝酪	食品	2400.00	12.00
010011	兰格格八旗菌凝酪	食品	2400.00	12.00
010011	兰格格八旗菌凝酪	食品	2400.00	12.00
010011	兰格格八旗菌凝酪	食品	2400.00	12.00
010011	兰格格八旗菌凝酪	食品	2400.00	12.00
010011	兰格格八旗菌凝酪	食品	2400.00	12.00
010012	蒙牛欧式炭烧	食品	2400.00	14.00
010012	蒙牛欧式炭烧	食品	2400.00	14.00
010012	蒙牛欧式炭烧	食品	2400.00	14.00
010012	蒙牛欧式炭烧	食品	2400.00	14.00
010012	蒙牛欧式炭烧	食品	2400.00	14.00
010012	蒙牛欧式炭烧	食品	2400.00	14.00
010012	蒙牛欧式炭烧	食品	2400.00	14.00
010012	蒙牛欧式炭烧	食品	2400.00	14.00
010012	蒙牛欧式炭烧	食品	2400.00	14.00
010012	蒙牛欧式炭烧	食品	2400.00	14.00
010012	蒙牛欧式炭烧	食品	2400.00	14.00
010012	蒙牛欧式炭烧	食品	2400.00	14.00

图 3-2-26　执行结果

通过上述查询可以看到，查询结果中存在很多重复的数据，因此，可以使用 DISTINCT 去重查询。

② DISTINCT 查询食品类商品中采购数量大于 2 000 的商品编号、商品名称、类型、采购数量及进价：

语句如下：

```
SELECT DISTINCT tblgoods.goodsID,goodsName,type,buyAmount,stockPrice
FROM tblgoods JOIN tblorderlist
ON tblgoods.goodsID=tblorderlist.goodsID
where buyAmount>2000 AND  type ='食品'
```

执行结果如图 3-2-27 所示。

信息	结果 1	剖析	状态	
goodsID	goodsName	type	buyAmount	stockPrice
010011	兰格格八旗菌凝酪	食品	2400.00	12.00
010012	蒙牛欧式炭烧	食品	2400.00	14.00

图 3-2-27　DISTINCT 关键词查询结果

2. 合并查询

合并查询是利用关键字 UNION 连接两个或多个表，并将所有的查询结果组合成一个单表进行显示。合并查询时两个表对应的列数和数据类型必须相同。将 SELECT 语句之间使用 UNION

[ALL] 关键字进行分隔，UNION 连接时，执行的结果返回重复的记录，UNION ALL 连接时，执行的结果返回所有的记录，不去重。基本语句格式如下：

```
SELECT {*|<字段列表>}
FROM <表1>,<表2>,…
[WHERE <条件表达式>]
UNION [ALL]
SELECT {*|<字段列表>}
FROM <表1>,<表2>,…
[WHERE <条件表达式>]
```

合并查询 tblgoods 中的“调料”类商品的商品编号和商品名称，tblOrderList 表中的“容差”为 0 的商品的商品编号和订单编号。

语句如下：

```
select goodsID,goodsName
FROM tblgoods
UNION
select goodsID,orderID
FROM tblorderlist
```

执行结果如图 3-2-28 所示。

信息 结果 1 剖析 状态

goodsID	goodsName
020001	海鲜粉
020002	杞参花椒
020003	桂花香醋
020004	北康酱油
020005	香辣干锅调料
020006	水煮鱼调料
020007	小苏打
010007	1

图 3-2-28 合并查询执行结果

3. 外连接查询

在使用内连接进行查询时，如果连接的表中有某些数据在连接的其他表中不存在匹配行，查询结果中会删除原表中的这些行，使用外连接查询时则会返回所有符合条件的行。

外连接分为左外连接、右外连接两种类型。

（1）左外连接（LEFT JOIN）

在左外连接查询的结果中，包括连接的左侧表的所有记录和右侧表中符合连接条件的记录。如果查询结果中左侧表的查询结果中没有找到对应的右侧表的值，可以在对应位置填入 NULL 值。基本语句格式如下：

```
SELECT {*|<字段列表>}
FROM <表1> LEFT OUTER JOIN<表2>,…
ON <条件表达式>
```

在左外连接查询中，左表为主表，右表为从表，即表 1 为主表，表 2 为从表。

查询食品的商品名称、进价和售价语句如下：

```
SELECT DISTINCT tblgoods.goodsName,sellPrice,stockPrice
from tblgoods LEFT OUTER JOIN tblorderlist
ON tblgoods.goodsID=tblorderlist.goodsID AND type='食品'
```

查询结果过多，部分执行结果如图 3-2-29 所示。

（2）右外连接（RIGHT JOIN）

在右外连接查询的结果中，返回的查询结果包括连接的右侧表的所有记录和左侧表中符合连接条件的记录。如果查询结果中右侧表的查询结果中没有找到对应的左侧表的值，可以在对应位置填入 NULL 值。基本语句格式如下：

```
SELECT {*|<字段列表>}
FROM <表1> RIGHT OUTER JOIN<表2>,…
ON <条件表达式>
```

在左外连接查询中，右表为主表，左表为从表，即表 2 为主表，表 1 为从表。

查询食品的商品名称、进价和售价语句如下：

```
SELECT DISTINCT tblgoods.goodsName,sellPrice,stockPrice
from tblgoods RIGHT OUTER JOIN tblorderlist
ON tblgoods.goodsID=tblorderlist.goodsID AND type='食品'
```

执行结果如图 3-2-30 所示。

信息 结果 1 剖析 状态

goodsName	sellPrice	stockPrice
老四川五香牛肉干	15.00	(Null)
皓月肥牛4号片	78.00	(Null)
万昌大米1kg	11.60	(Null)
中宁枸杞	22.80	(Null)
黄鱼酥	32.80	(Null)
可比克番茄味薯片	3.50	(Null)
桃李醇熟切片面包	11.30	5.60
桃李布朗尼蛋糕	9.90	6.80
桃李酵母面包	4.50	3.00
桃李迷你豆沙面包	5.60	3.20
兰格格八旗菌凝酪	20.00	12.00
蒙牛欧式炭烧	25.00	14.00
海鲜粉	20.00	(Null)
杞参花椒	19.50	(Null)
桂花香醋	6.90	(Null)
北康酱油	11.80	(Null)
香辣干锅调料	16.80	(Null)

图 3-2-29 查询食品的商品名称、进价和售价

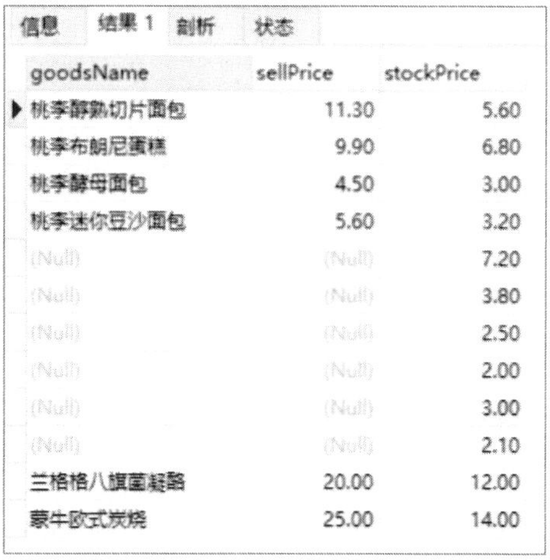

信息 结果 1 剖析 状态

goodsName	sellPrice	stockPrice
桃李醇熟切片面包	11.30	5.60
桃李布朗尼蛋糕	9.90	6.80
桃李酵母面包	4.50	3.00
桃李迷你豆沙面包	5.60	3.20
(Null)	(Null)	7.20
(Null)	(Null)	3.80
(Null)	(Null)	2.50
(Null)	(Null)	2.00
(Null)	(Null)	3.00
(Null)	(Null)	2.10
兰格格八旗菌凝酪	20.00	12.00
蒙牛欧式炭烧	25.00	14.00

图 3-2-30 查询食品的商品名称、进价和售价

4. 自连接查询

自连接实际上就是自己和自己进行连接，即在同一张表内进行连接查询，将同一张表的不同行连接起来。例如，销售经理要核查商品的定价，看是哪些同名商品价格不同，此时可以采用自连接查询。

查询商品 tblgoods 表中同一类型商品，相同销售价格的不同商品的商品名称和销售价格，语句如下：

```
SELECT A.goodsName,B.sellPrice
FROM tblgoods A JOIN tblgoods B
ON A.goodsID!=B.goodsID AND A.type=B.type AND A.sellPrice=B.sellPrice
```

执行结果如图 3-2-31 所示。

goodsName	sellPrice
屈臣氏原味苏打汽水	3.50
康师傅冰红茶	3.50
营养快线	3.50
康师傅冰红茶	3.50
营养快线	3.50
屈臣氏原味苏打汽水	3.50

图 3-2-31 自连接查询执行结果

拓展任务

（1）查询商品代码、商品名称、类型、采购数量、采购价格，按照商品编号降序排列

语句如下：

```
SELECT DISTINCT tblgoods.goodsID,goodsName,type,buyAmount,stockPrice
FROM tblgoods  INNER  JOIN tblorderlist
ON tblgoods.goodsID=tblorderlist.goodsID
ORDER BY tblgoods.goodsID DESC
```

执行结果如图 3-2-32 所示。

goodsID	goodsName	type	buyAmount	stockPrice
030004	康师傅冰红茶	饮料	12000.00	2.10
030003	红牛	饮料	12000.00	3.00
030002	屈臣氏原味苏打汽水	饮料	12000.00	2.00
030001	营养快线	饮料	12000.00	2.50
010012	蒙牛欧式炭烧	食品	2400.00	14.00
010011	兰格格八旗菌凝酪	食品	2400.00	12.00
010010	桃李迷你豆沙面包	食品	100.00	3.20
010009	桃李酵母面包	食品	100.00	3.00
010008	桃李布朗尼蛋糕	食品	100.00	6.80
010007	桃李醇熟切片面包	食品	100.00	5.60

图 3-2-32 查询商品代码、商品名称、类型、采购数量、采购价格，按照商品编号降序排列

（2）查询商品的商品编号、商品名称、供应商

语句如下：

```
SELECT DISTINCT tblgoods.goodsID,goodsName,supplierName
FROM tblgoods,tblorder,tblorderlist,tblsupplier
WHERE tblgoods.goodsID=tblorderlist.goodsID
AND tblorder.orderID=tblorderlist.orderID
AND tblorder.supplierID=tblsupplier.supplierID
```

执行结果如图 3-2-33 所示。

信息　结果 1　剖析　状态

goodsID	goodsName	supplierName
010007	桃李醇熟切片面包	长春市桃李面包股份有限公司
010008	桃李布朗尼蛋糕	长春市桃李面包股份有限公司
010009	桃李酵母面包	长春市桃李面包股份有限公司
010010	桃李迷你豆沙面包	长春市桃李面包股份有限公司
020003	桂花香醋	北康酿造食品有限公司
020004	北康酱油	北康酿造食品有限公司
010007	桃李醇熟切片面包	北康酿造食品有限公司
010008	桃李布朗尼蛋糕	北康酿造食品有限公司
010009	桃李酵母面包	北康酿造食品有限公司
010010	桃李迷你豆沙面包	北康酿造食品有限公司
030001	营养快线	吉林康健饮品有限公司
030002	屈臣氏原味苏打汽水	吉林康健饮品有限公司
030003	红牛	吉林康健饮品有限公司
030004	康师傅冰红茶	吉林康健饮品有限公司
020003	桂花香醋	吉林康健饮品有限公司
020004	北康酱油	吉林康健饮品有限公司
010011	兰格格八旗菌凝酪	吉林省天光乳业有限公司
010012	蒙牛欧式炭烧	吉林省天光乳业有限公司
030001	营养快线	吉林省天光乳业有限公司
030002	屈臣氏原味苏打汽水	吉林省天光乳业有限公司
030003	红牛	吉林省天光乳业有限公司
030004	康师傅冰红茶	吉林省天光乳业有限公司

图 3-2-33　查询商品的商品编号、商品名称、供应商

常见错误

① 在多表连接查询时，一定要注意相同字段标注所属的不同表名。

② 在多表连接查询时，要注意选择连接的比较条件。

③ 合并查询时，查询结果的列标题是第一个查询语句的列标题。

执行解析 2-4　掌握子查询

任务目标

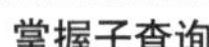

① 掌握带有比较运算符的子查询。

② 掌握带有 IN 关键字的子查询。

③ 掌握带有 EXISTS 关键字的子查询。

④ 掌握带有 ANY、SOME 关键字的子查询。

任务解析

子查询同多表查询一样可以实现对多张表中的数据进行查询。子查询是将一条查询语句嵌套在另一条查询语句内的查询，被嵌入的查询语句称为子查询语句。子查询语句的执行结果作为外层查询的过滤条件，该查询可以基于一个表或者多个表，可以使用比较运算符、IN、EXISTS、ANY、SOME 等关键字进行子查询的条件连接，而且可以进行多层的嵌套。

1. 带有比较运算符的子查询

常用的基础比较运算符包括 <、>、<=、>=、=、!= 等。

（1）查询红牛的订单编号及采购价格和采购数量

语句如下：

```
SELECT orderID,stockPrice,buyAmount
FROM tblorderlist
WHERE goodsID=(SELECT goodsID FROM tblgoods WHERE goodsName='红牛')
```

执行结果如图 3-2-34 所示。

信息 结果 1 剖析 状态

orderID	stockPrice	buyAmount
3	3.00	12000.00
7	3.00	12000.00
11	3.00	12000.00
15	3.00	12000.00
19	3.00	12000.00
23	3.00	12000.00
27	3.00	12000.00
31	3.00	12000.00
35	3.00	12000.00
39	3.00	12000.00
43	3.00	12000.00
47	3.00	12000.00
51	3.00	12000.00

图 3-2-34 查询红牛的订单编号及采购价格和采购数量

（2）查询大于食品平均售价的商品信息

语句如下：

```
SELECT * FROM tblgoods
WHERE sellPrice>(SELECT avg(sellPrice) FROM tblgoods WHERE type='食品')
```

执行结果如图 3-2-35 所示。

信息 结果 1 剖析 状态

goodsID	QRCode	goodsName	type	metric	specifications	sellPrice	quotiety
010002	6951215522101	皓月肥牛4号片	食品	袋	1*1000g	78.00	0.10
010004	6972444890117	中宁枸杞	食品	袋	1*248	22.80	0.10
010005	6941452224221	黄鱼酥	食品	袋	1*250	32.80	0.10
010012	6934665091582	蒙牛欧式炭烧	食品	瓶	1*1kg	25.00	0.10
020006	6936072100048	水煮鱼调料	调料	袋	1*200	26.80	0.10
040001	6946537059743	欧莱雅润养洗发露	洗化用品	瓶	1*400ml	25.60	0.10
040003	9787051538303	野生皂角洗护露	洗化用品	瓶	1*400ml	22.80	0.10
040004	6971540884945	紫罗兰沐浴露	洗化用品	瓶	1*310ml	39.50	0.10
040005	6932835739098	素儿沐浴露	洗化用品	瓶	1*500ml	45.80	0.10
050002	6904287442552	加厚收纳箱塑料特大号储物箱	日用品	个	1	45.00	0.10
060002	6970860559521	朗捷商务笔记本子a5羊巴皮面	文具	本	1	29.80	0.10

图 3-2-35 查询大于食品平均售价的商品信息

在 MySQL 中比较运算符查询中根据用户的查询需求会用到 ANY|ALL|SOME 等关键字；ANY 和 SOME 表示返回值中至少有一个满足查询比较的条件；ALL 表示子查询的查询结果中所

有值都满足查询条件。

（3）查询大于每一类商品平均售价的商品信息

语句如下：

```
SELECT * FROM tblgoods
WHERE sellPrice > ALL(SELECT avg(sellPrice) FROM tblgoods WHERE type='食品')
```

执行结果如图 3-2-36 所示。

信息 结果 1 剖析 状态

goodsID	QRCode	goodsName	type	metric	specifications	sellPrice	quotiety
010002	6951215522101	皓月肥牛4号片	食品	袋	1*1000g	78.00	0.10
010004	6972444890117	中宁枸杞	食品	袋	1*248	22.80	0.10
010005	6941452224221	黄鱼酥	食品	袋	1*250	32.80	0.10
010012	6934665091582	蒙牛欧式炭烧	食品	瓶	1*1kg	25.00	0.10
020006	6936072100048	水煮鱼调料	调料	袋	1*200	26.80	0.10
040001	6946537059743	欧莱雅润养洗发露	洗化用品	瓶	1*400ml	25.60	0.10
040003	9787051538303	野生皂角洗护露	洗化用品	瓶	1*400ml	22.80	0.10
040004	6971540884945	紫罗兰沐浴露	洗化用品	瓶	1*310ml	39.50	0.10
040005	6932835739098	素儿沐浴露	洗化用品	瓶	1*500ml	45.80	0.10
050002	6904287442552	加厚收纳箱塑料特大号储物箱	日用品	个	1	45.00	0.10
060002	6970860559521	朗捷商务笔记本子a5羊巴皮面	文具	本	1	29.80	0.10

图 3-2-36 查询大于每一类商品平均售价的商品信息

（4）查询大于任一类商品平均售价的“调料”类商品信息

语句如下：

```
SELECT * FROM tblgoods WHERE type='调料'
AND sellPrice > ANY (SELECT avg(sellPrice) FROM tblgoods GROUP BY type)
```

执行结果如图 3-2-37 所示。

信息 结果 1 剖析 状态

goodsID	QRCode	goodsName	type	metric	specifications	sellPrice	quotiety
020001	6929402233423	海鲜粉	调料	袋	1*5g	20.00	0.10
020002	6923018998203	杞参花椒	调料	袋	1*30g	19.50	0.10
020003	6926933200208	桂花香醋	调料	瓶	1*500ml	6.90	0.10
020004	6948049100265	北康酱油	调料	瓶	1*500ml	11.80	0.10
020005	6936072100765	香辣干锅调料	调料	袋	1*150	16.80	0.10
020006	6936072100048	水煮鱼调料	调料	袋	1*200	26.80	0.10

图 3-2-37 查询大于任一类商品平均售价的“调料”类商品信息

2. 带有 IN 关键字的子查询

IN 关键字用于判断外层表中指定的字段值的是否包含在子查询语句返回的数据列中。若指定的列值与子查询结果一致或者存在与之匹配的值，则查询结果中就包含该条件的数据。

（1）查询姓“李”的收银员的商品交易单

语句如下：

```
SELECT * FROM tblTrade
WHERE cashierID IN
(SELECT userID FROM tblUser WHERE employeeName LIKE '李%')
```

执行结果如图 3-2-38 所示。

信息 结果 1 剖析 状态

tradeID	machineID	cashierID	salesTime	fundID	SCPay	SCID	tradeScore
10120210101091002001	001	101002	2021-01-18 09:10:02.000	1021934	18.20	2342143	1.00
10120210101091103001	001	101002	2021-01-18 09:11:03.000	2394523	29.00	2342144	2.00
10120210325105035003	001	101002	2021-03-25 10:50:35.000	4325235	194.10	2342145	19.00
10120210508115655122	001	101002	2021-05-08 11:56:55.000	2354235	149.50	2342146	14.00
10120210530122955012	002	101002	2021-05-30 12:29:55.000	(Null)	(Null)	(Null)	(Null)
10120210804140904126	002	101002	2021-08-04 14:09:04.000	1021934	59.80	2342143	5.00
10120211122165419014	002	101002	2021-11-22 16:54:19.000	(Null)	(Null)	2342145	9.00

图 3-2-38　查询姓“李”的收银员的商品交易单

（2）查询不姓“李”的收银员的商品交易单

语句如下：

```
SELECT * FROM tblTrade
WHERE cashierID NOT IN
(SELECT userID FROM tblUser WHERE employeeName LIKE '李%')
```

执行结果如图 3-2-39 所示。

信息 结果 1 剖析 状态

tradeID	machineID	cashierID	salesTime	fundID	SCPay	SCID	tradeScore
10120210209094403001	002	101003	2021-02-09 09:44:03.000	(Null)	(Null)	2342145	7.00
10120210303101735002	004	101004	2021-03-03 10:17:35.000	(Null)	(Null)	(Null)	(Null)
10120210416112335121	003	101003	2021-04-16 11:23:35.000	(Null)	(Null)	(Null)	(Null)
10120210621130304013	002	101003	2021-06-21 13:03:04.000	1021934	124.00	2342143	12.00
10120210713133604125	003	101003	2021-07-13 13:36:04.000	1021934	92.30	2342143	9.00
10120210826144211127	003	101004	2021-08-26 14:42:11.000	2394523	154.40	2342144	15.00
10120210917151511011	004	101004	2021-09-17 15:15:11.000	2394523	108.20	2342144	10.00
10120211009154811127	001	101001	2021-10-09 15:48:11.000	(Null)	(Null)	(Null)	(Null)
10120211031162116011	003	101003	2021-10-31 16:21:16.000	(Null)	(Null)	2342145	16.00
10120211214172720015	004	101004	2021-12-14 17:27:20.000	2394523	170.90	2342144	17.00

图 3-2-39　查询不姓“李”的收银员的商品交易单

3. 带有 EXISTS 关键字的子查询

EXISTS 和 NOT EXISTS 关键字用于测试子句中返回的数据行是否存在，如果子查询的值存在，则返回真值，返回外层查询结果；否则返回假值，外层查询将不再进行查询结果。

（1）查询在 tblSupplier 表中是否存在编号为 1 的供货商，如果存在，查询对应的订单编号、供应商联系人、联系电话

语句如下：

```
SELECT orderID 订单编号,linkman 供应商联系人,tel 联系电话
FROM tblOrder B
WHERE EXISTS(
SELECT supplierName FROM tblSupplier A
WHERE supplierID=1 AND A.SupplierID=B.SupplierID
)
```

执行结果如图 3-2-40 所示。

订单编号	供应商联系人	联系电话
1	张宇	13180887191
5	张宇	13180887191
9	张宇	13180887191
13	张宇	13180887191
17	张宇	13180887191
21	张宇	13180887191
25	张宇	13180887191
29	张宇	13180887191
33	张宇	13180887191
37	张宇	13180887191
41	张宇	13180887191
45	张宇	13180887191

图 3-2-40　EXIST 查询

（2）查询在 tblSupplier 表中是否存在编号为 1 的供货商，如果不存在，查询对应的订单编号、供应商联系人、联系电话

语句如下：

```
SELECT orderID 订单编号,linkman 供应商联系人,tel 联系电话
FROM tblOrder B
WHERE NOT EXISTS(
SELECT supplierName FROM tblSupplier A
WHERE supplierID=2 AND A.SupplierID=B.SupplierID
)
```

查询结果数据过多，部分执行结果如图 3-2-41 所示。

订单编号	供应商联系人	联系电话
2	李丽	17767896822
3	孙梅	15948713918
4	吴松原	18843438855
6	李丽	17767896822
7	孙梅	15948713918
8	吴松原	18843438856
10	李丽	17767896822
11	孙梅	15948713918
12	吴松原	18843438857
14	李丽	17767896822
15	孙梅	15948713918

图 3-2-41　NOT EXIST 查询

拓展任务

（1）查询红牛的订单编号及采购价格和采购数量，按照订单编号的升序排列

语句如下：

```
SELECT orderID,stockPrice,buyAmount
FROM tblorderlist
```

```
WHERE goodsID=(SELECT goodsID FROM tblgoods WHERE goodsName='红牛')
ORDER BY orderID
```

执行结果如图 3-2-42 所示。

orderID	stockPrice	buyAmount
3	3.00	12000.00
7	3.00	12000.00
11	3.00	12000.00
15	3.00	12000.00
19	3.00	12000.00
23	3.00	12000.00
27	3.00	12000.00
31	3.00	12000.00
35	3.00	12000.00
39	3.00	12000.00
43	3.00	12000.00
47	3.00	12000.00
51	3.00	12000.00

图 3-2-42　查询红牛的订单编号及采购价格和采购数量，按照订单编号的升序排列

（2）查询大于食品平均售价的商品信息，按照 type 字段的升序、价格的降序排列

```
SELECT *
FROM tblgoods
HAVING sellPrice>(SELECT avg(sellPrice) FROM tblgoods WHERE type='食品')
ORDER BY type,sellPrice DESC
```

执行结果如图 3-2-43 所示。

goodsID	QRCode	goodsName	type	metric	specifications	sellPrice	quotiety
010002	6951215522101	皓月肥牛4号片	食品	袋	1*1000g	78.00	0.10
010005	6941452224221	黄鱼酥	食品	袋	1*250	32.80	0.10
010012	6934665091582	蒙牛欧式炭烧	食品	瓶	1*1kg	25.00	0.10
010004	6972444890117	中宁枸杞	食品	袋	1*248	22.80	0.10
020006	6936072100048	水煮鱼调料	调料	袋	1*200	26.80	0.10
040005	6932835739098	素儿沐浴露	洗化用品	瓶	1*500ml	45.80	0.10
040004	6971540884945	紫罗兰沐浴露	洗化用品	瓶	1*310ml	39.50	0.10
040001	6946537059743	欧莱雅润养洗发露	洗化用品	瓶	1*400ml	25.60	0.10
040003	9787051538303	野生皂角洗护露	洗化用品	瓶	1*400ml	22.80	0.10
050002	6904287442552	加厚收纳箱塑料特大号储物箱	日用品	个	1	45.00	0.10
060002	6970860559521	朗捷商务笔记本子a5羊巴皮面	文具	本	1	29.80	0.10

图 3-2-43　查询大于食品平均售价的商品信息，按照 type 字段的升序，价格的降序排列

常见错误

① EXISTS 和 NOT EXISTS 的结果只取决于是否会返回行，而不关注返回行具体的内容。

② 注意理解 ANY、SOME、ALL 关键字在比较运算符查询中具体的含义，避免查询结果错误。

执行解析 2-5　创建视图

任务目标

① 掌握视图的概念。

② 掌握视图的优缺点。

③ 掌握视图的创建方法。

④ 掌握查看视图的方法。

任务解析

在对数据库操作的过程中，数据存取性能和操作速度是用户十分关注的问题。为用户提供快速、准确的查询数据服务，是对一名数据库设计者的最基本要求。视图能够有效地提高数据查询效率。

1. 视图的概念

视图是从一个或者多个表中导出的，视图的行为与表非常相似，但视图是一个虚拟表。在数据库中只存在视图的定义，不在视图中存储数据，数据仍然存储在原来的表中。通过视图修改数据时，基本表中的数据也会被修改，同时基本表数据变化，视图的数据也会随之变化。

在视图中用户可以使用 SELECT 语句查询数据，以及使用 INSERT、UPDATE 和 DELETE 修改记录。

2. 视图的优点

数据库中引入视图后，对视图进行操作与对基本表进行操作有如下优点：

（1）数据集中显示，操作简单

视图的设计注重于用户感兴趣、频繁操作的某些数据，可以为客户定制数据，只让用户看到视图中定义的数据，而不是视图引用表中所有的数据，简化用户的查询操作。

（2）安全机制

通过视图，用户只能查看、修改与自己有关的数据，其他数据库或表的数据不可见，也不可操作。通过视图，用户的使用权限被限制在数据的不同子集上。

① 使用权限可被限制在基表的行的子集上。

② 使用权限可被限制在基表的列的子集上。

③ 使用权限可被限制在基表的行和列的子集上。

④ 使用权限可被限制在多个基表的连接所限定的行上。

⑤ 使用权限可被限制在基表中的数据的统计汇总上。

⑥ 使用权限可被限制在另一视图的一个子集上，或者一些视图和基表合并后的子集上。

（3）数据的逻辑独立性

由于视图是基于基本表的一个虚拟表，视图的逻辑结构可以独立于基本表，从而屏蔽基本表变化带来的影响。

3. 创建视图

创建视图的基本语句格式：

```
CREATE VIEW view_name [ (column[,…n] ) ]
AS SELECT select_statement
[WITH [CASCADED|LOCAL] CHECK OPTION]
```

说明：

- view_name：视图的名称。
- column：视图的列名。
- select_statement：定义视图的 SELECT 语句。
- CASCADED 和 LOACAL 为可选参数，CASCADED 为默认值，表示更新视图时要满足所有相关视图和表的条件，LOCAL 表示更新视图时满足该视图本身定义的条件即可。
- CHECK OPTION：前置针对视图执行的所有数据修改语句必须符合在 select_statement 中设置的条件。

（1）基于单表创建视图

① 基于 market 数据库创建一个名为 V_food 的视图来存储食品类型的商品信息。

语句如下：

```
CREATE VIEW V_food
AS
SELECT *
FROM tblgoods
WHERE TYPE='食品'
```

执行结果如图 3-2-44 所示。

执行查询视图语句如下：

```
SELECT * FROM V_food
```

执行结果如图 3-2-45 所示。

信息 剖析 状态

```
CREATE VIEW V_food
AS
SELECT *
FROM tblgoods
WHERE TYPE='食品'
> OK
> 时间: 0.011s
```

图 3-2-44 创建 V_food 视图

信息 结果 1 剖析 状态

goodsID	QRCode	goodsName	type	metric	specifications	sellPrice	quotiety
010001	6945103223431	老四川五香牛肉干	食品	袋	1*10g	15.00	0.10
010002	6951215522101	皓月肥牛4号片	食品	袋	1*1000g	78.00	0.10
010003	6941255411124	万昌大米1kg	食品	盒	1*1kg	11.60	0.10
010004	6972444890117	中宁枸杞	食品	袋	1*248	22.80	0.10
010005	6941452224221	黄鱼酥	食品	袋	1*250	32.80	0.10
010006	6911988006455	可比克番茄味薯片	食品	袋	1*60g	3.50	0.10
010007	6901011101863	桃李醇熟切片面包	食品	袋	1*800g	11.30	0.10
010008	6902101110186	桃李布朗尼蛋糕	食品	盒	1*180g	9.90	0.10
010009	6902101110187	桃李酵母面包	食品	袋	1*900g	4.50	0.10
010010	6902101110188	桃李迷你豆沙面包	食品	袋	1*170g	5.60	0.10
010011	6932365573681	兰格格八旗菌凝酪	食品	瓶	1*760g	20.00	0.10
010012	6934665091582	蒙牛欧式炭烧	食品	瓶	1*1kg	25.00	0.10

图 3-2-45 查询 V_food 视图

默认情况下，创建的视图中的字段和基本表的字段时一致的，可以通过指定视图字段的名称来创建视图。

② 基于 market 数据库创建一个名为 V_drink 的视图来显示商品的名称、计量单位、商品价格

语句如下：

```
CREATE VIEW V_drink (商品名称,计量单位,商品价格)
AS
SELECT goodsName,metric,sellPrice
FROM tblgoods
WHERE TYPE='饮料'
```

执行查询视图语句如下：

```
SELECT * FROM V_drink
```

执行结果如图 3-2-46 所示。

（2）基于多表创建视图

基于 market 数据库创建一个名为 V_price 的视图用于存储商品名称、进货价格、售卖价格，语句如下：

```
CREATE VIEW V_price(商品名称,进货价格,售卖价格)
AS
SELECT goodsName,stockPrice,sellPrice
FROM tblgoods,tblorderlist
WHERE tblgoods.goodsID=tblorderlist.goodsID
```

执行查询视图语句如下：

```
SELECT * FROM V_price
```

执行结果如图 3-2-47 所示。

信息　结果 1　剖析　状态

商品名称	计量单位	商品价格
营养快线	瓶	3.50
屈臣氏原味苏打汽水	瓶	3.50
红牛	罐	6.00
康师傅冰红茶	瓶	3.50

图 3-2-46　查询 V_drink 视图

信息　结果 1　剖析　状态

商品名称	进货价格	售卖价格
桃李醇熟切片面包	5.60	11.30
桃李布朗尼蛋糕	6.80	9.90
桃李酵母面包	3.00	4.50
桃李迷你豆沙面包	3.20	5.60
桂花香醋	7.20	6.90
北康酱油	3.80	11.80
营养快线	2.50	3.50
屈臣氏原味苏打汽水	2.00	3.50
红牛	3.00	6.00
康师傅冰红茶	2.10	3.50
兰格格八旗菌凝酪	12.00	20.00
蒙牛欧式炭烧	14.00	25.00
桃李醇熟切片面包	5.60	11.30
桃李布朗尼蛋糕	6.80	9.90
桃李酵母面包	3.00	4.50
桃李迷你豆沙面包	3.20	5.60
桂花香醋	7.20	6.90
北康酱油	3.80	11.80
营养快线	2.50	3.50
屈臣氏原味苏打汽水	2.00	3.50
红牛	3.00	6.00
康师傅冰红茶	2.10	3.50
兰格格八旗菌凝酪	12.00	20.00
蒙牛欧式炭烧	14.00	25.00
桃李醇熟切片面包	5.60	11.30

图 3-2-47　查询 V_price 视图

（3）创建超市管理数据库详细设计说明书中的全部视图

语句如下：

```
--3.1.1视图vwGoods，通过tblGoods得到商品信息tblGoods表的全部字段
CREATE VIEW vwGoods
AS
SELECT *
FROM tblGoods
--3.1.2 视图vwSupplier，通过tblSupplier得到商品信息tblSupplier表的全部字段
CREATE VIEW vwSupplier
AS
SELECT *
FROM tblSupplier
--3.1.3视图vwPurchase，通过tblOrder、tblOrderList、tblGoods、tblSupplier和
tblUser得到订单的信息，其中包括订单头信息、订单明细信息、供应商信息、采购员信息、审核人信息
CREATE VIEW vwPurchase(orderID,supplierID,supplierName,startingDate,
    endingDate,purchaserID,purchaserName,linkman,
    address,paymentTerm,orderStatus,orderListID,
    goodsID,goodsName,type,metric,specifications,
    buyAmount,stockPrice,sDeliveryAmount,toleranc)
AS
SELECT tblorder.orderID,tblorder.supplierID,supplierName,startingDate,
endingDate,purchaserID,userName,tblorder.linkman,tblsupplier.address,
paymentTerm,orderStatus,orderListID,tblgoods.goodsID,goodsName,type,
metric,specifications,buyAmount,stockPrice,sDeliveryAmount,toleranc
FROM tblOrder,tblOrderList,tblGoods,tblSupplier,tblUser
WHERE tblorder.orderID=tblOrderList.orderID
AND tblorder.supplierID=tblsupplier.supplierID
AND tblorderlist.goodsID=tblgoods.goodsID
AND tblorder.purchaserID=tbluser.userID
--3.1.4 视图vwApprover，通过tblOrder、tblOrderList、tblGood、tblSupplier和
tblUser得到订单的信息，其中包括订单头信息、订单明细信息、供应商信息、采购员信息、审核人信息
CREATE VIEW vwApprover(orderID,supplierID,supplierName,startingDate,
    endingDate,purchaserID,purchaserName,linkman,
    address,paymentTerm,orderStatus,ApproverID,
    employeeName,orderListID,goodsID,goodsName,
    type,metric,specifications,buyAmount,stockPrice,
    toleranc)
AS
SELECT tblorder.orderID,tblorder.supplierID,supplierName,startingDate,
endingDate,purchaserID,userName,tblorder.linkman,tblsupplier.address,
paymentTerm,orderStatus,ApproverID,employeeName,orderListID,
tblgoods.goodsID,goodsName,type,metric,specifications,buyAmount,
stockPrice,toleranc
FROM tblOrder,tblOrderList,tblGoods,tblSupplier,tblUser
WHERE tblorder.orderID=tblOrderList.orderID
AND tblorder.supplierID=tblsupplier.supplierID
AND tblorderlist.goodsID=tblgoods.goodsID
```

```
AND tblorder.purchaserID=tbluser.userID
--3.1.5 视图vwWarehousing，此视图通过tblOrder、tblOrderList、tblGoods、tblSupplier和tblUser得到订单的信息，其中包括订单头信息、订单明细信息、供应商信息、采购员信息
CREATE VIEW vwWarehousing(orderID,supplierID,supplierName,startingDate,
    endingDate,purchaserID,purchaserName,linkman,
    address,paymentTerm,orderStatus,goodsID,
    goodsName,buyAmount,sDeliveryAmount,
    toleranc)
AS
SELECT tblorder.orderID,tblorder.supplierID,supplierName,startingDate,
endingDate,purchaserID,userName,tblorder.linkman,tblsupplier.address,
paymentTerm,orderStatus,tblgoods.goodsID,goodsName,buyAmount,
sDeliveryAmount,toleranc
FROM tblOrder,tblOrderList,tblGoods,tblSupplier,tblUser
WHERE tblorder.orderID=tblOrderList.orderID
AND tblorder.supplierID=tblsupplier.supplierID
AND tblorderlist.goodsID=tblgoods.goodsID
AND tblorder.purchaserID=tbluser.userID
--3.1.6 视图vwFixedPrice,通过tblOrder、tblOrderList、tblGoods和tblUser得到订单的信息，其中包括订单头信息、订单明细信息、商品信息。作为销售经理显示商品信息、商品采购信息、确定商品销售价格和积分系数等界面的数据来源
CREATE VIEW vwFixedPrice(orderID,supplierID,startingDate,endingDate,goodsID,
    goodsName,type,metric,specifications,buyAmount,
    stockPrice,toleranc,sellPrice,quotiety)
AS
SELECT tblorder.orderID,tblorder.supplierID,startingDate,endingDate,
tblgoods.goodsID,goodsName,type,metric,specifications,buyAmount,
stockPrice,toleranc,sellPrice,quotiety
FROM tblOrder,tblOrderList,tblGoods,tblUser
WHERE tblorder.orderID=tblOrderList.orderID
AND tblorderlist.goodsID=tblgoods.goodsID
AND tblorder.purchaserID=tbluser.userID
--3.1.7 视图vwFund,此视图通过tblFund表得到储值卡的信息。作为客服办理储值卡时查询、添加、修改储值卡信息界面的数据来源
CREATE VIEW vwFund
AS
SELECT *
FROM tblFund
--3.1.8 视图vwScoreCard,通过tblScoreCard表得到积分卡的信息。作为客服办理积分卡时查询、添加、修改积分卡信息界面的数据来源
CREATE VIEW vwScoreCard
AS
SELECT *
FROM tblScoreCard
--3.1.9视图vwSale,通过tblTrade、tblTradeList、tblGoods、tblUser、tblScoreCard、tblFund表得到商品销售信息。
CREATE VIEW vwSale(tradeID, machineID,cashierID, cashierName,
```

```
        salesTime, fundID,SCPay, money, SCID, tradeScore,
        score, goodsID, QRCode, goodsName, type,
        metric,specifications,sellPrice, amount, sum)
    AS
    SELECT tbltrade.tradeID,tbltrade.machineID,tbltrade.cashierID,
        tbluser.userName,tbltrade.salesTime,tblfund.fundID,tbltrade.SCPay,
        tblfund.money,tbltrade.SCID,tbltrade.tradeScore,tblscorecard.score,
        tblgoods.goodsID,tblgoods.QRCode,tblgoods.goodsName,tblgoods.type,
        tblgoods.metric,tblgoods.specifications,tblgoods.sellPrice,
        tbltradelist.amount,tbltradelist.sum
    FROM tbltrade INNER JOIN tbltradelist ON tbltrade.tradeID = tbltradelist.tradeID
        INNER JOIN tblgoods ON tbltradelist.goodsID = tblgoods.goodsID
        INNER JOIN tbluser ON tbltrade.cashierID = tbluser.userID
        INNER JOIN tblscorecard ON tbltrade.SCID = tblscorecard.SCID
        INNER JOIN tblfund ON tbltrade.fundID = tblfund.fundID
    --3.1.10 视图vwDept，通过tblDept、tblUser表得到部门信息及部门领导信息。作为销售经理、采购经理查询部门信息界面的数据来源。
    CREATE VIEW vwDept
    AS
    SELECT tbldept.deptID,tbldept.deptName,tbldept.headerID,
        tbluser.userName AS headerName
    FROM tbldept INNER JOIN tbluser ON tbldept.deptID = tbluser.deptID
    AND tbldept.headerID = tbluser.userID
    --3.1.11 视图vwUser，通过tblUser、tblDept表得到用户信息及直属领导信息。作为用户查询、添加、修改员工信息界面的数据来源。
    CREATE VIEW  vwUser
    AS
    SELECT tbluser.userID,tbluser.userName,tbluser.`password`,
        tbluser.employeeName,tbluser.sex,tbluser.IDcard,tbluser.tel,
        tbluser.address,tbluser.postalcode,tbluser.userStatus,
        tbluser.deptID,headerName
    FROM tbluser,
    (SELECT tbluser.userName AS headerName,tbluser.deptID,tbldept.deptName,
        tbldept.headerID
    FROM tbldept INNER JOIN tbluser ON tbldept.deptID = tbluser.deptID
        AND tbldept.headerID = tbluser.userID)
    AS Dept
    WHERE tbluser.deptID=Dept.deptID
```

4. 查看视图

在用户具有 SHOW VIEW 权限后，可以查看数据库中已经存在的视图。查看视图的方法包括 DESCRIBE、SHOW CREATE VIEW。

（1）使用 DESCRIBE 语句查看视图基本信息

基本语句格式：

```
DESCRIBE <视图名>
```

DESCRIBE 语句查看 V_drink 视图基本信息的语句如下：

```
DESCRIBE V_drink
```

执行结果如图 3-2-48 所示。

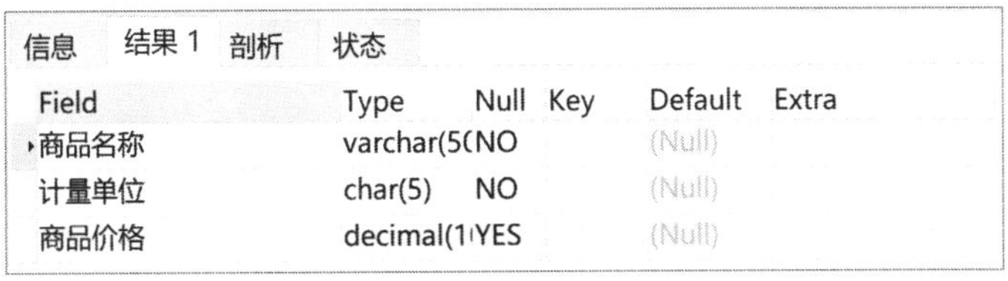

信息　结果 1　剖析　状态

Field	Type	Null	Key	Default	Extra
商品名称	varchar(5(	NO		(Null)	
计量单位	char(5)	NO		(Null)	
商品价格	decimal(1	YES		(Null)	

图 3-2-48　查看 V_drink 视图基本信息

结果显示视图中字段的定义、数据类型、主键等，DESCRIBE 可以简写成 DESC。

（2）查看视图详细信息

基本语句格式：

```
SHOW CREATE VIEW <视图名>
```

查询 V_drink 视图的详细定义的语句如下：

```
SHOW CREATE VIEW V_drink
```

执行结果如图 3-2-49 所示。

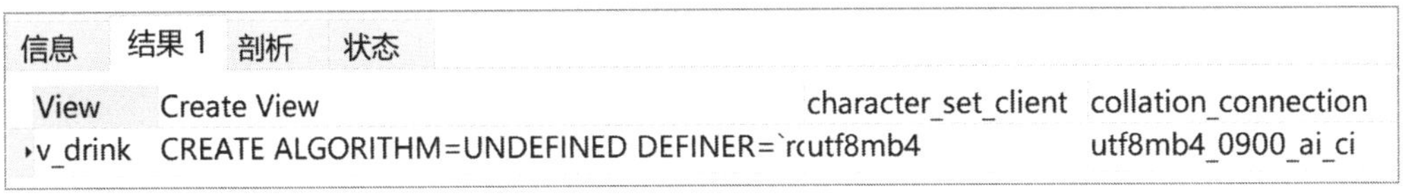

信息　结果 1　剖析　状态

View	Create View	character_set_client	collation_connection
v_drink	CREATE ALGORITHM=UNDEFINED DEFINER=`r	utf8mb4	utf8mb4_0900_ai_ci

图 3-2-49　查询 V_drink 视图的详细定义

拓展任务

基于 market 数据库创建一个名为 V_orderinfo 的视图，用于存储商品名称、供应商名、联系人及电话。

语句如下：

```
CREATE VIEW V_orderinfo (商品名称,供应商名,联系人,电话)
AS
SELECT goodsName,supplierName,tblsupplier.linkMan,tblsupplier.tel
FROM tblgoods,tblorderlist,tblorder,tblsupplier
WHERE tblgoods.goodsID=tblorderlist.goodsID
AND tblorderlist.orderID=tblorder.orderID
AND tblorder.supplierID=tblsupplier.supplierID
```

查询视图语句如下：

```
SELECT * FROM V_orderinfo
```

查询结果数据过多，部分执行结果如图 3-2-50 所示。

信息　结果 1　剖析　状态

商品名称	供应商名	联系人	电话
桃李醇熟切片面包	长春市桃李面包股份有限公司	张宇	13180887XXX
桃李布朗尼蛋糕	长春市桃李面包股份有限公司	张宇	13180887XXX
桃李酵母面包	长春市桃李面包股份有限公司	张宇	13180887XXX
桃李迷你豆沙面包	长春市桃李面包股份有限公司	张宇	13180887XXX
桃李醇熟切片面包	长春市桃李面包股份有限公司	张宇	13180887XXX
桃李布朗尼蛋糕	长春市桃李面包股份有限公司	张宇	13180887XXX
桃李酵母面包	长春市桃李面包股份有限公司	张宇	13180887XXX
桃李迷你豆沙面包	长春市桃李面包股份有限公司	张宇	13180887XXX
桂花香醋	北康酿造食品有限公司	李丽	17767896XXX
北康酱油	北康酿造食品有限公司	李丽	17767896XXX
桂花香醋	北康酿造食品有限公司	李丽	17767896XXX
北康酱油	北康酿造食品有限公司	李丽	17767896XXX
桂花香醋	北康酿造食品有限公司	李丽	17767896XXX
北康酱油	北康酿造食品有限公司	李丽	17767896XXX
桂花香醋	北康酿造食品有限公司	李丽	17767896XXX

图 3-2-50　查询 V_orderinfo 视图

常见错误

在创建视图时对视图中的字段进行重命名，错误提示如图 3-2-51 所示。

信息　状态

```
CREATE VIEW V_price(商品名称,进货价格,售卖价格)
AS
SELECT goodsID,goodsName,stockPrice,sellPrice
FROM tblgoods,tblorderlist
WHERE tblgoods.goodsID=tblorderlist.goodsID
> 1052 - Column 'goodsID' in field list is ambiguous
> 时间: 0s
```

图 3-2-51　错误提示

根据提示信息分析，视图定义的字段重命名数量和查询表的字段数量不一致，改正后排除错误。

执行解析 2-6　管理视图

任务目标

管理视图

① 掌握修改视图的方法。

② 掌握更新视图的方法。

③ 掌握删除视图的方法。

任务解析

1. 修改和删除视图

（1）修改视图的语法

基本语句格式：

```
ALTER VIEW <视图名> [ (<字段名>[,…n] ) ]
AS SELECT <查询子句>
[WITH [CASCADED|LOCAL] CHECK OPTION]
```

（2）修改视图

修改 2-5 中基于 market 数据库创建一个名为 V_drink 的视图来显示商品编号、商品的名称、计量单位、商品价格。

语句如下：

```
ALTER VIEW V_drink (商品编号,商品名称,计量单位,商品价格)
AS
SELECT goodsID,goodsName,metric,sellPrice
FROM tblgoods
WHERE TYPE='饮料'
```

执行结果如图 3-2-52 所示。

（3）删除视图

基本语句格式：

```
DROP VIEW <视图名> [,…n]
```

删除视图 V_drink 的语句如下：

```
DROP VIEW V_drink
```

执行结果如图 3-2-53 所示。

```
信息 剖析 状态
ALTER VIEW V_drink (商品编号,商品名称,计量单位,商品价格)
AS
SELECT goodsID,goodsName,metric,sellPrice
FROM tblgoods
WHERE TYPE='饮料'
> OK
> 时间: 0.179s
```

图 3-2-52　ALTER 修改视图

图 3-2-53　删除视图 V_drink

2. 更新视图

通过对视图的更新，可以修改基本表的信息，如插入数据、修改数据和删除数。

（1）插入数据

创建一个基于 market 数据库的 tblfund 表，创建一个 V_card 视图，用于存储卡号、姓名、金额，语句如下：

```
CREATE VIEW V_card(卡号,姓名,金额)
AS
SELECT fundID,customerName,money
FROM tblfund
```

在 V_card 视图中插入一行数据，语句如下：

```
INSERT INTO V_card values('2012123','李亮',2000)
```

执行结果如图 3-2-54 所示。

信息 剖析 状态

```
INSERT INTO V_card
values('2012123','李亮',2000)
> Affected rows: 1
> 时间: 0.099s
```

图 3-2-54　插入数据

查询 V_card 视图中数据，如图 3-2-55（a）所示，与操作前图 3-2-55（b）对比，添加了李亮的记录。

信息 结果 1 剖析 状态

卡号	姓名	金额
1021934	陈璐	981.80
2012123	李亮	2000.00
2348686	魏树林	1000.00
2354235	杜立远	1000.00
2394523	李航毅	1000.00
2546574	张梓青	1000.00
4325235	张祥旺	1000.00
4563456	黄安祥	1000.00
4563457	丁文靓	1000.00

（a）

信息 结果 1 剖析 状态

卡号	姓名	金额
1021934	陈璐	981.80
2348686	魏树林	1000.00
2354235	杜立远	1000.00
2394523	李航毅	1000.00
2546574	张梓青	1000.00
4325235	张祥旺	1000.00
4563456	黄安祥	1000.00
4563457	丁文靓	1000.00

（b）

图 3-2-55　插入数据后的 V_card 视图

（2）修改数据

使用 UPDATE 语句可以对视图和基本表进行修改。

修改 V_card 视图中卡号为 2012123 的会员名字为王维，语句如下：

```
UPDATE V_card
SET 姓名='王维'
WHERE 卡号='2012123'
```

执行结果如图 3-2-56 所示。

（3）删除数据

可以使用 DELETE 语句删除视图和表中的数据。

删除 V_card 视图中卡号为 2012123 的会员信息，语句如下：

```
DELETE FROM V_card
WHERE 卡号='2012123'
```

执行结果如图 3-2-57 所示。

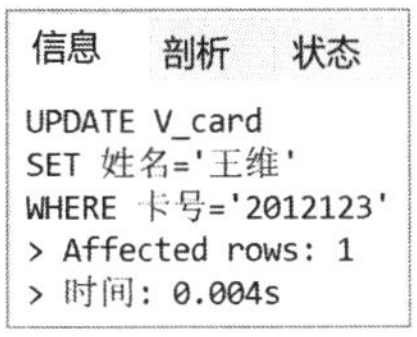

```
信息　剖析　状态
UPDATE V_card
SET 姓名='王维'
WHERE 卡号='2012123'
> Affected rows: 1
> 时间: 0.004s
```

图 3-2-56　修改视图

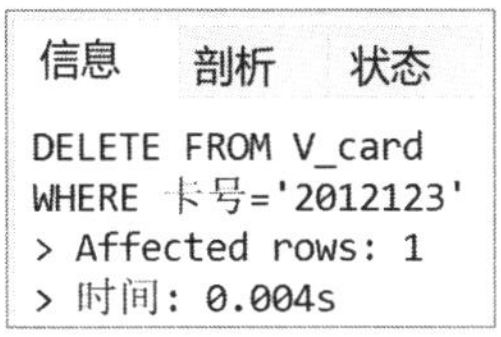

```
信息　剖析　状态
DELETE FROM V_card
WHERE 卡号='2012123'
> Affected rows: 1
> 时间: 0.004s
```

图 3-2-57　删除视图数据

拓展任务

（1）基于 market 数据库创建一个名为 V_sup 的视图来存储供货商代码、供货商名称、联系人

```
CREATE VIEW V_sup(供货商代码,供货商名称,联系人)
AS
SELECT supplierID,supplierName,linkMan
FROM tblsupplier
```

（2）向基于 market 数据库中 V_sup 视图插入一条数据（34,'恒安天津职业有限公司','马龙'）

```
INSERT INTO V_sup
VALUES(34,'恒安天津职业有限公司','马龙')
```

（3）修改基于 market 数据库中 V_sup 视图中供货商代码是 34 的联系人为王龙

```
UPDATE V_sup
SET 联系人='王龙'
WHERE 供货商代码=34
```

（4）删除基于 market 数据库中 V_sup 视图中供货商代码是 34 的信息

```
DELETE FROM V_sup
WHERE 供货商代码=34
```

常见错误

① 当视图中包含有如下内容时，视图的更新操作将不能被执行：

• 视图中不包含基表中被定义为非空的列。

• 在定义视图的 SELECT 语句后的字段列表中使用了数学表达式。

• 在定义视图的 SELECT 语句后的字段列表中使用聚合函数。

• 在定义视图的 SELECT 语句中使用了 DISTINCT、UNION、TOP、GROUP BY 或 HAVING 子句。

② 当视图引用了多张表时，无法使用 DELETE 语句删除数据。

③ 当视图引用了多张表时，只能修改一张表中的数据。

第三期工作 自动化设计

执行解析 3-1　管理存储过程

任务目标

① 理解存储过程。

② 创建和调用存储过程。

③ 删除存储过程。

④ 查看创建的存储过程。

⑤ 修改存储过程。

管理存储过程

任务解析

MySQL 5.0 版本开始支持存储过程。

存储过程（Stored Procedure）是一种在数据库中存储复杂程序，以便外部程序调用的一种数据库对象。

存储过程是为了完成特定功能的 SQL 语句集，经编译创建并保存在数据库中，用户可通过指定存储过程的名字并给定参数（需要时）来调用执行。

存储过程很简单，就是数据库 SQL 语言层面的代码封装与重用。

使用存储过程的优点：

① 存储过程可封装，并隐藏复杂的商业逻辑。

② 存储过程可以回传值，并可以接收参数。

③ 存储过程无法使用 SELECT 指令来运行，因为它是子程序，与查看表、数据表或用户定义函数不同。

④ 存储过程可以用在数据检验，强制实行商业逻辑等。

使用存储过程的缺点：

① 因为支持的编程语言不同，存储过程往往定制化于特定的数据库上。当切换到其他厂商的数据库系统时，需要重写原有的存储过程。

② 存储过程的性能调校与撰写，受限于各种数据库系统。

③ 依上所述，是否使用存储过程需要根据实际情况确定。

1. 创建和调用存储过程的语法

存储过程和表、视图一样，都是数据库的对象，可以使用 CREATE 语句创建。

（1）创建存储过程的语法

基本语句格式：

```
CREATE PROCEDURE<存储过程名> ( [过程参数[,…] ] )
<过程体>
```

```
[过程参数[,…] ] <格式>
[ IN | OUT | INOUT ] <参数名> <类型>
```

 **说明:**

- <存储过程名>: 存储过程的名称，省略时在当前数据库中创建。若需要在指定数据库中创建存储过程，则要在名称前面加上数据库的名称，即 [数据库名 .] <过程名>。应当尽量避免选取与 MySQL 内置函数相同的名称，否则会发生错误。
- [过程参数 [,...]]: 存储过程的参数列表，省略时无参数。过程参数包括参数名和参数类型两部分，中间用空格分隔。当有多个参数时，参数间用逗号分隔。

MySQL 存储过程支持三种类型的参数，即输入参数、输出参数和输入 / 输出参数，分别用 IN、OUT 和 INOUT 三个关键字标识。其中，输入参数可以传递给一个存储过程，输出参数用于返回操作结果，而输入 / 输出参数既可以充当输入参数也可以充当输出参数。另外，参数的命名不要与数据表的字段名相同，否则尽管不会返回出错信息，但是存储过程的 SQL 语句会将参数名看作列名，从而引发不可预知的结果。

- <过程体>: 主要功能实现部分，包含存储过程必须执行的 SQL 语句。以关键字 BEGIN 开始，以关键字 END 结束。当存储过程体中只有一条 SQL 语句时，可以省略 BEGIN-END 标志。
- 在创建存储过程时，必须具有 CREATE ROUTINE 权限。

（2）声明语句结束符的语法

MySQL 中，SQL 语句默认是以分号作为语句结束标志。然而，在过程体中可能包含有多条 SQL 语句，如果仍以分号作为语句结束符，在遇到第一条 SQL 语句结尾处的分号时就会结束执行，不再处理过程体中后面的 SQL 语句，这样显然不行。为解决以上问题，通常使用 DELIMITER 命令将结束命令修改为其他字符。

声明语句结束符的语句格式:

```
DELIMITER <特殊的符号>
```

 **说明:**

- <特殊的符号>通常指“$$”“??”“￥￥”等，避免使用转义字符反斜杠“\”作为<特殊的符号>。
- 需要换回“;”作为结束标志时，则在 MySQL 命令行客户端输入下面语句:

```
mysql > DELIMITER;
```

- DELIMITER 和分号“);”之间一定要有一个空格。

（3）调用存储过程的语法

存储过程使用 CALL 语句调用，基本语句格式如下 :

```
CALL [<数据库名>.]<存储过程名> ([过程参数值[,…n] ])
```

说明：

- [< 数据库名 >.]：可选项，当要调用的存储过程是当前数据库的存储过程时可以省略。
- [过程参数值 [,…n]]：可选项，当定义的存储过程无过程参数时可以省略，过程参数可以有多个，之间用逗号分隔。过程参数值的类型、顺序和个数要和定义存储过程时过程参数的类型、顺序和个数相同。

2. 超市管理系统中存储过程的创建和调用

超市管理系统数据库中设计的存储过程根据功能大致分为添加记录、查看记录、修改记录三种。

（1）创建和调用添加记录功能的存储过程

在超市管理系统数据库详细设计说明书中设计的添加记录存储过程包括 4.1.1、4.1.6、4.1.11、4.1.17 四条，下面依次创建和调用。

创建存储过程 spAddGood（4.1.1），实现向表 tblGoods 插入一条新商品信息。语句如下：

```
#打开Market数据库
USE Market;

#如果存在存储过程先删除
DROP PROCEDURE IF EXISTS  spAddGood;

#定义语句结符为$$
DELIMITER $$

#创建存储过程
CREATE PROCEDURE spAddGood (IN
P_goodsID Char(6),
P_QRCode  Char(13),
P_goodsName     VarChar(50),
P_type Char(10),
P_metric Char(5),
P_specifications Char(20),
P_sellPrice     Decimal(10,2),
P_quotiety      Decimal(18,2)
)
BEGIN
 INSERT INTO tblGoods VALUES
 (P_goodsID,P_QRCode,P_goodsName,P_type,
P_metric,P_specifications,P_sellPrice,P_quotiety);
END $$

#定义语句结符为;
DELIMITER ;
```

执行结果如图 3-3-1 所示。

```
信息　剖析　状态
#创建存储过程spAddGood
#打开Market数据库
USE Market
> OK
> 时间: 0s


#如果存在存储过程先删除
DROP PROCEDURE IF EXISTS  spAddGood
> OK
> 时间: 0.002s


#创建存储过程
CREATE PROCEDURE spAddGood (IN
P_goodsID       Char(6),
P_QRCode        Char(13),
P_goodsName     VarChar(50),
P_type Char(10),
P_metric Char(5),
P_specifications        Char(20),
P_sellPrice     Decimal(10,2),
P_quotiety      Decimal(18,2)
)
BEGIN
 INSERT INTO tblGoods VALUES
 (P_goodsID,P_QRCode,P_goodsName,P_type,P_metric,P_specifications,P_sellPrice,P_quotiety);
END
> Affected rows: 0
> 时间: 0.004s
```

图 3-3-1　创建存储过程 spAddGood

由于存储过程主体只有一条语句，所以可以省略 BEGIN…END 对。语句如下：

```
#如果存在存储过程先删除
DROP PROCEDURE IF EXISTS  spAddGood;

#定义语句结符为$$
DELIMITER $$
#省略BEGIN...END对，语句如下:
CREATE PROCEDURE spAddGood (IN
P_goodsID Char(6),
P_QRCode  Char(13),
P_goodsName      VarChar(50),
P_type Char(10),
P_metric Char(5),
P_specifications Char(20),
P_sellPrice      Decimal(10,2),
P_quotiety       Decimal(18,2)
)
INSERT INTO tblGoods VALUES
(P_goodsID,P_QRCode,P_goodsName,P_type,P_metric,P_specifications,P_
sellPrice,P_quotiety);
$$

#定义语句结符为;
DELIMITER;
```

执行结果如图 3-3-2 所示。

```
信息  剖析  状态
#如果存在存储过程先删除
DROP PROCEDURE IF EXISTS  spAddGood
> OK
> 时间: 0.006s


#省略BEGIN…END对，语句如下：
CREATE PROCEDURE spAddGood (IN
P_goodsID       Char(6),
P_QRCode        Char(13),
P_goodsName     VarChar(50),
P_type Char(10),
P_metric Char(5),
P_specifications        Char(20),
P_sellPrice     Decimal(10,2),
P_quotiety      Decimal(18,2)
)
INSERT INTO tblGoods VALUES
(P_goodsID,P_QRCode,P_goodsName,P_type,P_metric,P_specifications,P_sellPrice,P_quotiety);
> Affected rows: 0
> 时间: 0.004s
```

图 3-3-2　省略 BEGIN…END 创建存储过程 spAddGood

调用存储过程 spAddGood 的语句如下：

```
CALL spAddGood('030005','6903243568533','康师傅绿茶','饮料','瓶','1*500ml',3.5,0.1);
```

执行结果如图 3-3-3 所示。

```
信息  剖析  状态
#调用存储过程spAddGood的语句如下：
CALL spAddGood('030005','6903243568533','康师傅绿茶','饮料','瓶','1*500ml',3.5,0.1)
> OK
> 时间: 0.004s
```

图 3-3-3　调用存储过程 spAddGood

验证 tblBoods 表中是否存在 goodID 是“030005”的康师傅绿茶记录。语句如下：

```
SELECT * FROM tblGoods WHERE goodID='030005';
```

执行结果如图 3-3-4 所示。

信息　结果 1　剖析　状态

goodsID	QRCode	goodsNantype	metric	specifications	sellPrice	quotiety
030005	6903243568533	康师傅绿茶饮料	瓶	1*500ml	3.50	0.10

图 3-3-4　查询 tblBoods 表中 goodID 是“030005”的记录

结果显示存储过程调用已正常实现插入记录操作。

其他实现添加功能的存储过程的创建和调用语句如下：

```
-- 4.1.6创建存储过程spAddSupplier
#定义语句结束符为$$
DELIMITER $$
```

```
#如果存在存储过程先删除
DROP PROCEDURE IF EXISTS spAddSupplier$$

#创建存储过程spAddSupplier
CREATE PROCEDURE spAddSupplier(IN
P_supplierName varChar(50),
P_address varChar(100),
P_postalAddress varChar(100),
P_postalCode Char(6),
P_corporation   varChar(30),
P_linkMan Varchar(30),
P_tel    Char(13)
)
INSERT INTO tblSupplier
(supplierName,address,postalAddress,postalCode,corporation,linkMan,tel)
VALUES
(P_supplierName,P_address,P_postalAddress,P_postalCode,P_corporation,P_
linkMan,P_tel);
$$

#定义语句结束符为;
DELIMITER;

#调用存储过程spAddSupplier
CALL spAddSupplier('广州宝洁有限公司','广州市经济技术开发区滨河路一号',null,null,'
许敏','周雨蒙','18834349543');
#验证是否已存入数据表
SELECT * FROM tblSupplier WHERE supplierName='广州宝洁有限公司';


-- 4.1.11存储过程spAddOrder的创建和调用
#定义语句结束符为$$
DELIMITER $$

#如果存在存储过程先删除
DROP PROCEDURE IF EXISTS spAddOrder$$

#创建存储过程spAddOrder
CREATE PROCEDURE spAddOrder(IN
P_supplierID Int,
P_startingDate timestamp,
P_endingDate timestamp,
P_purchaserID   Char(6),
P_linkman varChar(30),
P_tel    Char(13),
P_paymentTerm   Varchar(100),
```

```
    P_orderStatus    Char(10),
    P_ApproverID Char(6)
    )
    INSERT INTO tblOrder
    (supplierID,startingDate,endingDate,purchaserID,linkman,tel,paymentTerm,or
derStatus,ApproverID)
    VALUES
    (P_supplierID,P_startingDate,P_endingDate,P_purchaserID,P_linkman,P_tel,P_
paymentTerm,P_orderStatus,P_ApproverID);
    $$

    #定义语句结束符为;
    DELIMITER;

    --  4.1.17调用存储过程spAddSupplier
    CALL spAddOrder(25,'2022/2/1','2022/2/28','102005','吴松原','18843438866','
全部交货后30天','已确认','101001');
    #验证是否已存入数据表
    SELECT * FROM tblOrder WHERE supplierID=25;

    #定义语句结束符为$$
    DELIMITER $$

    #如果存在存储过程先删除
    DROP PROCEDURE IF EXISTS spAddOrderList$$

    #创建存储过程spAddSupplier
    CREATE PROCEDURE spAddOrderList (IN
    P_orderID int,
    P_goodsID Char(13),
    P_buyAmount Decimal(10,2),
    P_stockPrice Decimal(10,2),
    P_sDeliveryAmount decimal(10,2),
    P_toleranc decimal(10,2)
    )
    INSERT INTO tblOrderList
    (orderID,goodsID,buyAmount,stockPrice,sDeliveryAmount,toleranc)
    VALUES
    (P_orderID,P_goodsID,P_buyAmount,P_stockPrice,P_sDeliveryAmount,P_toleranc);
    $$

    #定义语句结束符为;
    DELIMITER;

    #调用存储过程spAddSupplier
    CALL spAddOrderList(52,'030004',12000,2.1,12000,0);
    #验证是否已存入数据表
```

```
SELECT * FROM tblOrderList WHERE orderID=52;
```

（2）创建和调用查询记录功能的存储过程

在超市管理系统数据库详细设计说明书中设计的查询记录存储过程包括 4.1.2、4.1.3、4.1.4、4.1.7、4.1.8、4.1.9、4.1.20、4.1.21、4.1.22、4.1.23 共 10 个，下面依次实现。

存储过程 spGetGoodsByType 实现按类型查询商品信息的功能。

创建存储过程 spGetGoodsByType（4.1.2）的语句如下：

```
-- 4.1.2创建存储过程spGetGoodsByType
#定义语句结符为$$
DELIMITER $$

#创建存储过程
CREATE PROCEDURE spGetGoodsByType(IN P_type Char(10))
BEGIN
 SELECT * FROM tblGoods WHERE type=P_type;
END $$

#定义语句结束符为;
DELIMITER;
```

执行结果如图 3-3-5 所示。

```
信息　剖析　状态
#创建存储过程spGetGoodsByType
#如果存在存储过程先删除
DROP PROCEDURE IF EXISTS spGetGoodsByType
> OK
> 时间: 0.007s


#创建存储过程
CREATE PROCEDURE spGetGoodsByType(IN P_type     Char(10))
BEGIN
 SELECT * FROM tblGoods WHERE type=P_type;
END
> OK
> 时间: 0.004s
```

图 3-3-5　创建存储过程 spGetGoodsByType

调用存储过程 spGetGoodsByType 的语句如下：

```
#调用存储过程spAddSupplier
CALL spGetGoodsByType('食品');
```

执行结果如图 3-3-6 所示。

```
#调用存储过程spAddSupplier
CALL spGetGoodsByType('食品');
```

信息 结果 1 剖析 状态

goodsID	QRCode	goodsName	type	metric	specifications	sellPrice	quotiety
010001	6945103223431	老四川五香牛肉干	食品	袋	1*10g	15.00	0.10
010002	6951215522101	皓月肥牛4号片	食品	袋	1*1000g	78.00	0.10
010003	6941255411124	万昌大米1kg	食品	盒	1*1kg	11.00	0.10
010004	6972444890117	中宁枸杞	食品	袋	1*248	22.80	0.10
010005	6941452224221	黄鱼酥	食品	袋	1*250	32.80	0.10
010006	6911988006455	可比克番茄味薯片	食品	袋	1*60g	3.50	0.10
010007	6901011101863	桃李醇熟切片面包	食品	袋	1*800g	11.30	0.10
010008	6902101110186	桃李布朗尼蛋糕	食品	盒	1*180g	9.90	0.10
010009	6902101110187	桃李酵母面包	食品	袋	1*900g	4.50	0.10
010010	6902101110188	桃李迷你豆沙面包	食品	袋	1*170g	5.60	0.10
010011	6932365573681	兰格格八旗菌凝酪	食品	瓶	1*760g	20.00	0.10
010012	6934665091582	蒙牛欧式炭烧	食品	瓶	1*1kg	25.00	0.10

图 3-3-6　调用存储过程 spAddSupplier

其他实现查询功能的存储过程的创建和调试语句如下：

```
-- 4.1.3创建存储过程spGetGoodsByNameType
#如果存在存储过程先删除
DROP PROCEDURE IF EXISTS spGetGoodsByNameType;

#定义语句结束符为$$
DELIMITER $$

#创建存储过程
CREATE PROCEDURE spGetGoodsByNameType
(IN P_goodsName Varchar(50),P_type  Char(10))
BEGIN
  SELECT * FROM tblGoods WHERE goodsName
   LIKE CONCAT('%',P_goodsName,'%')
   OR type LIKE CONCAT('%',P_type,'%');
END $$

#定义语句结束符为;
DELIMITER ;

#调用存储过程
CALL spGetGoodsByNameType('酱油','饮料');

-- 4.1.4创建存储过程spGetGoodsByQRCode
#如果存在存储过程先删除
DROP PROCEDURE IF EXISTS spGetGoodsByQRCode;

#定义语句结束符为$$
DELIMITER $$
```

```
#创建存储过程
CREATE PROCEDURE spGetGoodsByQRCode(IN P_QRCode   Varchar(13))
BEGIN
 SELECT * FROM tblGoods WHERE QRCode=P_QRCode;
END $$

#定义语句结束符为;
DELIMITER;

#调用存储过程
CALL spGetGoodsByQRCode('9787051538303');

-- 4.1.7创建存储过程spGetSupplierBySName,按供应商名称查询供应商信息
#如果存在存储过程先删除
DROP PROCEDURE IF EXISTS spGetSupplierBySName;

#定义语句结束符为$$
DELIMITER $$

#创建存储过程
CREATE PROCEDURE spGetSupplierBySName(IN P_supplierName varChar(50))
BEGIN
  SELECT * FROM tblSupplier
WHERE supplierName LIKE CONCAT('%',P_supplierName,'%');
END $$

#定义语句结束符为;
DELIMITER;

#调用存储过程
CALL spGetSupplierBySName('广州宝洁有限公司');

-- 4.1.8创建存储过程spGetSupplierByAddress,按供应商地址查询供应商信息
#如果存在存储过程先删除
DROP PROCEDURE IF EXISTS spGetSupplierByAddress;

#定义语句结束符为$$
DELIMITER $$

#创建存储过程
CREATE PROCEDURE spGetSupplierByAddress(IN P_address    varChar(100))
BEGIN
 SELECT * FROM tblSupplier WHERE address LIKE CONCAT('%',P_address,'%');
END $$

#定义语句结束符为;
DELIMITER;
```

```
#调用存储过程
CALL spGetSupplierByAddress('广州');

-- 4.1.9创建存储过程spGetSupplierByNameAddress,按供应商名称、供应商地址查询供应商信息
#如果存在存储过程先删除
DROP PROCEDURE IF EXISTS spGetSupplierByNameAddress;

#定义语句结束符为$$
DELIMITER $$

#创建存储过程
CREATE PROCEDURE spGetSupplierByNameAddress
(IN P_supplierName varChar(50),P_address varChar(100))
BEGIN
  SELECT * FROM tblSupplier
WHERE supplierName LIKE CONCAT('%',P_supplierName,'%')
  AND address LIKE CONCAT('%',P_address,'%');
END $$

#定义语句结束符为;
DELIMITER;

#调用存储过程
CALL spGetSupplierByNameAddress('广州','广州');

-- 4.1.20创建存储过程spGetOrderAndListByLinkman,按供应商联系人查询订单和订单明细信息
#如果存在存储过程先删除
DROP PROCEDURE IF EXISTS spGetOrderAndListByLinkman;

#定义语句结束符为$$
DELIMITER $$

#创建存储过程
CREATE PROCEDURE spGetOrderAndListByLinkman
(IN P_linkman   varChar(30))
BEGIN
 SELECT * FROM tblOrder join tblOrderList ON tblOrder.orderID=tblOrderList.orderID
 WHERE linkman=P_linkman;
END $$

#定义语句结束符为;
DELIMITER;

#调用存储过程
CALL spGetOrderAndListByLinkman('吴松原');
```

```
-- 4.1.21创建存储过程spGetDeliveryAndListByOLID,按订单明细编号查询交货进度和订单明细
#如果存在存储过程先删除
DROP PROCEDURE IF EXISTS spGetDeliveryAndListByOLID;

#定义语句结束符为$$
DELIMITER $$

#创建存储过程
CREATE PROCEDURE spGetDeliveryAndListByOLID
(IN P_orderListID      int)
BEGIN
 SELECT * FROM tblOrderDelivery join tblOrderList
 ON tblOrderDelivery.orderListID=tblOrderList.orderListID
 WHERE tblOrderList.orderListID=P_orderListID;
END $$

#定义语句结束符为;
DELIMITER;

#调用存储过程
CALL spGetDeliveryAndListByOLID(25);

-- 4.1.22创建存储过程spGetFundByDate,按办卡时间段查询储值卡信息
#如果存在存储过程先删除
DROP PROCEDURE IF EXISTS spGetFundByDate;

#定义语句结束符为$$
DELIMITER $$

#创建存储过程
CREATE PROCEDURE spGetFundByDate
(IN P_beginTime  timestamp,P_EndingTime timestamp)
BEGIN
 SELECT * FROM tblFund WHERE beginDate BETWEEN P_beginTime AND P_EndingTime;
END $$

#定义语句结束符为;
DELIMITER;

#调用存储过程
CALL spGetFundByDate('2021/2/1','2021/2/28');

-- 4.1.23创建存储过程spGetSCardByIDcard,按身份证号查询积分卡信息
#如果存在存储过程先删除
DROP PROCEDURE IF EXISTS spGetSCardByIDcard;

#定义语句结束符为$$
```

```
DELIMITER $$

#创建存储过程
CREATE PROCEDURE spGetSCardByIDcard
(IN P_cardID    Char(18))
BEGIN
 SELECT * FROM tblFund WHERE cardID=P_cardID;
END $$

#定义语句结束符为;
DELIMITER;

#调用存储过程
CALL spGetSCardByIDcard('220221197812043319');

-- 4.1.24创建存储过程spGetTradeByStartingDate,
-- 查询交易时间在某一时间段内的交易信息
#如果存在存储过程先删除
DROP PROCEDURE IF EXISTS spGetTradeByStartingDate;

#定义语句结束符为$$
DELIMITER $$

#创建存储过程
CREATE PROCEDURE spGetTradeByStartingDate
(IN P_beginDate  timestamp,P_endingDate timestamp)
BEGIN
 SELECT * FROM tblTrade
WHERE salesTime BETWEEN P_beginDate AND P_endingDate;
END $$

#定义语句结束符为;
DELIMITER;

#调用存储过程
CALL spGetTradeByStartingDate('2021/3/1','2021/5/31');
```

（3）创建和调用修改记录功能的存储过程

超市管理系统数据库中设计的查询记录存储过程包括 4.1.5、4.1.10、4.1.15、4.1.19 共 4 个，下面依次实现。

创建存储过程 spUPDATEGoodsSellPrice（4.1.5）

```
-- 4.1.5创建存储过程spGetTradeByStartingDate,按商品代码修改销售价格
#如果存在存储过程先删除
DROP PROCEDURE IF EXISTS spUPDATEGoodsSellPrice;


#定义语句结束符为$$
```

```
DELIMITER $$

#创建存储过程
CREATE PROCEDURE spUPDATEGoodsSellPrice
(IN P_goodsID    Char(6),P_sellPrice Decimal(10,2))
BEGIN
 UPDATE tblGoods SET sellPRICE=P_sellPrice WHERE goodsID=P_goodsID;
END $$

#定义语句结束符为;
DELIMITER;
```

执行结果如图 3-3-7 所示。

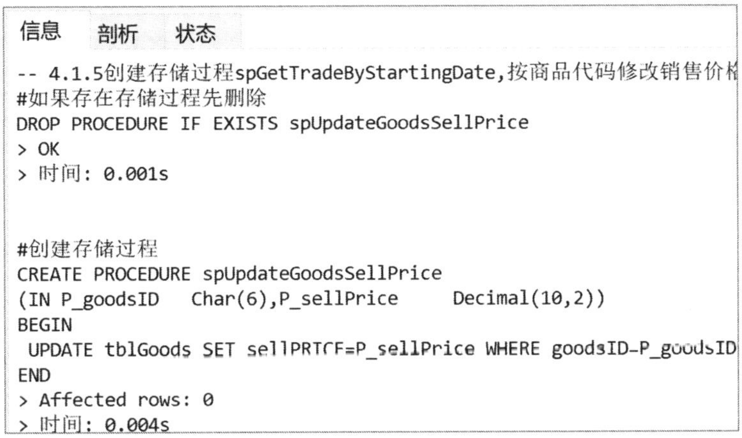

```
信息  剖析  状态
-- 4.1.5创建存储过程spGetTradeByStartingDate,按商品代码修改销售价格
#如果存在存储过程先删除
DROP PROCEDURE IF EXISTS spUpdateGoodsSellPrice
> OK
> 时间: 0.001s


#创建存储过程
CREATE PROCEDURE spUpdateGoodsSellPrice
(IN P_goodsID   Char(6),P_sellPrice     Decimal(10,2))
BEGIN
 UPDATE tblGoods SET sellPRICE=P_sellPrice WHERE goodsID=P_goodsID
END
> Affected rows: 0
> 时间: 0.004s
```

图 3-3-7　创建存储过程 spGetTradeByStartingDate

调用存储过程语句如下：

```
CALL spUPDATEGoodsSellPrice('050002',49.8);
```

执行结果如图 3-3-8 所示。

```
#调用存储过程
CALL spUpdateGoodsSellPrice('050002',49.8);
信息  剖析  状态
CALL spUpdateGoodsSellPrice('050002',49.8)
> OK
> 时间: 0.005s
```

图 3-3-8　调用存储过程 spAddSupplier

其他实现修改记录功能的存储过程的创建和调试语句如下：

```
-- 4.1.10创建存储过程spUPDATELinkManTelBySID,按供应商代码修改联系人姓名和联系电话
#如果存在存储过程先删除
DROP PROCEDURE IF EXISTS spUPDATELinkManTelBySID;

#定义语句结束符为$$
DELIMITER $$
```

```
#创建存储过程
CREATE PROCEDURE spUPDATELinkManTelBySID
(IN P_supplierID Int,P_linkMan Varchar(30),P_tel   Char(13))
BEGIN
 UPDATE tblSupplier SET linkMan=P_linkMan,tel=P_tel WHERE supplierID=P_supplierID;
END $$

#定义语句结束符为;
DELIMITER;

#调用存储过程
CALL spUPDATELinkManTelBySID(29,'鞠欣','15525645678');

-- 4.1.15创建存储过程spUPDATELinkManTel,按订单编号修改联系人、联系电话
#如果存在存储过程先删除
DROP PROCEDURE IF EXISTS spUPDATELinkManTel;

#定义语句结束符为$$
DELIMITER $$

#创建存储过程
CREATE PROCEDURE spUPDATELinkManTel
(IN P_orderID    int,P_linkman varChar(30),P_tel   Char(13))
BEGIN
 UPDATE tblOrder SET linkMan=P_linkMan,tel=P_tel WHERE orderID=P_orderID;
END $$

#定义语句结束符为;
DELIMITER;

#调用存储过程
CALL spUPDATELinkManTel(25,'周天','15525645678');

-- 4.1.19创建存储过程spUPDATEOrderListByOrderListID,按订单明细编号修改订单明细信息
#如果存在存储过程先删除
DROP PROCEDURE IF EXISTS spUPDATEOrderListByOrderListID;

#定义语句结束符为$$
DELIMITER $$

#创建存储过程
CREATE PROCEDURE spUPDATEOrderListByOrderListID
(IN P_orderListID int,P_orderID int,P_goodsID Char(13),P_buyAmount decimal(10,2),
P_stockPrice decimal(10,2),P_sDeliveryAmount decimal(10,2),P_toleranc decimal(10,2)
)
BEGIN
```

```
  UPDATE tblOrderList
  SET orderID=P_orderID,goodsID=P_goodsID,buyAmount=P_buyAmount,
      stockPrice=P_stockPrice,sDeliveryAmount=P_sDeliveryAmount,toleranc=P_toleranc
  WHERE orderListID=P_orderListID;
END $$

#定义语句结束符为;
DELIMITER;

#调用存储过程
CALL spUPDATEOrderListByOrderListID(154,51,'030004',10000,2.1,null,0);
```

3. 删除存储过程

删除存储过程的基本语句格式：

```
DROP PROCEDURE [ IF EXISTS ] <过程名>[,…n];
```

说明:

- <过程名>: 指定要删除的存储过程的名称。<过程名>后没有参数，也没有括号。
- <IF EXISTS>: 如果存在则删除，用于防止因删除不存在的存储过程而引发的错误。
- 删除前，必须确认该存储过程没有任何依赖关系，否则会导致其他与之关联的存储过程无法运行。

删除存储过程前面例题已经使用多次，在此以删除 spAddOrderList 存储过程为例进行说明。语句如下：

```
DROP PROCEDURE IF EXISTS spAddOrderList;
```

执行结果如图 3-3-9 所示。

```
信息  剖析  状态
DROP PROCEDURE IF EXISTS spAddOrderList
> OK
> 时间: 0.007s
```

图 3-3-9 调用存储过程 spAddSupplier

拓展任务

1. 查看存储过程

(1) 查看存储过程定义的语法

基本语句格式:

```
SHOW CREATE PROCEDURE <过程名>
```

说明:

此语句用于查看存储过程的定义。

(2) 查看存储过程 spAddOrderList 的定义

语句如下:

```
SHOW CREATE PROCEDURE spAddOrderList;
```

执行结果如图 3-3-10 所示。

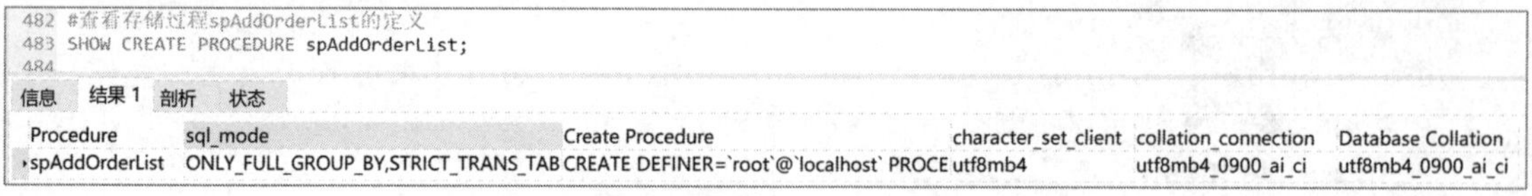

```
#查看存储过程spAddOrderList的定义
SHOW CREATE PROCEDURE spAddOrderList;
```

信息　结果 1　剖析　状态

Procedure	sql_mode	Create Procedure	character_set_client	collation_connection	Database Collation
spAddOrderList	ONLY_FULL_GROUP_BY,STRICT_TRANS_TAB	CREATE DEFINER=`root`@`localhost` PROCE	utf8mb4	utf8mb4_0900_ai_ci	utf8mb4_0900_ai_ci

图 3-3-10　查看存储过程 spAddOrderList 的定义

（3）查看存储过程状态的语法

基本语句格式：

```
SHOW PROCEDURE STATUS LIKE <存储过程名>;
```

说明：

可以使用“LIKE 存储过程名”来匹配存储过程的名称，LIKE 不能省略。

（4）查看存储过程 spAddOrderList 的状态

```
SHOW PROCEDURE STATUS LIKE 'spAddOrderList' \G;
```

执行结果如图 3-3-11 所示。

```
mysql> SHOW PROCEDURE STATUS LIKE 'spAddOrderList' \G;
*************************** 1. row ***************************
                  Db: market
                Name: spAddOrderList
                Type: PROCEDURE
             Definer: root@localhost
            Modified: 2021-12-13 23:27:35
             Created: 2021-12-13 23:27:35
       Security_type: DEFINER
             Comment:
character_set_client: utf8mb4
collation_connection: utf8mb4_0900_ai_ci
  Database Collation: utf8mb4_0900_ai_ci
1 row in set (0.00 sec)
```

图 3-3-11　查看存储过程 spAddOrderList 的状态

2. 修改存储过程

修改存储过程同修改表一样使用 ALTER 关键词。ALTER PROCEDURE 语句用于修改存储过程的某些特征。如果要修改存储过程的内容，可以先删除原存储过程，再以相同的命名创建新的存储过程；如果要修改存储过程的名称，可以先删除原存储过程，再以不同的命名创建新的存储过程。

（1）修改存储过程的语法

基本语句格式：

```
ALTER PROCEDURE <存储过程名> [特征 ... ]
```

说明：

[特征 ...] 指定了存储过程的特性，可能的取值有：

- CONTAINS SQL 表示子程序包含 SQL 语句，但不包含读或写数据的语句。
- NO SQL 表示子程序中不包含 SQL 语句。
- READS SQL DATA 表示子程序中包含读数据的语句。
- MODIFIES SQL DATA 表示子程序中包含写数据的语句。

- SQL SECURITY { DEFINER |INVOKER } 指明谁有权限来执行。
- DEFINER 表示只有定义者自己才能够执行。
- INVOKER 表示调用者可以执行。
- OMMENT 'string' 表示注释信息。

（2）修改存储过程 spAddOrderList 的权限特征

修改存储过程 spAddOrderList 的定义，将读写权限改为 MODIFIES SQL DATA，并指明调用者可以执行。语句如下：

```
ALTER PROCEDURE spAddOrderList MODIFIES SQL DATA SQL SECURITY INVOKER;
```

执行结果如图 3-3-12 所示。

```
信息　剖析　状态
#修改存储过程spAddOrderList的定义，将读写权限改为 MODIFIES SQL DATA，并指明调用者可以执行。
ALTER PROCEDURE spAddOrderList MODIFIES SQL DATA SQL SECURITY INVOKER
> OK
> 时间: 0.005s
```

图 3-3-12　修改存储过程 spAddOrderList

结果显示，存储过程修改成功，此时访问数据的权限已经变成了 MODIFIES SQL DATA，安全类型也变成了 INVOKE。

再次查看存储过程 spAddOrderList 的状态，如图 3-3-13 所示。

```
mysql> SHOW PROCEDURE STATUS LIKE 'spAddOrderList' \G;
*************************** 1. row ***************************
                  Db: market
                Name: spAddOrderList
                Type: PROCEDURE
             Definer: root@localhost
            Modified: 2021-12-13 23:30:08
             Created: 2021-12-13 23:27:35
       Security_type: INVOKER
             Comment:
character_set_client: utf8mb4
collation_connection: utf8mb4_0900_ai_ci
  Database Collation: utf8mb4_0900_ai_ci
1 row in set (0.00 sec)
```

图 3-3-13　查看存储过程 spAddOrderList 的状态

运行结果对比图 3-3-11 可以看到，安全类型也变成了 INVOKE。

常见错误

1. 创建存储过程时提示 No database SELECTed

（1）问题分析

根据提示信息没有数据库被选择，说明未打开 Market 数据库。

（2）解决方法

在创建之前使用“USE Market;”命令打开 Market 数据库。

2. 执行存储过程 spAddGoods 时提示 Column count doesn't match value count at row 1

（1）问题分析

根据提示信息说明列的个数与值的个数不一致，需要查看创建存储过程的语句的参数个数、类型和过程体中参数的个数、类型，以及调用存储过程的语句的参数个数和类型，发现创建语句的过程体语句少了 P_metric 参数值。

（2）解决方法

添加创建存储过程语句的过程体语句中的 P_metric 参数值，再次执行，正确。

执行解析 3-2　管理触发器

任务目标

① 理解触发器。

② 创建触发器存储过程。

③ 查看创建的触发器。

④ 验证触发器。

⑤ 删除触发器。

任务解析

1. 理解触发器

在超市销售业务中，插入销售数据的同时会把会员积分信息更新到积分卡信息表中，而以上的操作是同时对两个表进行的（对交易信息表执行 INSERT 操作，对积分信息表完成 UPDATE 操作），这就使用到触发器。

（1）触发器的概念

触发器是和表关联的特殊的存储过程，可以在插入、删除或修改表中的数据时触发执行，比数据库本身标准的功能有更精细和更复杂的数据控制能力。

MySQL 的触发器和存储过程一样，都是嵌入到 MySQL 的一段程序。触发器是由事件来触发某个操作，这些事件包括 INSERT 、UPDATE、DELETE 语句。如果定义了触发程序，当数据库执行这些语句时就会激发触发器执行相应的操作。触发程序是与表有关的命名数据库对象，当表上出现特定事件时，将激活该对象。

（2）触发器的优点

① 限制用户的数据库操作权利。

• 限制用户操作的时间，例如不允许下班后和节假日修改数据库数据。

• 限制数据库中数据的增长或减小幅度，例如不允许股票的价格的升幅一次超过 10%。

② 跟踪用户对数据库的操作。

审计用户操作数据库的语句；把用户对数据库的更新写入审计表。

③ 实现非标准的数据完整性检查和约束。触发器可产生比规则更为复杂的限制。与规则不同，触发器可以引用字段或数据库对象。

④ 触发器可以对数据库中相关的表进行连环更新。

• 在修改或删除时级联修改或删除其他表中的与之匹配的行。

• 在修改或删除时把其他表中与之匹配的行设成 NULL 值。

• 在修改或删除时把其他表中与之匹配的行级联设成默认值。

• 触发器能够拒绝或回退那些破坏相关完整性的变化，取消试图进行数据更新的事务。

⑤ 同步实时地复制表中的数据。

⑥ SQL 触发器提供了运行计划任务的另一种方法。自动计算数据值，如果数据的值达到了一定的要求，则进行特定的处理。例如，如果超市商品数量少于一定数量给采购部经理发送采购需求信息。

（3）触发器的限制

① 触发程序不能调用将数据返回客户端的存储程序，也不能使用采用 CALL 语句的动态 SQL 语句，但是允许存储程序通过参数将数据返回触发程序，也就是存储过程或者函数通过 OUT 或者 INOUT 类型的参数将数据返回触发器是可以的，但是不能调用直接返回数据的过程。

② 不能在触发器中使用以显示或隐式方式开始或结束事务的语句，如 START TRANSACTION、COMMIT 或 ROLLBACK。

③ 触发器会影响数据库运行效率。触发器是针对每一行的，假设触发器每次触发执行 1 s，插入 500 条数据，触发器执行的时间就花费 500 s，降低插入数据的效率，所以对增删改非常频繁的表要谨慎使用触发器。

2. 创建触发器的语法

（1）创建触发器的语法

创建触发器的基本语句格式：

```
CREATE TRIGGER <触发器名>
  <触发时机> <触发事件>
  ON <表名> FOR EACH ROW
  <程序体>
```

 **说明：**

- <触发时机>为 BEFORE 或者 AFTER。
- <触发事件>为 INSERT、DELETE、UPDATE。
- <表名>为建立触发器的表的表名。
- FOR EACH ROW 定义触发频率是针对每行数据触发一次。
- <程序体>可以是一条或多条 SQL 语句，可以使用 BEGIN…END。

（2）触发器类型

MySQL 除了对 INSERT、UPDATE、DELETE 基本操作进行定义外，还定义了 LOAD DATA 和 REPLACE 语句，这两种语句也能引起触发器的触发。

① INSERT 型触发器：插入某一行时激活触发器，通过 INSERT、LOAD DATA、REPLACE 语句触发。

LOAD DATA 语句用于将一个文件装入到一个数据表中，相当于一系列的 INSERT 操作。

REPLACE 语句一般和 INSERT 语句很像，只是在表中有 primary key 或 unique 索引时，如果插入的数据和原来 primary key 或 unique 索引一致，会先删除原来的数据，然后增加一条新数据。

② UPDATE 型触发器：更改某一行时激活触发器，通过 UPDATE 语句触发。

③ DELETE 型触发器：删除某一行时激活触发器，通过 DELETE、REPLACE 语句触发。

（3）变量

变量声明的基本语句格式：

```
DECLARE <变量名>[, n] <类型> [DEFAULT <值>]
```

变量赋值采用 SET 语句，语法为：

```
SET <变量名>=<表达式> [,…n]
```

MySQL 中定义了 NEW 和 OLD，用来表示触发器的所在表中，触发了触发器的那一行数据。

（4）NEW 与 OLD 详解

MySQL 中定义了 NEW 和 OLD，用来表示触发器的所在表中，触发了触发器的那一行数据，引用触发器中发生变化的记录内容。

使用方法：

```
{NEW|OLD}.<字段名>
```

说明：

• OLD 是只读的， NEW 可以在触发器中使用 SET 赋值，这样不会再次触发触发器，造成循环调用。

• 在 INSERT 型触发器中，NEW 用来表示将要（BEFORE）或已经（AFTER）插入的新数据。

• 在 UPDATE 型触发器中，OLD 用来表示将要或已经被修改的原数据，NEW 用来表示将要或已经修改为的新数据。

• 在 DELETE 型触发器中，OLD 用来表示将要或已经被删除的原数据。

3. 创建并验证 4.2.1 触发器 tTradeInsertScore

触发器 tTradeInsertScore 实现当交易表 tblTrade 执行插入操作时，自动把插入记录的交易积分 tradeScore 字段值加入会员积分 tblscorecard 表的当前积分 score 字段中。这是 INSERT 类型的触发器。

（1）创建 4.2.1 触发器 tTradeInsertScore

语句如下：

```
#创建前先删除
DROP TRIGGER IF EXISTS tTradeInsertScore;

#定义语句结束符为$$
DELIMITER $$

#创建触发器tTradeInsert Score
CREATE TRIGGER tTradeInsertScore AFTER INSERT
ON tblTrade FOR EACH ROW
UPDATE tblScorecard SET score=score+NEW.tradeScore WHERE SCID=NEW.SCID;$$
```

```
#定义语句结束符为;
DELIMITER;
```

执行结果如图 3-3-14 所示。

```
信息    剖析    状态
-- 4.2.1触发器tTradeInsertScore
#创建前先删除
DROP TRIGGER IF EXISTS tTradeInsertScore
> OK
> 时间: 0.009s


#创建触发器tTradeInsert Score
CREATE TRIGGER tTradeInsertScore AFTER INSERT
ON tblTrade FOR EACH ROW
UPDATE tblScorecard SET score=score+NEW.tradeScore WHERE SCID=NEW.SCID;
> Affected rows: 0
> 时间: 0.006s
```

图 3-3-14　创建触发器 tTradeInsertScore

（2）验证 4.2.1 触发器 tTradeInsertScore

在执行触发的 INSERT 语句前先查询 tblScorecard 表中即将插入记录的会员积分卡当前积分。语句如下：

```
SELECT * FROM tblScorecard WHERE SCID='2342144';
```

执行结果如图 3-3-15 所示。

信息　结果 1　剖析　状态

SCID	score	IDcard	customer	tel	cardDate
2342144	2145.00	220112197205042225	李航毅	13604484406	2021-01-01 00:00:00

图 3-3-15　查询会员积分

此时会员积分为 2145。

执行插入语句如下：

```
INSERT INTO tblTrade VALUES ('10120211214172720015','004','101004',
'2021/12/14 17:27','2394523',170.9,'2342144',17);
```

执行结果如图 3-3-16 所示。

```
信息    剖析    状态
INSERT INTO tblTrade VALUES ('10120211214172720015','004','101004','2021/12/14 17:27','2394523',170.9,'2342144',17)
> Affected rows: 1
> 时间: 0.007s
```

图 3-3-16　插入语句执行成功

再次使用上面的查询语句查询 tblScorecard 表中插入记录的会员积分卡当前积分，执行结果如图 3-3-17 所示。

信息　结果 1　剖析　状态

SCID	score	IDcard	customer	tel	cardDate
2342144	2162.00	220112197205042225	李航毅	13604484406	2021-01-01 00:00:00

图 3-3-17　查询会员积分

结果显示此时积分由原来的 2145 增长为 2162，触发器触发更新操作成功。

4. 创建并验证 4.2.2 触发器 tSDeliveryAmount

触发器 tSDeliveryAmount 实现当更新交货进度 tblOrderDelivery 表的交货数量 deliveryAmount 字段时，自动计算更新订单明细 tblOrderList 表的交货数量 sDeliveryAmount 字段，使订单明细 tblOrderList 表的交货数量 sDeliveryAmount 字段值保持为交货进度 tblOrderDelivery 表的交货数量 deliveryAmount 字段的汇总求和。这是 INSERT 类型触发器。

（1）创建 4.2.2 触发器 tSDeliveryAmount 语句如下：

语句如下：

```
#创建前先删除
DROP TRIGGER IF EXISTS tSDeliveryAmount;

#定义语句结束符为$$
DELIMITER $$

#创建触发器tTradeInsert Score
CREATE TRIGGER tSDeliveryAmount AFTER INSERT
ON tblOrderDelivery FOR EACH ROW
UPDATE tblOrderList
SET sDeliveryAmount=sDeliveryAmount+NEW.deliveryAmount
WHERE orderListID=NEW.orderListID;
$$

#定义语句结束符为;
DELIMITER ;
```

执行结果如图 3-3-18 所示。

```
信息  剖析  状态
-- 4.2.2触发器tSDeliveryAmount
#创建前先删除
DROP TRIGGER IF EXISTS tSDeliveryAmount
> OK
> 时间: 0.007s


#创建触发器tSDeliveryAmount
CREATE TRIGGER tSDeliveryAmount AFTER INSERT
ON tblOrderDelivery FOR EACH ROW
UPDATE tblOrderList SET sDeliveryAmount=sDeliveryAmount+NEW.deliveryAmount WHERE orderListID=NEW.orderListID;
> Affected rows: 0
> 时间: 0.007s
```

图 3-3-18　创建触发器 tSDeliveryAmount

（2）验证 4.2.2 触发器 tSDeliveryAmount

在执行触发的 INSERT 语句前先查询 tblOrderList 表中即将插入交货记录的订单明细的当前已交货数量。语句如下：

```
SELECT * FROM  tblOrderList WHERE orderListID=1;
```

执行结果如图 3-3-19 所示。

信息	结果 1	剖析	状态			
orderListID	orderID	goodsID	buyAmount	stockPrice	sDeliveryAmount	toleranc
1	1	010007	100.00	5.60	0.00	0.00

图 3-3-19 查询当前已交货数量

显示当前已交货数量 sDeliveryAmount 为 0。

执行插入语句如下：

```
INSERT INTO tblorderdelivery VALUES ('2021-01-03 10:02:01.000', 1, '103002', 20.00);
```

执行结果如图 3-3-20 所示。

```
信息  剖析  状态
INSERT INTO tblorderdelivery VALUES ('2021-01-03 10:02:01.000', 1, '103002', 20.00)
> Affected rows: 1
> 时间: 0.006s
```

图 3-3-20 插入语句执行成功

再次使用上面的查询语句查询 tblOrderList 表中即将插入交货记录的订单明细的当前已交货数量，执行结果如图 3-3-21 所示。

信息	结果 1	剖析	状态			
orderListID	orderID	goodsID	buyAmount	stockPrice	sDeliveryAmount	toleranc
1	1	010007	100.00	5.60	20.00	0.00

图 3-3-21 查询当前已交货数量

结果显示当前已交货数量 sDeliveryAmount 由原来的 0 增长为 20，触发器触发更新操作成功。

5. 查看创建的触发器

基本语句格式：

```
SHOW TRIGGERS;
```

执行结果如图 3-3-22 所示。

```
mysql> SHOW TRIGGERS \G
*************************** 1. row ***************************
             Trigger: tSDeliveryAmount
               Event: INSERT
               Table: tblorderdelivery
           Statement: UPDATE tblOrderList SET sDeliveryAmount=sDeliveryAmount+NEW.deliveryAmount WHERE orderListID=NEW.orderListID
              Timing: AFTER
             Created: 2021-12-15 00:28:23.42
            sql_mode: ONLY_FULL_GROUP_BY,STRICT_TRANS_TABLES,NO_ZERO_IN_DATE,NO_ZERO_DATE,ERROR_FOR_DIVISION_BY_ZERO,NO_ENGINE_SUBSTITUTION
             Definer: root@localhost
character_set_client: utf8mb4
collation_connection: utf8mb4_0900_ai_ci
  Database Collation: utf8mb4_0900_ai_ci
*************************** 2. row ***************************
             Trigger: tTradeInsertScore
               Event: INSERT
               Table: tbltrade
           Statement: UPDATE tblScorecard SET score=score+NEW.tradeScore WHERE SCID=NEW.SCID
              Timing: AFTER
             Created: 2021-12-15 00:49:06.41
            sql_mode: ONLY_FULL_GROUP_BY,STRICT_TRANS_TABLES,NO_ZERO_IN_DATE,NO_ZERO_DATE,ERROR_FOR_DIVISION_BY_ZERO,NO_ENGINE_SUBSTITUTION
             Definer: root@localhost
character_set_client: utf8mb4
collation_connection: utf8mb4_0900_ai_ci
  Database Collation: utf8mb4_0900_ai_ci
2 rows in set (0.00 sec)
```

图 3-3-22 查看创建的触发器

6. 删除触发器

SQL 语句文件中，在创建触发器语句前，可以添加删除触发器语句，这样无论是否已经创建此触发器，都可以正常执行创建触发器的语句。

基本语句格式：

```
DROP TRIGGER [IF EXISTS] <触发器名称>
```

说明：

[IF EXISTS] 可选项，表示当存在触发器名称指定的触发器时执行删除操作。

删除 tTradeInsertScore 触发器的语句如下：

```
DROP TRIGGER IF EXISTS tTradeInsertScore;
```

执行结果如图 3-3-23 所示。

```
信息  剖析  状态
DROP TRIGGER IF EXISTS tTradeInsertScore
> OK
> 时间: 0.002s
```

图 3-3-23 执行删除触发器操作

拓展任务

1. 使用触发器实现业务逻辑

创建 4.2.3 触发器 tOrderStatusToleranc，实现当订单表 tblOrder 的订单状态 orderStatus 更新为“已完成”时，检验该订单明细的各商品的采购数量 buyAmount 与交货数量 sDeliveryAmount 差是否小于容差，如果小于容差，则允许更新，否则给出提示信息，不更新。

语句如下：

```
-- 4.2.3触发器tOrderStatusToleranc
#创建前先删除
DROP TRIGGER IF EXISTS tOrderStatusToleranc;

#定义语句结束符为$$
DELIMITER $$

#创建触发器tOrderStatusToleranc
CREATE TRIGGER tOrderStatusToleranc BEFORE UPDATE ON tblOrder
FOR EACH ROW
BEGIN
   DECLARE
      mesg VARCHAR( 20 );
   IF NEW.orderStatus='已完成' THEN
      IF EXISTS(SELECT buyAmount<=sDeliveryAmount+toleranc
               FROM tblOrderList WHERE orderID=NEW.orderID)
      THEN
        UPDATE tblOrder SET orderStatus=NEW.orderStatus
       WHERE orderID=NEW.orderID;
      ELSE
        SELECT 'buyAmount与sDeliveryAmount差大于容差,不允许更新'
       INTO mesg;
      END IF;
   END IF;
END $$
```

```
#定义语句结束符为;
DELIMITER ;
```

创建语句中使用了 IF 语句，进行条件判断，可以嵌套使用。

IF 语句的基本语句格式如下：

```
IF <逻辑表达式> THEN
  <语句体1>;
ELSE
   <语句体2>;
END  IF;
```

执行结果如图 3-3-24 所示。

```
信息  剖析  状态
-- 4.2.3触发器tOrderStatusToleranc
#创建前先删除
DROP TRIGGER IF EXISTS tOrderStatusToleranc
> OK
> 时间: 0.009s


#创建触发器tOrderStatusToleranc
CREATE TRIGGER tOrderStatusToleranc BEFORE UPDATE ON tblOrder FOR EACH ROW
BEGIN
        DECLARE
                mesg VARCHAR ( 20 );
        IF NEW.orderStatus = '已完成' THEN
                IF EXISTS ( SELECT buyAmount <= sDeliveryAmount + toleranc FROM tblOrderList WHERE orderID = OLD.orderID ) THEN
                                UPDATE tblOrder SET orderStatus = NEW.orderStatus WHERE orderID = NEW.orderID;
                        ELSE
                          SELECT 'buyAmount与sDeliveryAmount差大于容差,不允许更新' INTO mesg;
                END IF,
        END IF;
END
> Affected rows: 0
> 时间: 0.006s
```

图 3-3-24　创建触发器实现业务逻辑

常见错误

1. 提示 Trigger already exists

（1）问题分析

提示信息的意思是触发器已存在，说明已创建了同名触发器。

（2）解决办法

删除触发器后重新创建。

2. 提示 Unknown column 'orderListID ; ' in 'NEW'

（1）问题分析

细致查看提示信息，发现“；”是一个全角分号。

（2）解决办法

删除语句后的全角分号，添加半角分号。

第四期工作　数据库管理与优化

执行解析 4-1　管理用户与权限

任务目标

管理用户与权限

① 了解数据库中与权限相关的表。

② 掌握查看、创建、修改、删除用户的操作。

③ 掌握创建用户的操作。

④ 理解权限和权限层级。

⑤ 掌握查看、分配权限的操作。

⑥ 掌握刷新、回收权限的操作。

任务解析

MySQL 是一个多用户管理的数据库，可以为不同用户分配不同的权限，分为 root 用户和普通用户，root 用户为超级管理员，拥有所有权限，而普通用户拥有指定的权限。

1. 与数据库权限相关的表

MySQL 服务器通过权限表来控制用户对数据库的访问，权限表存放在 mysql 数据库里，由 mysql_install_db 脚本初始化。

主要的权限表包括 user、db、table_priv、columns_priv 和 host。

（1）user 权限表

user 权限表记录允许连接到服务器的用户账号信息，里面的权限是全局级的。user 权限表包括的字段有很多，如图 3-4-1 所示。

① 用户列：存储了用户连接 MySQL 数据库时需要输入的信息。包括：

• Host：主机名，双主键之一，值为 % 时表示匹配所有主机。

• User：用户名，双主键之一。

• authentication_string：密码名。

MySQL 5.7 以前版本使用 Password 来作为密码的字段，5.7 以后版本改成了 authentication_string。

user 表用户列字段详情如表 3-4-1 所示。

```
mysql> DESC user;
+--------------------------+-----------------------------------+------+-----+-----------------------+-------+
| Field                    | Type                              | Null | Key | Default               | Extra |
+--------------------------+-----------------------------------+------+-----+-----------------------+-------+
| Host                     | char(255)                         | NO   | PRI |                       |       |
| User                     | char(32)                          | NO   | PRI |                       |       |
| Select_priv              | enum('N','Y')                     | NO   |     | N                     |       |
| Insert_priv              | enum('N','Y')                     | NO   |     | N                     |       |
| Update_priv              | enum('N','Y')                     | NO   |     | N                     |       |
| Delete_priv              | enum('N','Y')                     | NO   |     | N                     |       |
| Create_priv              | enum('N','Y')                     | NO   |     | N                     |       |
| Drop_priv                | enum('N','Y')                     | NO   |     | N                     |       |
| Reload_priv              | enum('N','Y')                     | NO   |     | N                     |       |
| Shutdown_priv            | enum('N','Y')                     | NO   |     | N                     |       |
| Process_priv             | enum('N','Y')                     | NO   |     | N                     |       |
| File_priv                | enum('N','Y')                     | NO   |     | N                     |       |
| Grant_priv               | enum('N','Y')                     | NO   |     | N                     |       |
| References_priv          | enum('N','Y')                     | NO   |     | N                     |       |
| Index_priv               | enum('N','Y')                     | NO   |     | N                     |       |
| Alter_priv               | enum('N','Y')                     | NO   |     | N                     |       |
| Show_db_priv             | enum('N','Y')                     | NO   |     | N                     |       |
| Super_priv               | enum('N','Y')                     | NO   |     | N                     |       |
| Create_tmp_table_priv    | enum('N','Y')                     | NO   |     | N                     |       |
| Lock_tables_priv         | enum('N','Y')                     | NO   |     | N                     |       |
| Execute_priv             | enum('N','Y')                     | NO   |     | N                     |       |
| Repl_slave_priv          | enum('N','Y')                     | NO   |     | N                     |       |
| Repl_client_priv         | enum('N','Y')                     | NO   |     | N                     |       |
| Create_view_priv         | enum('N','Y')                     | NO   |     | N                     |       |
| Show_view_priv           | enum('N','Y')                     | NO   |     | N                     |       |
| Create_routine_priv      | enum('N','Y')                     | NO   |     | N                     |       |
| Alter_routine_priv       | enum('N','Y')                     | NO   |     | N                     |       |
| Create_user_priv         | enum('N','Y')                     | NO   |     | N                     |       |
| Event_priv               | enum('N','Y')                     | NO   |     | N                     |       |
| Trigger_priv             | enum('N','Y')                     | NO   |     | N                     |       |
| Create_tablespace_priv   | enum('N','Y')                     | NO   |     | N                     |       |
| ssl_type                 | enum('','ANY','X509','SPECIFIED') | NO   |     |                       |       |
| ssl_cipher               | blob                              | NO   |     | NULL                  |       |
| x509_issuer              | blob                              | NO   |     | NULL                  |       |
| x509_subject             | blob                              | NO   |     | NULL                  |       |
| max_questions            | int unsigned                      | NO   |     | 0                     |       |
| max_updates              | int unsigned                      | NO   |     | 0                     |       |
| max_connections          | int unsigned                      | NO   |     | 0                     |       |
| max_user_connections     | int unsigned                      | NO   |     | 0                     |       |
| plugin                   | char(64)                          | NO   |     | caching_sha2_password |       |
| authentication_string    | text                              | YES  |     | NULL                  |       |
| password_expired         | enum('N','Y')                     | NO   |     | N                     |       |
| password_last_changed    | timestamp                         | YES  |     | NULL                  |       |
| password_lifetime        | smallint unsigned                 | YES  |     | NULL                  |       |
| account_locked           | enum('N','Y')                     | NO   |     | N                     |       |
| Create_role_priv         | enum('N','Y')                     | NO   |     | N                     |       |
| Drop_role_priv           | enum('N','Y')                     | NO   |     | N                     |       |
| Password_reuse_history   | smallint unsigned                 | YES  |     | NULL                  |       |
| Password_reuse_time      | smallint unsigned                 | YES  |     | NULL                  |       |
| Password_require_current | enum('N','Y')                     | YES  |     | NULL                  |       |
| User_attributes          | json                              | YES  |     | NULL                  |       |
+--------------------------+-----------------------------------+------+-----+-----------------------+-------+
51 rows in set (0.00 sec)
```

图 3-4-1　user 表包括的字段

表 3-4-1　user 表用户列字段详情

字 段 名	字 段 类 型	是 否 为 空	默 认 值	说 明
Host	char(60)	NO	无	主机名
User	char(32)	NO	无	用户名
authentication_string	text	YES	无	密码

用户登录时，如果这 3 个字段同时匹配，MySQL 数据库系统才会允许其登录。创建新用户时，也是设置这 3 个字段的值。修改用户密码时，实际就是修改 user 表的 authentication_string 字段的值。因此，这 3 个字段决定了用户能否登录。

为了更好地理解用户列，下面列出（User，Host）值对应的具体含义。

- (root,%) 表示可以远程登录，并且是除服务器外的其他任何终端，% 表示任意 IP 都可登录。
- (root,localhost) 表示可以本地登录，即可以在服务器上登录，localhost 则只允许本地登录。
- (root,127.0.0.1) 表示可以本机登录，即可以在服务器上登录。
- (root,ts01) 表示主机名为 ts01 可以登录。
- (root,::1) 表示本机可以登录。
- (root,192.168.2.3) 表示 IP 地址为 192.168.2.3 的主机可以登录。

② 权限列：决定了用户的权限，描述了用户在全局范围内允许对数据库和数据库表进行的操作，字段类型都是枚举 Enum，值只能是 Y 或 N，Y 表示有权限，N 表示没有权限。

权限大致分为两大类，分别是高级管理权限和普通权限：

- 高级管理权限主要对数据库进行管理，如关闭服务的权限、超级权限和加载用户等。
- 普通权限主要操作数据库，如查询权限、修改权限等。

user 表的权限列包括 SELECT_priv、Insert_priv 等以 priv 结尾的字段，这些字段值的数据类型为 ENUM，可取的值只有 Y 和 N。Y 表示该用户有对应的权限，N 表示该用户没有对应的权限。从安全角度考虑，这些字段的默认值都为 N。

user 表权限列字段详情如表 3-4-2 所示。

表 3-4-2　user 表权限列字段详情

字段名	字段类型	是否为空	默认值	说明
SELECT_priv	enum('N','Y')	NO	N	是否可以通过 SELECT 命令查询数据
Insert_priv	enum('N','Y')	NO	N	是否可以通过 INSERT 命令插入数据
UPDATE_priv	enum('N','Y')	NO	N	是否可以通过 UPDATE 命令修改现有数据
Delete_priv	enum('N','Y')	NO	N	是否可以通过 DELETE 命令删除现有数据
Create_priv	enum('N','Y')	NO	N	是否可以创建新的数据库和表
Drop_priv	enum('N','Y')	NO	N	是否可以删除现有数据库和表
Reload_priv	enum('N','Y')	NO	N	是否可以执行刷新和重新加载 MySQL 所用的各种内部缓存的特定命令，包括日志、权限、主机、查询和表
Shutdown_priv	enum('N','Y')	NO	N	是否可以关闭 MySQL 服务器。将此权限提供给 root 账户之外的任何用户时，都应当非常谨慎
Process_priv	enum('N','Y')	NO	N	是否可以通过 SHOW PROCESSLIST 命令查看其他用户的进程
File_priv	enum('N','Y')	NO	N	是否可以执行 SELECT INTO OUTFILE 和 LOAD DATA INFILE 命令
Grant_priv	enum('N','Y')	NO	N	是否可以将自己的权限再授予其他用户
References_priv	enum('N','Y')	NO	N	是否可以创建外键约束

续表

字 段 名	字 段 类 型	是 否 为 空	默 认 值	说 明
Index_priv	enum('N','Y')	NO	N	是否可以对索引进行增删查
Alter_priv	enum('N','Y')	NO	N	是否可以重命名和修改表结构
SHOW_db_priv	enum('N','Y')	NO	N	是否可以查看服务器上所有数据库的名字，包括用户拥有足够访问权限的数据库
Super_priv	enum('N','Y')	NO	N	是否可以执行某些强大的管理功能，例如通过 KILL 命令删除用户进程；使用 SET GLOBAL 命令修改全局 MySQL 变量，执行关于复制和日志的各种命令（超级权限）
Create_tmp_table_priv	enum('N','Y')	NO	N	是否可以创建临时表
Lock_tables_priv	enum('N','Y')	NO	N	是否可以使用 LOCK TABLES 命令阻止对表的访问 / 修改
Execute_priv	enum('N','Y')	NO	N	是否可以执行存储过程
Repl_slave_priv	enum('N','Y')	NO	N	是否可以读取用于维护复制数据库环境的二进制日志文件
Repl_client_priv	enum('N','Y')	NO	N	是否可以确定复制从服务器和主服务器的位置
Create_view_priv	enum('N','Y')	NO	N	是否可以创建视图
SHOW_view_priv	enum('N','Y')	NO	N	是否可以查看视图
Create_routine_priv	enum('N','Y')	NO	N	是否可以更改或放弃存储过程和函数
Alter_routine_priv	enum('N','Y')	NO	N	是否可以修改或删除存储函数及函数
Create_user_priv	enum('N','Y')	NO	N	是否可以执行 CREATE USER 命令，这个命令用于创建新的 MySQL 账户
Event_priv	enum('N','Y')	NO	N	是否可以创建、修改和删除事件
Trigger_priv	enum('N','Y')	NO	N	是否可以创建和删除触发器
Create_tablespace_priv	enum('N','Y')	NO	N	是否可以创建表空间

③ 安全列：主要用来判断用户是否能够登录成功。

user 表安全列字段详情如表 3-4-3 所示。

表 3-4-3 user 表安全列字段详情

字 段 名	字 段 类 型	是 否 为 空	默 认 值	说 明
ssl_type	enum('','ANY','X509', 'SPECIFIED')	NO		支持 ssl 标准加密安全字段
ssl_cipher	blob	NO		支持 ssl 标准加密安全字段
x509_issuer	blob	NO		支持 x509 标准字段

续表

字 段 名	字 段 类 型	是 否 为 空	默 认 值	说　明
x509_subject	blob	NO		支持 x509 标准字段
plugin	char(64)	NO	mysql_native_password	引入 plugins 以进行用户连接时的密码验证，plugin 创建外部 / 代理用户
password_expired	enum('N','Y')	NO	N	密码是否过期 (N 未过期，y 已过期)
password_last_changed	timestamp	YES		记录密码最近修改的时间
password_lifetime	smallint(5) unsigned	YES		设置密码的有效时间，单位为天数
account_locked	enum('N','Y')	NO	N	用户是否被锁定（Y 锁定，N 未锁定）

即使 password_expired 为“Y”，用户也可以使用密码登录 MySQL，但是不允许做任何操作。

（2）资源控制列：其字段用来限制用户使用的资源。

user 表资源控制列字段详情如表 3-4-4 所示。

表 3-4-4　user 表资源控制列字段详情

字 段 名	字 段 类 型	是 否 为 空	默 认 值	说　明
max_questions	int(11) unsigned	NO	0	规定每小时允许执行查询的操作次数
max_UPDATEs	int(11) unsigned	NO	0	规定每小时允许执行更新的操作次数
max_connections	int(11) unsigned	NO	0	规定每小时允许执行的连接操作次数
max_user_connections	int(11) unsigned	NO	0	规定允许同时建立的连接次数

以上字段的默认值为 0，表示没有限制。一个小时内用户查询或者连接数量超过资源控制限制，用户将被锁定，直到下一个小时才可以在此执行对应的操作。可以使用 GRANT 语句更新这些字段的值。

（3）db 表

db 表比较常用，是 MySQL 数据库中非常重要的权限表，表中存储了用户对某个数据库的操作权限。

db 表包括的字段有很多，如图 3-4-2 所示。

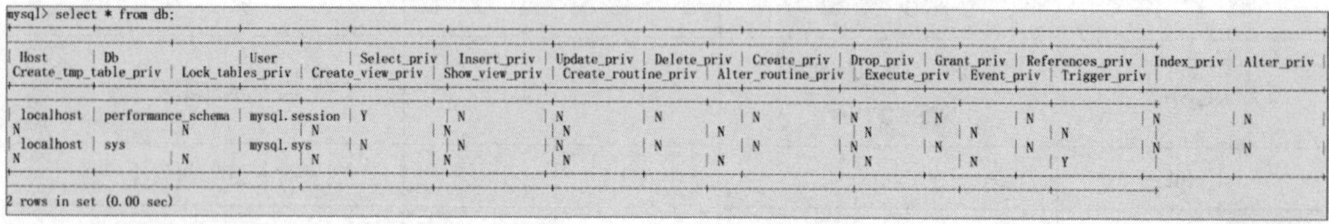

```
mysql> select * from db;
| Host | Db | User | Select_priv | Insert_priv | Update_priv | Delete_priv | Create_priv | Drop_priv | Grant_priv | References_priv | Index_priv | Alter_priv |
Create_tmp_table_priv | Lock_tables_priv | Create_view_priv | Show_view_priv | Create_routine_priv | Alter_routine_priv | Execute_priv | Event_priv | Trigger_priv |
| localhost | performance_schema | mysql.session | Y | N | N | N | N | N | N | N | N | N |
N | N | N | N | N | N | N | N | N |
| localhost | sys | mysql.sys | N | N | N | N | N | N | N | N | N | N |
N | N | N | N | N | N | N | N | Y |
2 rows in set (0.00 sec)
```

图 3-4-2　user 表字段列表

表中的字段大致可以分为两类：用户列和权限列。

① 用户列：db 表用户列有 3 个字段，分别是 Host、User、Db，标识从某台主机连接某个用户对某个数据库的操作权限，这 3 个字段的组合构成了 db 表的主键。

db 表用户列字段详情如表 3-4-5 所示。

表 3-4-5 db 表用户列字段详情

字 段 名	字 段 类 型	是 否 为 空	默 认 值	说 明
Host	char(60)	NO	无	主机名
Db	char(64)	NO	无	数据库名
User	char(32)	NO	无	用户名

② 权限列：db 表中的权限列和 user 表中的权限列大致相同，只是 user 表中的权限是针对所有数据库的，而 db 表中的权限只针对指定的数据库。如果希望用户只对某个数据库有操作权限，可以先将 user 表中对应的权限设置为 N，然后在 db 表中设置对应数据库的操作权限。

db 表字段如图 3-4-3 所示。

Host	Db	User	Select_priv	Insert_priv	Update_priv	Delete_priv	Create_priv	Drop_priv	Grant_priv	References_priv	Index_priv	Alter_priv	Create_tmp_tabl	Lock_tables_priv	Create_view_priv	Show_view_priv	Create_routine_p	Alter_routine_pri	Execute_priv	Event_priv	Trigger_priv
localhost	performance_sch	mysql.session	Y	N	N	N	N	N	N	N	N	N	N	N	N	N	N	N	N	N	N
localhost	sys	mysql.sys	N	N	N	N	N	N	N	N	N	N	N	N	N	N	N	N	N	N	Y

图 3-4-3 db 表字段列表

（4）tables_priv 表

tables_priv 表用来对单个表进行权限设置。

tables_priv 表字段如图 3-4-4 所示。

```
mysql> SELECT * FROM tables_priv;
+-----------+-------+---------------+------------+----------------+---------------------+------------+-------------+
| Host      | Db    | User          | Table_name | Grantor        | Timestamp           | Table_priv | Column_priv |
+-----------+-------+---------------+------------+----------------+---------------------+------------+-------------+
| localhost | mysql | mysql.session | user       | boot@          | 0000-00-00 00:00:00 | Select     |             |
| localhost | sys   | mysql.sys     | sys_config | root@localhost | 2021-11-19 02:07:51 | Select     |             |
+-----------+-------+---------------+------------+----------------+---------------------+------------+-------------+
2 rows in set (0.04 sec)
```

图 3-4-4 tables_priv 表字段

tables_priv 表用户列字段详情如表 3-4-6 所示。

表 3-4-6 tables_priv 表用户列字段详情

字 段 名	字 段 类 型	是 否 为 空	默 认 值	说 明
Host	char(60)	NO	无	主机
Db	char(64)	NO	无	数据库名
User	char(32)	NO	无	用户名
Table_name	char(64)	NO	无	表名
Grantor	char(93)	NO	无	修改该记录的用户

续表

字段名	字段类型	是否为空	默认值	说明
Timestamp	timestamp	NO	CURRENT_TIMESTAMP	修改该记录的时间
Table_priv	set('SELECT','Insert','UPDATE','Delete','Create','Drop','Grant','References','Index','Alter','Create View','SHOW view','Trigger')	NO	无	表示对表的操作权限，包括 SELECT、Insert、UPDATE、Delete、Create、Drop、Grant、References、Index 和 Alter 等
Column_priv	set('SELECT','Insert','UPDATE','References')	NO	无	表示对表中列的操作权限，包括 SELECT、Insert、UPDATE 和 References

（5）columns_priv 表

columns_priv 表用来对单个数据列进行权限设置。

columns_priv 表用户列字段详情如表 3-4-7 所示。

表 3-4-7　columns_priv 表用户列字段详情

字段名	字段类型	是否为空	默认值	说明
Host	char(60)	NO	无	主机
Db	char(64)	NO	无	数据库名
User	char(32)	NO	无	用户名
Table_name	char(64)	NO	无	表名
Column_name	char(64)	NO	无	数据列名称，用来指定对哪些数据列具有操作权限
Timestamp	timestamp	NO	CURRENT_TIMESTAMP	修改该记录的时间
Column_priv	set('SELECT','Insert','UPDATE','References')	NO	无	表示对表中的列的操作权限，包括 SELECT、Insert、UPDATE 和 References

2. 查看用户

对于数据库基本操作而言，经常会遇到添加用户并设置权限等操作。

（1）查看用户的语法

查看用户的基本语句格式：

```
use mysql;
SELECT <字段名>… FROM user;
```

说明：

针对查看用户的需求，列出相应字段名。

（2）查看当前所有用户的主机名、用户名、密码

语句如下：

```
USE mysql;
SELECT host,user, authentication_string FROM user;
```

执行结果如图 3-4-5 所示，所查询密码并非明文，而是加密文，是密码的哈希值。

```
mysql> USE mysql;
Database changed

mysql> SELECT host,user, authentication_string FROM user;
+-----------+------------------+------------------------------------------------------------------------+
| host      | user             | authentication_string                                                  |
+-----------+------------------+------------------------------------------------------------------------+
| localhost | mysql.infoschema | $A$005$THISISACOMBINATIONOFINVALIDSALTANDPASSWORDTHATMUSTNEVERBRBEUSED |
| localhost | mysql.session    | $A$005$THISISACOMBINATIONOFINVALIDSALTANDPASSWORDTHATMUSTNEVERBRBEUSED |
| localhost | mysql.sys        | $A$005$THISISACOMBINATIONOFINVALIDSALTANDPASSWORDTHATMUSTNEVERBRBEUSED |
| localhost | root             | $A$005$!X^V= z}AJFX-LZjweR6ws710bRerHN1LNI6ZOYwGqUVDtpMza2DH.L5B       |
+-----------+------------------+------------------------------------------------------------------------+
4 rows in set (0.20 sec)
```

图 3-4-5　执行结果（一）

2. 创建用户

（1）创建用户的语法

基本语句格式：

```
CREATE USER <用户> [IDENTIFIED BY [PASSWORD] 'password']
[,用户 [IDENTIFIED BY [PASSWORD] 'password']]
```

说明：

- <用户>指定创建用户账号，格式为 'user_name'@'host_name'。这里的 user_name 是用户名，host_name 为主机名，即用户连接 MySQL 时所用主机的名字。如果在创建的过程中，只给出了用户名，而没指定主机名，那么主机名默认为“%”，表示一组主机，即对所有主机开放权限。
- [IDENTIFIED BY [PASSWORD]'password'] 用于指定用户密码。新用户可以没有初始密码，若该用户不设密码，可省略此子句。
- [PASSWORD] 'password'：PASSWORD 表示使用哈希值设置密码，该参数可选。如果密码是一个普通的字符串，则不需要使用 PASSWORD 关键字。'password' 表示用户登录时使用的密码，需要用单引号括起来。

注意：

- CREATE USER 语句可以不指定初始密码，但是从安全的角度来说，不推荐这种做法。
- 使用 CREATE USER 语句必须拥有 mysql 数据库的 INSERT 权限或全局 CREATE USER 权限。

• 使用 CREATE USER 语句创建一个用户后，MySQL 会在 mysql 数据库的 user 表中添加一条新记录。

• CREATE USER 语句可以同时创建多个用户，多个用户用逗号隔开。

• 新创建的用户拥有的权限很少，它们只能执行不需要权限的操作。例如，登录 MySQL、使用 SHOW 语句查询所有存储引擎和字符集的列表等。

• 如果两个用户的用户名相同，但主机名不同，MySQL 会将它们视为两个用户，并允许为这两个用户分配不同的权限集合。

（2）创建客服用户 CustomerService，并查看当前用户

语句如下：

```
CREATE USER 'CustomerService';
SELECT host,user,authentication_string FROM user;
```

当未指定 host 值时默认为 %，未指定密码值，默认为空。执行结果如图 3-4-6 所示。

```
mysql> CREATE USER 'CustomerService';
Query OK, 0 rows affected (0.01 sec)

mysql> SELECT host,user,authentication_string FROM user;
+-----------+------------------+------------------------------------------------------------------------+
| host      | user             | authentication_string                                                  |
+-----------+------------------+------------------------------------------------------------------------+
| %         | CustomerService  |                                                                        |
| localhost | mysql.infoschema | $A$005$THISISACOMBINATIONOFINVALIDSALTANDPASSWORDTHATMUSTNEVERBRBEUSED |
| localhost | mysql.session    | $A$005$THISISACOMBINATIONOFINVALIDSALTANDPASSWORDTHATMUSTNEVERBRBEUSED |
| localhost | mysql.sys        | $A$005$THISISACOMBINATIONOFINVALIDSALTANDPASSWORDTHATMUSTNEVERBRBEUSED |
| localhost | root             | $A$005$!X�^V= z}AJF�X-��LZjweR6ws710bRerHN1LNI6ZOYwGqUVDtpMza2DH.L5B   |
+-----------+------------------+------------------------------------------------------------------------+
5 rows in set (0.20 sec)
```

图 3-4-6　执行结果（二）

（3）创建收银员用户 Cashier，可以访问本地主机，初始密码为 123456

语句如下：

```
CREATE USER 'Cashier'@'localhost' IDENTIFIED BY '123456';
SELECT host,user ,authentication_string FROM user;
```

执行结果如图 3-4-7 所示。

```
mysql> CREATE USER 'Cashier'@'localhost' IDENTIFIED BY '123456';
Query OK, 0 rows affected (0.01 sec)

mysql> SELECT host,user ,authentication_string FROM user;
+-----------+------------------+------------------------------------------------------------------------+
| host      | user             | authentication_string                                                  |
+-----------+------------------+------------------------------------------------------------------------+
| %         | CustomerService  |                                                                        |
| localhost | Cashier          | $A$005$5c2tPAO,S�I?��f7B@]nWSXvcc34ceOjyxmIbhXlZk/58WIdNPa/8UvRB7J8LLB |
| localhost | mysql.infoschema | $A$005$THISISACOMBINATIONOFINVALIDSALTANDPASSWORDTHATMUSTNEVERBRBEUSED |
| localhost | mysql.session    | $A$005$THISISACOMBINATIONOFINVALIDSALTANDPASSWORDTHATMUSTNEVERBRBEUSED |
| localhost | mysql.sys        | $A$005$THISISACOMBINATIONOFINVALIDSALTANDPASSWORDTHATMUSTNEVERBRBEUSED |
| localhost | root             | $A$005$!X�^V= z}AJF�X-��LZjweR6ws710bRerHN1LNI6ZOYwGqUVDtpMza2DH.L5B   |
+-----------+------------------+------------------------------------------------------------------------+
6 rows in set (0.24 sec)
```

图 3-4-7　执行结果（三）

（4）创建采购员用户 Purchaser，可以访问 IP 地址为 192.168.100.1 的主机，初始密码为 123456

语句如下：

```
CREATE USER 'Purchaser'@'192.168.100.1' IDENTIFIED BY '123456';
SELECT host,user ,authentication_string FROM user;
```

执行结果如图 3-4-8 所示。

```
mysql> CREATE USER 'Purchaser'@'192.168.100.1' IDENTIFIED BY '123456';
Query OK, 0 rows affected (0.01 sec)

mysql> SELECT host,user ,authentication_string FROM user;
+---------------+------------------+------------------------------------------------------------------------+
| host          | user             | authentication_string                                                  |
+---------------+------------------+------------------------------------------------------------------------+
| %             | CustomerService  |                                                                        |
| 192.168.100.1 | Purchaser        | $A$005$l□hw□k□□□9<Ol□□%□q'Y8wAXQeZTrNQNGdSuh/JSH7yMjg6vGY.gx5cI6OLZY2  |
| localhost     | Cashier          | $A$005$5c2tPAO,S□I?□□f7B@]nWSXvcc34ceOjyxmIbhXlZk/58WIdNPa/8UvRB7J8LLB |
| localhost     | mysql.infoschema | $A$005$THISISACOMBINATIONOFINVALIDSALTANDPASSWORDTHATMUSTNEVERBRBEUSED |
| localhost     | mysql.session    | $A$005$THISISACOMBINATIONOFINVALIDSALTANDPASSWORDTHATMUSTNEVERBRBEUSED |
| localhost     | mysql.sys        | $A$005$THISISACOMBINATIONOFINVALIDSALTANDPASSWORDTHATMUSTNEVERBRBEUSED |
| localhost     | root             | $A$005$!X□^V= z}AJF□X-□□LZjweR6ws710bRerHN1LNI6ZOYwGqUVDtpMza2DH.L5B   |
+---------------+------------------+------------------------------------------------------------------------+
7 rows in set (0.21 sec)
```

图 3-4-8 执行结果（四）

4. 修改用户

（1）修改密码的语法

基本语句格式：

```
ALTER USER <用户> [IDENTIFIED BY [PASSWORD] 'password']
[,用户 [IDENTIFIED BY [PASSWORD] 'password']]
```

说明：

使用 ALTER USER 语句必须拥有 mysql 数据库的 INSERT 权限或全局 ALTERUSER 权限。

（2）修改收银员用户 'Cashier'@'LOCALHOST', 设置密码为 123

语句如下：

```
ALTER USER ' Cashier '@'LOCALHOST' IDENTIFIED BY '123';
SELECT host,user ,authentication_string FROM user;
```

执行结果如图 3-4-9 所示。

（3）重命名用户的语法

基本语句格式：

```
RENAME USER <旧用户> TO <新用户>
```

```
mysql> SELECT host,user ,authentication_string FROM user;
+---------------+------------------+--------------------------------------------------------------------+
| host          | user             | authentication_string                                              |
+---------------+------------------+--------------------------------------------------------------------+
| %             | CustomerService  |                                                                    |
| 192.168.100.1 | Purchaser        | $A$005$'□q>0nbkgg□x□}B*l{r□LuJo2WfRRWqpTgFcei34scAj2VawMyhZ85XKn/B7pH6 |
| localhost     | Cashier          | $A$005$R]□□i□f"□□Q□,Z□Wd□!oJr1rZw2N0Cqd2y9QUk6SXMXqIqtPIoHf8ePAp61FLD |
| localhost     | mysql.infoschema | $A$005$THISISACOMBINATIONOFINVALIDSALTANDPASSWORDTHATMUSTNEVERBRBEUSED |
| localhost     | mysql.session    | $A$005$THISISACOMBINATIONOFINVALIDSALTANDPASSWORDTHATMUSTNEVERBRBEUSED |
| localhost     | mysql.sys        | $A$005$THISISACOMBINATIONOFINVALIDSALTANDPASSWORDTHATMUSTNEVERBRBEUSED |
| localhost     | root             | $A$005$!X□^V= z}AJF□X □□LZjweR6ws710bRerHN1LNI6ZOYwGqUVDtpMza2DH.L5B |
+---------------+------------------+--------------------------------------------------------------------+
7 rows in set (0.19 sec)

mysql> ALTER USER ' Cashier '@'LOCALHOST' IDENTIFIED BY '123';
Query OK, 0 rows affected (0.01 sec)

mysql> SELECT host,user ,authentication_string FROM user;
+---------------+------------------+--------------------------------------------------------------------+
| host          | user             | authentication_string                                              |
+---------------+------------------+--------------------------------------------------------------------+
| %             | CustomerService  |                                                                    |
| 192.168.100.1 | Purchaser        | $A$005$'□q>0nbkgg□x□}B*l{r□LuJo2WfRRWqpTgFcei34scAj2VawMyhZ85XKn/B7pH6 |
| localhost     | Cashier          | $A$005$k@□g□8□□_D□ r6□&    d@3MpuLMW/9kEoA4rnYmT8Th/3lBgqmuoI/fBkQaWp.he/ |
| localhost     | mysql.infoschema | $A$005$THISISACOMBINATIONOFINVALIDSALTANDPASSWORDTHATMUSTNEVERBRBEUSED |
| localhost     | mysql.session    | $A$005$THISISACOMBINATIONOFINVALIDSALTANDPASSWORDTHATMUSTNEVERBRBEUSED |
| localhost     | mysql.sys        | $A$005$THISISACOMBINATIONOFINVALIDSALTANDPASSWORDTHATMUSTNEVERBRBEUSED |
| localhost     | root             | $A$005$!X□^V= z}AJF□X-□□LZjweR6ws710bRerHN1LNI6ZOYwGqUVDtpMza2DH.L5B |
+---------------+------------------+--------------------------------------------------------------------+
7 rows in set (0.19 sec)
```

图 3-4-9 执行结果（五）

说明:

- <旧用户>: 系统中已经存在的 MySQL 用户账号。
- <新用户>: 新的 MySQL 用户账号。
- RENAME USER 语句用于对原有的 MySQL 用户进行重命名。
- 若系统中旧账户不存在或者新账户已存在，该语句执行时会出现错误。
- 使用 RENAME USER 语句，必须拥有 mysql 数据库的 UPDATE 权限或全局 CREATE USER 权限。

（4）将客服用户 'CustomerService'@'%' 的用户名修改为 CS1, 主机修改为 localhost

语句如下：

```
RENAME USER 'CustomerService'@'%' TO CS@localhost;
SELECT host,user,authentication_string FROM user;
```

执行结果如图 3-4-10 所示。

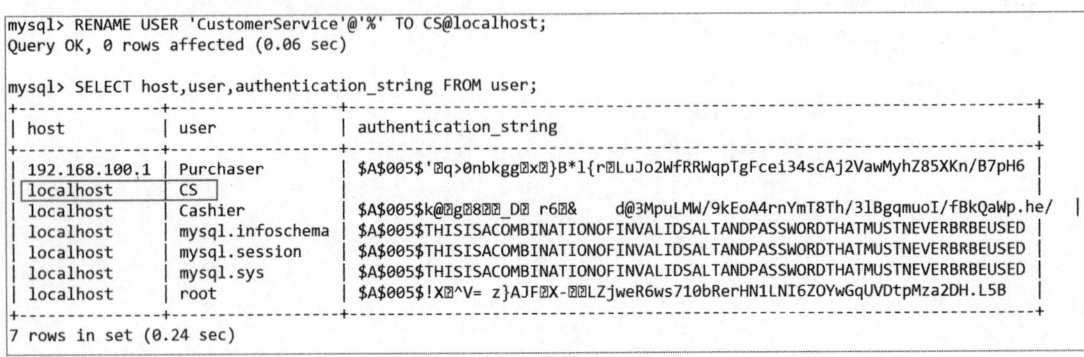

```
mysql> RENAME USER 'CustomerService'@'%' TO CS@localhost;
Query OK, 0 rows affected (0.06 sec)

mysql> SELECT host,user,authentication_string FROM user;
+---------------+------------------+--------------------------------------------------------------------+
| host          | user             | authentication_string                                              |
+---------------+------------------+--------------------------------------------------------------------+
| 192.168.100.1 | Purchaser        | $A$005$'□q>0nbkgg□x□}B*l{r□LuJo2WfRRWqpTgFcei34scAj2VawMyhZ85XKn/B7pH6 |
| localhost     | CS               |                                                                    |
| localhost     | Cashier          | $A$005$k@□g□8□□_D□ r6□&    d@3MpuLMW/9kEoA4rnYmT8Th/3lBgqmuoI/fBkQaWp.he/ |
| localhost     | mysql.infoschema | $A$005$THISISACOMBINATIONOFINVALIDSALTANDPASSWORDTHATMUSTNEVERBRBEUSED |
| localhost     | mysql.session    | $A$005$THISISACOMBINATIONOFINVALIDSALTANDPASSWORDTHATMUSTNEVERBRBEUSED |
| localhost     | mysql.sys        | $A$005$THISISACOMBINATIONOFINVALIDSALTANDPASSWORDTHATMUSTNEVERBRBEUSED |
| localhost     | root             | $A$005$!X□^V= z}AJF□X-□□LZjweR6ws710bRerHN1LNI6ZOYwGqUVDtpMza2DH.L5B |
+---------------+------------------+--------------------------------------------------------------------+
7 rows in set (0.24 sec)
```

图 3-4-10 执行结果（六）

5. 删除用户

（1）删除用户的语法

基本语句格式：

```
DROP USER <用户1> [,…n]
```

**说明：**

- 用户用来指定需要删除的用户账号。
- DROP USER 语句可用于删除一个或多个用户，并撤销其权限。
- 使用 DROP USER 语句必须拥有 mysql 数据库的 DELETE 权限或全局 CREATE USER 权限。
- 在 DROP USER 语句的使用中，若没有明确地给出账户的主机名，则该主机名默认为“%”。
- 用户的删除不会影响他们之前所创建的表、索引或其他数据库对象，因为 MySQL 并不会记录是谁创建了这些对象。

（2）将采购员用户 'Purchaser'@'192.168.100.1' 删除

语句如下：

```
DROP USER 'Purchaser'@'192.168.100.1';
SELECT host,user,authentication_string FROM user;
```

执行结果如图 3-4-11 所示。

```
mysql> SELECT host,user,authentication_string FROM user;
+---------------+-------------------+------------------------------------------------------------------------+
| host          | user              | authentication_string                                                  |
+---------------+-------------------+------------------------------------------------------------------------+
| 192.168.100.1 | Purchaser         | $A$005$'�q>0nbkgg�x�}B*l{r�LuJo2WfRRWqpTgFcei34scAj2VawMyhZ85XKn/B7pH6 |
| localhost     | CS                |                                                                        |
| localhost     | Cashier           | $A$005$k@�g�8��_D� r6�&    d@3MpuLMW/9kEoA4rnYmT8Th/3lBgqmuoI/fBkQaWp.he/ |
| localhost     | mysql.infoschema  | $A$005$THISISACOMBINATIONOFINVALIDSALTANDPASSWORDTHATMUSTNEVERBRBEUSED |
| localhost     | mysql.session     | $A$005$THISISACOMBINATIONOFINVALIDSALTANDPASSWORDTHATMUSTNEVERBRBEUSED |
| localhost     | mysql.sys         | $A$005$THISISACOMBINATIONOFINVALIDSALTANDPASSWORDTHATMUSTNEVERBRBEUSED |
| localhost     | root              | $A$005$!X�^V= z}AJF�X-��LZjweR6ws710bRerHN1LNI6ZOYwGqUVDtpMza2DH.L5B |
+---------------+-------------------+------------------------------------------------------------------------+
7 rows in set (0.24 sec)

mysql> DROP USER 'Purchaser'@'192.168.100.1';
Query OK, 0 rows affected (0.01 sec)

mysql> SELECT host,user,authentication_string FROM user;
+-----------+------------------+------------------------------------------------------------------------+
| host      | user             | authentication_string                                                  |
+-----------+------------------+------------------------------------------------------------------------+
| localhost | CS               |                                                                        |
| localhost | Cashier          | $A$005$k@�g�8��_D� r6�&       d@3MpuLMW/9kEoA4rnYmT8Th/3lBgqmuoI/fBkQaWp.he/ |
| localhost | mysql.infoschema | $A$005$THISISACOMBINATIONOFINVALIDSALTANDPASSWORDTHATMUSTNEVERBRBEUSED |
| localhost | mysql.session    | $A$005$THISISACOMBINATIONOFINVALIDSALTANDPASSWORDTHATMUSTNEVERBRBEUSED |
| localhost | mysql.sys        | $A$005$THISISACOMBINATIONOFINVALIDSALTANDPASSWORDTHATMUSTNEVERBRBEUSED |
| localhost | root             | $A$005$!X�^V= z}AJF�X-��LZjweR6ws710bRerHN1LNI6ZOYwGqUVDtpMza2DH.L5B |
+-----------+------------------+------------------------------------------------------------------------+
6 rows in set (0.20 sec)
```

图 3-4-11　执行结果（七）

6. 权限概述

授权就是为某个用户赋予某些权限。例如，可以为新建的用户赋予查询所有数据库和表的权限。权限类型如下：

① 授予数据库权限时，<权限类型>可以指定表 3-4-8 中所示的值。

表 3-4-8 数据库权限列表

权限名称	对应 user 表中的字段	说明
SELECT	SELECT_priv	表示授予用户可以使用 SELECT 语句访问特定数据库中所有表和视图的权限
INSERT	Insert_priv	表示授予用户可以使用 INSERT 语句向特定数据库中所有表添加数据行的权限
DELETE	Delete_priv	表示授予用户可以使用 DELETE 语句删除特定数据库中所有表的数据行的权限
UPDATE	UPDATE_priv	表示授予用户可以使用 UPDATE 语句更新特定数据库中所有数据表的值的权限
REFERENCES	References_priv	表示授予用户可以创建指向特定的数据库中的表外键的权限
CREATE	Create_priv	表示授权用户可以使用 CREATE TABLE 语句在特定数据库中创建新表的权限
ALTER	Alter_priv	表示授予用户可以使用 ALTER TABLE 语句修改特定数据库中所有数据表的权限
SHOW VIEW	SHOW_view_priv	表示授予用户可以查看特定数据库中已有视图的视图定义的权限
CREATE ROUTINE	Create_routine_priv	表示授予用户可以为特定的数据库创建存储过程和存储函数的权限
ALTER ROUTINE	Alter_routine_priv	表示授予用户可以更新和删除数据库中已有的存储过程和存储函数的权限
INDEX	Index_priv	表示授予用户可以在特定数据库中的所有数据表上定义和删除索引的权限
DROP	Drop_priv	表示授予用户可以删除特定数据库中所有表和视图的权限
CREATE TEMPORARY TABLES	Create_tmp_table_priv	表示授予用户可以在特定数据库中创建临时表的权限
CREATE VIEW	Create_view_priv	表示授予用户可以在特定数据库中创建新的视图的权限
EXECUTE ROUTINE	Execute_priv	表示授予用户可以调用特定数据库的存储过程和存储函数的权限
LOCK TABLES	Lock_tables_priv	表示授予用户可以锁定特定数据库的已有数据表的权限
ALL 或 ALL PRIVILEG-ES 或 SUPER	Super_priv	表示以上所有权限 / 超级权限

② 授予表权限时，<权限类型>可以指定表 3-4-9 中所示的值。

表 3-4-9　数据库权限列表

权限名称	对应 user 表中的字段	说　明
SELECT	SELECT_priv	授予用户可以使用 SELECT 语句进行访问特定表的权限
INSERT	Insert_priv	授予用户可以使用 INSERT 语句向一个特定表中添加数据行的权限
DELETE	Delete_priv	授予用户可以使用 DELETE 语句从一个特定表中删除数据行的权限
DROP	Drop_priv	授予用户可以删除数据表的权限
UPDATE	UPDATE_priv	授予用户可以使用 UPDATE 语句更新特定数据表的权限
ALTER	Alter_priv	授予用户可以使用 ALTER TABLE 语句修改数据表的权限
REFERENCES	References_priv	授予用户可以创建一个外键来参照特定数据表的权限
CREATE	Create_priv	授予用户可以使用特定的名字创建一个数据表的权限
INDEX	Index_priv	授予用户可以在表上定义索引的权限
ALL 或 ALL PRIVILEGES 或 SUPER	Super_priv	所有的权限名

③ 授予列权限时，<权限类型>的值只能指定为 SELECT、INSERT 和 UPDATE，同时权限的后面需要加上列名列表 column-list。

④ 最有效率的权限是用户权限

授予用户权限时，<权限类型>除了可以指定为授予数据库权限时的所有值之外，还可以是下面这些值：

- CREATE USER：表示授予用户可以创建和删除新用户的权限。
- SHOW DATABASES：表示授予用户可以使用 SHOW DATABASES 语句查看所有已有的数据库定义的权限。

7. 权限层级

授予用户的权限可以分为全局层级权限、数据库层级权限、表层级权限、列层级权限、子程序层级权限。

（1）全局层级

全局权限适用于一个给定服务器中的所有数据库。这些权限存储在 mysql.user 表中。GRANT ALL ON *.* 和 REVOKE ALL ON *.* 只授予和撤销全局权限。

（2）数据库层级

数据库权限适用于一个给定数据库中的所有目标。这些权限存储在 mysql.db 和 mysql.host 表中。GRANT ALL ON db_name.* 和 REVOKE ALL ON db_name.* 只授予和撤销数据库权限。

（3）表层级

表权限适用于一个给定表中的所有列。这些权限存储在 mysql.tables_priv 表中。GRANT ALL ON db_name.tbl_name 和 REVOKE ALL ON db_name.tbl_name 只授予和撤销表权限。

（4）列层级

列权限适用于一个给定表中的单一列。这些权限存储在 mysql.columns_priv 表中。当使用

REVOKE 时，必须指定与被授权列相同的列。

（5）子程序层级

CREATE ROUTINE、ALTER ROUTINE、EXECUTE 和 GRANT 权限适用于已存储的子程序。这些权限可以被授予为全局层级和数据库层级。而且，除了 CREATE ROUTINE 外，这些权限可以被授予为子程序层级，并存储在 mysql.procs_priv 表中。

8. 查看全局级权限

（1）查看全局级权限的语法

基本语句格式：

```
SHOW GRANTS FOR <用户>;
```

说明：

<用户>选项为用户账号，格式为 'user_name'@'host_name'。

（2）查看收银员用户 'Cashier'@'localhost' 的全局级权限

语句如下：

```
SHOW GRANTS FOR 'Cashier'@'localhost';
```

执行结果如图 3-4-12 所示。

```
mysql> SHOW GRANTS FOR 'Cashier'@'localhost';
+---------------------------------------------+
| Grants for Cashier@localhost                |
+---------------------------------------------+
| GRANT USAGE ON *.* TO `Cashier`@`localhost` |
+---------------------------------------------+
1 row in set (0.03 sec)
```

图 3-4-12　执行结果（八）

（3）查询权限表查看权限

基本语句格式：

```
SELECT * FROM <权限表> [WHERE <查询条件>];
```

说明：

<权限表>选项可以选择 mysql.db、mysql.user、mysql.tables 等。

（4）查看收银员用户的各种权限

查看收银员用户 'Cashier'@'localhost' 的权限数据库级权限、全局权限、表级权限、列级权限、存储过程级权限、代理权限。语句如下：

```
SELECT * FROM mysql.db WHERE user='Cashier';              //数据库级权限
SELECT * FROM mysql.user WHERE user='Cashier';            //全局权限
SELECT * FROM mysql.tables_priv WHERE user='Cashier';     //表级权限
SELECT * FROM mysql.columns_priv WHERE user='Cashier';    //列级权限
SELECT * FROM mysql.procs_priv WHERE user='Cashier';      //存储过程级权限
SELECT * FROM mysql.proxies_priv WHERE user='Cashier';    //代理权限
```

执行后部分权限因未设置，因此显示权限为空值。执行结果如图 3-4-13 所示。

```
mysql> SELECT * FROM mysql.user WHERE user='Cashier'\G
*************************** 1. row ***************************
                    Host: localhost
                    User: Cashier
             Select_priv: N
             Insert_priv: N
             Update_priv: N
             Delete_priv: N
             Create_priv: N
               Drop_priv: N
             Reload_priv: N
           Shutdown_priv: N
            Process_priv: N
               File_priv: N
              Grant_priv: N
         References_priv: N
              Index_priv: N
              Alter_priv: N
            Show_db_priv: N
              Super_priv: N
   Create_tmp_table_priv: N
        Lock_tables_priv: N
            Execute_priv: N
         Repl_slave_priv: N
        Repl_client_priv: N
        Create_view_priv: N
          Show_view_priv: N
     Create_routine_priv: N
      Alter_routine_priv: N
        Create_user_priv: N
              Event_priv: N
            Trigger_priv: N
  Create_tablespace_priv: N
                ssl_type:
              ssl_cipher: 0x
             x509_issuer: 0x
            x509_subject: 0x
           max_questions: 0
             max_updates: 0
         max_connections: 0
    max_user_connections: 0
                  plugin: caching_sha2_password
   authentication_string: $A$005$k@□g8□□D□r6□&          d@3MpuLMW/9kEoA4rnYmT8Th/31BgqmuoI/fBkQaWp.he/
        password_expired: N
   password_last_changed: 2021-12-21 00:06:26
       password_lifetime: NULL
          account_locked: N
        Create_role_priv: N
          Drop_role_priv: N
  Password_reuse_history: NULL
     Password_reuse_time: NULL
Password_require_current: NULL
         User_attributes: NULL
1 row in set (0.00 sec)
```

图 3-4-13　执行结果（九）

（5）查看 'root'@'localhost' 用户的权限

语句如下：

```
SHOW GRANTS FOR 'root'@'localhost' \G;
```

执行后可以看到 'root'@'localhost' 用户拥有的全部权限，数量众多。执行结果如图 3-4-14 所示。

```
mysql> SHOW GRANTS FOR 'root'@'localhost' \G;
*************************** 1. row ***************************
Grants for root@localhost: GRANT SELECT, INSERT, UPDATE, DELETE, CREATE, DROP, RELOAD, SHUTDOWN
, PROCESS, FILE, REFERENCES, INDEX, ALTER, SHOW DATABASES, SUPER, CREATE TEMPORARY TABLES, LOCK
 TABLES, EXECUTE, REPLICATION SLAVE, REPLICATION CLIENT, CREATE VIEW, SHOW VIEW, CREATE ROUTINE
, ALTER ROUTINE, CREATE USER, EVENT, TRIGGER, CREATE TABLESPACE, CREATE ROLE, DROP ROLE ON *.*
TO `root`@`localhost` WITH GRANT OPTION
*************************** 2. row ***************************
Grants for root@localhost: GRANT APPLICATION_PASSWORD_ADMIN,AUDIT_ADMIN,BACKUP_ADMIN,BINLOG_ADM
IN,BINLOG_ENCRYPTION_ADMIN,CLONE_ADMIN,CONNECTION_ADMIN,ENCRYPTION_KEY_ADMIN,GROUP_REPLICATION_
ADMIN,INNODB_REDO_LOG_ARCHIVE,PERSIST_RO_VARIABLES_ADMIN,REPLICATION_APPLIER,REPLICATION_SLAVE_
ADMIN,RESOURCE_GROUP_ADMIN,RESOURCE_GROUP_USER,ROLE_ADMIN,SERVICE_CONNECTION_ADMIN,SESSION_VARI
ABLES_ADMIN,SET_USER_ID,SYSTEM_USER,SYSTEM_VARIABLES_ADMIN,TABLE_ENCRYPTION_ADMIN,XA_RECOVER_AD
MIN ON *.* TO `root`@`localhost` WITH GRANT OPTION
*************************** 3. row ***************************
Grants for root@localhost: GRANT PROXY ON ''@'' TO 'root'@'localhost' WITH GRANT OPTION
3 rows in set (0.00 sec)
```

图 3-4-14　执行结果（十）

9. 分配权限

（1）分配权限的语法

基本语句格式：

```
GRANT priv_type [(column_list)] ON database.table
```

```
TO user [IDENTIFIED BY [PASSWORD] 'password'][,…n]
[WITH with_option [with_option]...];
```

说明:

- priv_type 参数表示权限类型。
- columns_list 参数表示权限作用于哪些列上，省略该参数时，表示作用于整个表。
- database.table 用于指定权限的级别。
- user 参数表示用户账户，由用户名和主机名构成，格式是 'username'@'hostname'。
- IDENTIFIED BY 参数用来为用户设置密码。
- password 参数是用户的新密码。

（2）授予用户 'Cashier'@'localhost'，除代理权限的所有权限，并查看权限

语句如下：

```
GRANT ALL PRIVILEGES ON *.* TO 'Cashier'@'localhost' WITH GRANT OPTION;
SHOW GRANTS FOR 'Cashier'@'localhost' \G
```

执行后可以看到 'Cashier'@'localhost' 当前拥有的权限。执行结果如图 3-4-15 所示。

```
mysql> SHOW GRANTS FOR 'Cashier'@'localhost'\G
*************************** 1. row ***************************
Grants for Cashier@localhost: GRANT SELECT, INSERT, UPDATE, DELETE, CREATE, DROP, RELOAD, SHUTD
OWN, PROCESS, FILE, REFERENCES, INDEX, ALTER, SHOW DATABASES, SUPER, CREATE TEMPORARY TABLES, L
OCK TABLES, EXECUTE, REPLICATION SLAVE, REPLICATION CLIENT, CREATE VIEW, SHOW VIEW, CREATE ROUT
INE, ALTER ROUTINE, CREATE USER, EVENT, TRIGGER, CREATE TABLESPACE, CREATE ROLE, DROP ROLE ON *
.* TO `Cashier`@`localhost` WITH GRANT OPTION
*************************** 2. row ***************************
Grants for Cashier@localhost: GRANT APPLICATION_PASSWORD_ADMIN,AUDIT_ADMIN,BACKUP_ADMIN,BINLOG_
ADMIN,BINLOG_ENCRYPTION_ADMIN,CLONE_ADMIN,CONNECTION_ADMIN,ENCRYPTION_KEY_ADMIN,GROUP_REPLICATI
ON_ADMIN,INNODB_REDO_LOG_ARCHIVE,PERSIST_RO_VARIABLES_ADMIN,REPLICATION_APPLIER,REPLICATION_SLA
VE_ADMIN,RESOURCE_GROUP_ADMIN,RESOURCE_GROUP_USER,ROLE_ADMIN,SERVICE_CONNECTION_ADMIN,SESSION_V
ARIABLES_ADMIN,SET_USER_ID,SYSTEM_USER,SYSTEM_VARIABLES_ADMIN,TABLE_ENCRYPTION_ADMIN,XA_RECOVER
_ADMIN ON *.* TO `Cashier`@`localhost` WITH GRANT OPTION
2 rows in set (0.00 sec)
```

图 3-4-15　执行结果（十一）

（3）创建用户 'MarketDBWinUser'@'localhost'，并分配权限

MarketDBWinUser 用户是数据库运行管理员，初始密码为 123456，是操作系统访问数据库所使用的账号，授予该用户具有所有数据库的所有表有查询、插入、修改权限，并可以将这些权限赋予别的用户，并查看。

语句如下：

```
#创建用户
CREATE USER 'MarketDBWinUser'@'LOCALHOST' IDENTIFIED BY '123';
#授予权限
GRANT SELECT,INSERT,UPDATE ON *.* TO 'MarketDBWinUser'@'LOCALHOST'
WITH GRANT OPTION;
#刷新权限
FLUSH PRIVILEGES;
#查询权限
SELECT * FROM mysql.user WHERE user='MarketDBWinUser' \G;
```

执行结果如图 3-4-16 所示。

```
mysql> SELECT * FROM mysql.user WHERE user='MarketDBWinUser' \G;
*************************** 1. row ***************************
                  Host: localhost
                  User: MarketDBWinUser
           Select_priv: Y
           Insert_priv: Y
           Update_priv: Y
           Delete_priv: N
           Create_priv: N
             Drop_priv: N
           Reload_priv: N
         Shutdown_priv: N
          Process_priv: N
             File_priv: N
            Grant_priv: Y
       References_priv: N
            Index_priv: N
            Alter_priv: N
          Show_db_priv: N
            Super_priv: N
 Create_tmp_table_priv: N
      Lock_tables_priv: N
          Execute_priv: N
       Repl_slave_priv: N
      Repl_client_priv: N
      Create_view_priv: N
        Show_view_priv: N
   Create_routine_priv: N
    Alter_routine_priv: N
      Create_user_priv: N
            Event_priv: N
          Trigger_priv: N
Create_tablespace_priv: N
              ssl_type:
            ssl_cipher: 0x
           x509_issuer: 0x
          x509_subject: 0x
         max_questions: 0
           max_updates: 0
       max_connections: 0
  max_user_connections: 0
                plugin: caching_sha2_password
 authentication_string: $A$005$*!(□1GV8Qd*|□□0-f&□2FHmDwqH97RVYysoINaSkXXQhslvlnbalsQqYalWkF5
      password_expired: N
 password_last_changed: 2021-12-21 15:05:33
     password_lifetime: NULL
        account_locked: N
      Create_role_priv: N
        Drop_role_priv: N
 Password_reuse_history: NULL
   Password_reuse_time: NULL
Password_require_current: NULL
       User_attributes: NULL
1 row in set (0.00 sec)
```

图 3-4-16　执行结果（十二）

（4）创建用户 'MarketDBASPUser'@'localhost'，并分配权限

MarketDBASPUser 用户是应用程序访问数据库所使用的账号，初始密码为 123456，授予该用户具有所有数据库的所有表有查询、插入、修改权限，并可以将这些权限赋予别的用户，并查看。

语句如下：

```
#创建用户
CREATE USER 'MarketDBASPUser'@'localhost' IDENTIFIED BY '123';
#授予权限
GRANT SELECT,INSERT,UPDATE ON *.* TO 'MarketDBASPUser'@'localhost'
WITH GRANT OPTION;
#刷新权限
FLUSH PRIVILEGES;
#查询权限
SELECT * FROM mysql.user WHERE user='MarketDBASPUser' \G;
```

执行结果如图 3-4-17 所示。

```
mysql> SELECT * FROM mysql.user WHERE user='MarketDBASPUser' \G;
*************************** 1. row ***************************
                    Host: localhost
                    User: MarketDBASPUser
             Select_priv: Y
             Insert_priv: Y
             Update_priv: Y
             Delete_priv: N
             Create_priv: N
               Drop_priv: N
             Reload_priv: N
           Shutdown_priv: N
            Process_priv: N
               File_priv: N
              Grant_priv: Y
         References_priv: N
              Index_priv: N
              Alter_priv: N
            Show_db_priv: N
              Super_priv: N
   Create_tmp_table_priv: N
        Lock_tables_priv: N
            Execute_priv: N
         Repl_slave_priv: N
        Repl_client_priv: N
        Create_view_priv: N
          Show_view_priv: N
     Create_routine_priv: N
      Alter_routine_priv: N
        Create_user_priv: N
              Event_priv: N
            Trigger_priv: N
  Create_tablespace_priv: N
                ssl_type:
              ssl_cipher: 0x
             x509_issuer: 0x
            x509_subject: 0x
           max_questions: 0
             max_updates: 0
         max_connections: 0
    max_user_connections: 0
                  plugin: caching_sha2_password
   authentication_string: $A$005$Yhi□9Q^Y}B□}Fr9y6gf1jwYh0rwg5MGnyw8wKdnN5p5InFKNj4Wocg21h1T5
        password_expired: N
   password_last_changed: 2021-12-21 15:18:37
       password_lifetime: NULL
          account_locked: N
        Create_role_priv: N
          Drop_role_priv: N
  Password_reuse_history: NULL
     Password_reuse_time: NULL
Password_require_current: NULL
         User_attributes: NULL
1 row in set (0.00 sec)
```

图 3-4-17　执行结果（十三）

拓展任务

1. 刷新权限

基本语句格式：

```
FLUSH PRIVILEGES;
```

一般用于数据库用户信息更新后在前述中已经尝试应用此语句，在此不再赘述。

2. 回收权限

（1）回收用户某些权限

基本语句格式：

```
REVOKE priv_type [(column_list)]...
ON database.table
FROM user [, user]...
```

说明：

- priv_type 参数表示权限的类型。

- column_list 参数表示权限作用于哪些列上，没有该参数时作用于整个表上。
- user 参数由用户名和主机名构成，格式为 'username'@'hostname'。

（2）回收用户的所有权限

基本语句格式：

```
REVOKE ALL PRIVILEGES, GRANT OPTION FROM user [, user] ...
```

说明：

- REVOKE 语句和 GRANT 语句的语法格式相似，但具有相反的效果。
- 使用 REVOKE 语句，必须拥有 MySQL 据库的全局 CREATE USER 权限或 UPDATE 权限。

（3）回收 MarketDBWinUser 用户对所有数据库的所有表修改权限，并查看

语句如下：

```
#回收权限
REVOKE UPDATE ON *.* FROM 'MarketDBWinUser'@'LOCALHOST';
#刷新权限
FLUSH PRIVILEGES;
#查询用户权限
SELECT * FROM mysql.user WHERE user='MarketDBWinUser' \G;
```

执行结果如图 3-4-18 所示。

```
mysql> SELECT * FROM mysql.user WHERE user='MarketDBWinUser' \G;
*************************** 1. row ***************************
                    Host: localhost
                    User: MarketDBWinUser
             Select_priv: Y
             Insert_priv: Y
             Update_priv: N
             Delete_priv: N
             Create_priv: N
               Drop_priv: N
             Reload_priv: N
           Shutdown_priv: N
            Process_priv: N
               File_priv: N
              Grant_priv: Y
         References_priv: N
              Index_priv: N
              Alter_priv: N
            Show_db_priv: N
              Super_priv: N
   Create_tmp_table_priv: N
        Lock_tables_priv: N
            Execute_priv: N
         Repl_slave_priv: N
        Repl_client_priv: N
        Create_view_priv: N
          Show_view_priv: N
     Create_routine_priv: N
      Alter_routine_priv: N
        Create_user_priv: N
              Event_priv: N
            Trigger_priv: N
  Create_tablespace_priv: N
                ssl_type:
              ssl_cipher: 0x
             x509_issuer: 0x
            x509_subject: 0x
           max_questions: 0
             max_updates: 0
         max_connections: 0
    max_user_connections: 0
                  plugin: caching_sha2_password
   authentication_string: $A$005$*!(□1GV8Qd*|□□0-f&□2FHmDwqH97RVYysoINaSkXXQhslvlnbalsQqYalWkF5
        password_expired: N
   password_last_changed: 2021-12-21 15:05:33
       password_lifetime: NULL
          account_locked: N
        Create_role_priv: N
          Drop_role_priv: N
  Password_reuse_history: NULL
     Password_reuse_time: NULL
Password_require_current: NULL
         User_attributes: NULL
1 row in set (0.00 sec)
```

图 3-4-18　执行结果（十四）

常见错误

1. 提示 near "localhost" at line 1

（1）问题分析

更改用户名时提示如图 3-4-19 所示。显示 "localhost" 错误，细看发现是两个单引号，而不是双引号，怀疑引号用错。

```
mysql> RENAME USER 'CustomerService'@'%' TO 'CS'@'localhost';
1064 - You have an error in your SQL syntax; check the manual that corresponds to your MySQL server version for the right syntax to use near ''localhost'' at line 1
```

图 3-4-19 错误提示

（2）解决方法

去掉引号，改为如图 3-4-20 所示语句，正常执行。

```
mysql> RENAME USER 'CustomerService'@'%' TO 'CS'@'localhost';
1064 - You have an error in your SQL syntax; check the manual that corresponds to your MySQL server version for the right syntax to use near ''localhost'' at line 1
mysql> RENAME USER 'CustomerService'@'%' TO CS@localhost;
Query OK, 0 rows affected (0.06 sec)
```

图 3-4-20 排除错误后正常执行

执行解析 4-2 管理事务

任务目标

① 理解事务的概念和特性。

② 掌握事务控制语句的使用方法。

③ 理解四种事务隔离级别。

④ 掌握查看、修改事务隔离级别操作。

管理事务

任务解析

MySQL 事务主要用于处理操作量大，复杂度高的数据。例如，在超市管理系统中，发生每笔销售交易时，既要插入销售交易信息，还需要插入交易明细信息和修改积分卡的当前积分信息。如果使用了储值卡，还需要更改储值卡的金额信息等，这一系列数据库操作语句就构成一个事务。

1. 事务概念和特性

（1）事务的概念

事务（Transaction）是数据库操作中一个最小的不可再分的工作单元；通常一个事务对应一个完整的业务（例如，超市销售交易业务，该业务就是一个最小的工作单元）。

事务处理可以用来维护数据库的完整性，保证成批的 SQL 语句要么全部执行，要么全部不执行。

事务只和 DML（数据操纵语言）语句有关。一个完整的业务需要批量的 DML（INSERT、UPDATE、DELETE）语句共同联合完成。业务逻辑不同，每个事务的 DML 语句也不同。

MySQL 中只有使用了 Innodb 数据库引擎的数据库或表才支持事务。

（2）事务的特性

一般来说，事务必须满足四个条件（ACID）：原子性（Atomicity，或称不可分割性）、一致性（Consistency）、隔离性（Isolation，又称独立性）、持久性（Durability）。

① 原子性：一个事务中的所有操作，要么全部完成，要么全部不完成，不会结束在中间某个环节。事务在执行过程中发生错误，会被回滚（Rollback）到事务开始前的状态，就像这个事务从来没有执行过一样。

② 一致性：在事务开始之前和事务结束以后，数据库的完整性没有被破坏。这表示写入的数据必须完全符合所有的预设规则，这包含数据的精确度、串联性以及后续数据库可以自发性地完成预定的工作。

③ 隔离性：数据库允许多个并发事务同时对其数据进行读写和修改的能力，隔离性可以防止多个事务并发执行时由于交叉执行而导致数据的不一致。事务隔离分为不同级别，包括读未提交（Read Uncommitted）、读提交（Read Committed）、可重复读（Repeatable Read）和串行化（Serializable）。

④ 持久性：事务处理结束后，对数据的修改就是永久的，即使系统出现故障也不会丢失。

2. 事务控制语法

在 MySQL 命令行的默认设置下，事务都是自动提交的，即执行 SQL 语句后就会马上执行 COMMIT 操作。因此，要显式地开启一个事务必须进行相应设置。

（1）改变语句的自动提交模式的语法

基本语句格式：

```
SET AUTOCOMMIT={0|1}
```

**说明：**

{0|1} 表示可以 0、1 任选其一。0 表示禁止自动提交；1 表示开启自动提交。

（2）开始事务的语法

开始事务的基本语句格式：

```
BEGIN [TRANSACTION];
```

**说明：**

开启事务至事务提交或回滚结束。

（3）提交事务的语法

提交事务的基本语句格式：

```
COMMIT [TRANSACTION];
```

**说明：**

提交事务将事务开启后所有的 DML 语句操作历史记录与底层硬盘数据同步。

（4）回滚事务的语法

回滚事务的基本语句格式：

```
ROLLBACK [TRANSACTION];
```

 **说明：**

事务操作失败时，将所有的DML语句操作历史记录全部清空，数据库返回到事务开始前的状态。

3. 超市管理系统中销售交易业务的事务操作

（1）销售交易后数据存储事务操作

积分会员使用储值卡来超市购物，交易信息如图3-4-21（a）所示，交易详细信息如图3-4-21（b）所示。

tradeID	machineID	cashierID	salesTime	fundID	SCPay	SCID	tradeScore
10120211214172720015	004	101004	2021/12/14 17:27:33	2394523	26.9	2342144	2

（a）

tradeID	goodsID	amount	sum
10120211214172720015	02003	1	6.9
10120211214172720015	02001	1	20

（b）

图3-4-21　交易信息

销售交易事务数据存储操作语句如下：

```
#开始事务
BEGIN;
#插入销售交易信息
INSERT INTO tbltrade
VALUES ('10120211214172720015', '004', '101004',
'2021-12-14 17:27:20.000', 2394523, 170.90, '2342144', 17.00);

#插入销售交易明细信息
INSERT INTO tbltradelist VALUES ('10120211214172720015', '020001',
1.00, 20.00);
INSERT INTO tbltradelist VALUES ('10120211214172720015', '020003',
1.00, 6.90);

#更新储值卡信息
UPDATE tblFund SET money=money-26.90 WHERE fundID='2394523';

#更新积分卡信息
UPDATE tblScoreCard SET score=score+2 WHERE SCID='2342144';

#提交事务
COMMIT;
```

执行结果如图3-4-22所示。

（2）销售交易回滚事务操作

积分会员使用储值卡来超市购物，购物过程中会员发现未带积分卡，决定放弃购买，开始操作前先查询储值卡和积分卡信息。语句如下：

```
#查看储值卡信息
SELECT * FROM tblFund WHERE fundID='2394523';
#查看积分卡信息
SELECT * FROM tblScoreCard WHERE SCID='2342144';
```

执行结果如图 3-4-23 所示，显示储值卡还有 829.10 元，积分卡有 2 162 积分。

```
信息　剖析　状态
#开始事务
BEGIN
> OK
> 时间: 0s


#插入销售交易信息
INSERT INTO tbltrade
VALUES ('10120211214172720015', '004', '101004', '2021-12-14 17:27:20.000', 2394523, 170.90, '2342144', 17.00)
> Affected rows: 1
> 时间: 0s


#插入销售交易明细信息
INSERT INTO tbltradelist VALUES ('10120211214172720015', '020001', 1.00, 20.00)
> Affected rows: 1
> 时间: 0s


INSERT INTO tbltradelist VALUES ('10120211214172720015', '020003', 1.00, 6.90)
> Affected rows: 1
> 时间: 0s


#更新储值卡信息
UPDATE tblFund SET money=money-170.90 WHERE fundID='2394523'
> Affected rows: 1
> 时间: 0s


#更新积分卡信息
UPDATE tblScoreCard SET score=score+17 WHERE SCID='2342144'
> Affected rows: 1
> 时间: 0s


#提交事务
COMMIT
> OK
> 时间: 0.004s
```

图 3-4-22　事务操作执行结果

信息　结果 1　剖析　状态

fundID	money	beginDate	cardID	customerName
2394523	829.10	2021-01-03 00:00:00	220112197205042225	李航毅

信息　结果 1　剖析　状态

SCID	score	IDcard	customer	tel	cardDate
2342144	2162.00	220112197205042225	李航毅	13604484406	2021-01-01 00:00:00

图 3-4-23　查询储值卡和积分卡信息

回滚事务操作语句如下：

```
#开始事务
BEGIN;
#插入销售交易信息
INSERT INTO tbltrade
VALUES ('10120211215172720016', '004', '101004',
'2021-12-15 17:27:20.000', 2394523, 45, '2342144', 4);

#插入销售交易明细信息
INSERT INTO tbltradelist
VALUES ('10120211215172720016', '010011', 1.00, 20.00);
INSERT INTO tbltradelist
VALUES ('10120211215172720016', '010012', 1.00, 25.00);

#更新储值卡信息
UPDATE tblFund SET money=money-170.90 WHERE fundID='2394523';

#回滚事务。
ROLLBACK;
```

执行结果如图 3-4-24 所示。

```
信息  剖析  状态
#开始事务
BEGIN
> OK
> 时间: 0s


#插入销售交易信息
INSERT INTO tbltrade
VALUES ('10120211215172720016', '004', '101004', '2021-12-15 17:27:20.000', 2394523, 45, '2342144', 4)
> Affected rows: 1
> 时间: 0s


#插入销售交易明细信息
INSERT INTO `tbltradelist` VALUES ('10120211215172720016', '010011', 1.00, 20.00)
> Affected rows: 1
> 时间: 0s


INSERT INTO `tbltradelist` VALUES ('10120211215172720016', '010012', 1.00, 25.00)
> Affected rows: 1
> 时间: 0s


#更新储值卡信息
UPDATE tblFund SET money=money-170.90 WHERE fundID='2394523'
> Affected rows: 1
> 时间: 0s


#回滚事务。
ROLLBACK
> OK
> 时间: 0.004s
```

图 3-4-24　回滚事务执行结果

查看销售交易表和交易明细表的添加信息语句如下：

```
SELECT * FROM tbltrade A JOIN tbltradelist B ON A.tradeID=B.tradeID
WHERE A.tradeID='1012021121517272 0016';
```

执行结果如图 3-4-25 所示。

信息　结果 1　剖析　状态

tradeID	machineID	cashierID	salesTime	fundID	SCPay	SCID	tradeScore	tradeID(1)	goodsID	amount	sum
(N/A)	(N/A)	(N/A)	(N/A)	(N/A)	(N/A)	(N/A)	(N/A)	(N/A)	(N/A)	(N/A)	(N/A)

图 3-4-25　查看销售交易表和交易明细表联合后的添加信息

查看储值卡信息语句如下：

```
SELECT * FROM tblFund WHERE fundID='2394523';
```

执行结果如图 3-4-26 所示。

信息　结果 1　剖析　状态

fundID	money	beginDate	cardID	customerN
2394523	973.10	2021-01-0	22011219	李航毅

图 3-4-26　查看储值卡信息

查看积分卡信息语句如下：

```
SELECT * FROM tblScoreCard WHERE SCID='2342144';
```

执行结果如图 3-4-27 所示。

信息　结果 1　剖析　状态

SCID	score	IDcard	customer	tel	cardDate
2342144	2147.00	220112197205042225	李航毅	13604484406	2021-01-01 00:00:00

图 3-4-27　查看积分卡信息

根据查询结果，发现交易信息没有插入，储值卡和积分卡还是原值，说明事务成功回滚。

拓展任务

1. 四种事务隔离级别

幻读和不可重复读都是在同一个事务中多次读取了其他事务已经提交的事务的数据导致每次读取的数据不一致，所不同的是不可重复读取的是同一条数据，而幻读针对的是一批数据整体的统计（如数据的个数）。解决这类问题可以运用事务隔离机制。

MYSQL 数据库中分为四种隔离级别：

（1）Read Uncommitted（读未提交）

如果一个事务已经开始写数据，则另外一个事务不允许同时进行写操作，但允许其他事务读此行数据，该隔离级别可以通过“排他写锁”，但是不排斥读线程实现。这样就避免了更新丢失，却可能出现脏读，也就是说事务 B 读取到了事务 A 未提交的数据。

解决了更新丢失，但还是可能会出现脏读。

（2）Read Committed（读提交）

如果是一个读事务（线程），则允许其他事务读写，如果是写事务将会禁止其他事务访问该行数据，该隔离级别避免了脏读，但是可能出现不可重复读。事务 A 事先读取了数据，事务 B 紧接着更新了数据，并提交了事务，而事务 A 再次读取该数据时，数据已经发生了改变。

解决了更新丢失和脏读问题。

（3）Repeatable Read（可重复读取）

可重复读取是指在一个事务内，多次读同一个数据，在这个事务还没结束时，其他事务不能访问该数据（包括了读写），这样就可以在同一个事务内两次读到的数据是一样的，因此称为可重复读隔离级别，读取数据的事务将会禁止写事务（但允许读事务），写事务则禁止任何其他事务（包括了读写），这样避免了不可重复读和脏读，但是有时可能会出现幻读。（读取数据的事务）可以通过“共享读镜”和“排他写锁”实现。

解决了更新丢失、脏读、不可重复读的问题但是还会出现幻读。

（4）Serializable（可序化）

提供严格的事务隔离，它要求事务序列化执行，事务只能一个接着一个地执行，但不能并发执行，如果仅仅通过“行级锁”是无法实现序列化的，必须通过其他机制保证新插入的数据不会被执行查询操作的事务访问到。序列化是最高的事务隔离级别，同时代价也是最高的，性能很低，一般很少使用。在该级别下，事务顺序执行，不仅可以避免脏读、不可重复读，还避免了幻读解决了更新丢失、脏读、不可重复读、幻读（虚读）。

以上四种隔离级别最高的是 Serializable 级别，最低的是 Read Uncommitted 级别。级别越高，执行效率就越低，像 Serializeble 这样的级别，就是以锁表的方式（类似于 Java 多线程中的锁）使得其他线程只能在锁外等待，所以平时应该根据实际情况选用隔离级别，在 MySQL 数据库中默认的隔离级别是 Repeatable Read（可重复读）。

2. 查看事务隔离级别

在 MySQL 数据库中，支持上面四种隔离级别，默认的为 Repeatable Read（可重复读）；而在 Oracle 数据库中，只支持 Serializeble（串行化）级别和 Read Committed（读已提交）这两种级别，其中默认的为 Read Committed 级别。

（1）查看事务隔离级别的语法

基本语句格式：

```
SELECT @@transaction_isolation;
```

说明：

以上语法适用于 MySQL 8.0，但在较低版本中使用 SELECT @@tx_isolation; 来查看事务隔离级别。

（2）查看系统当前事务隔离级别

语句如下：

```
SELECT @@TRANSACTION_ISOLATION;
```

当前为 MySQL 默认的事务隔离级别 Repeatable Read（可重复读取），执行结果如图 3-4-28 所示。

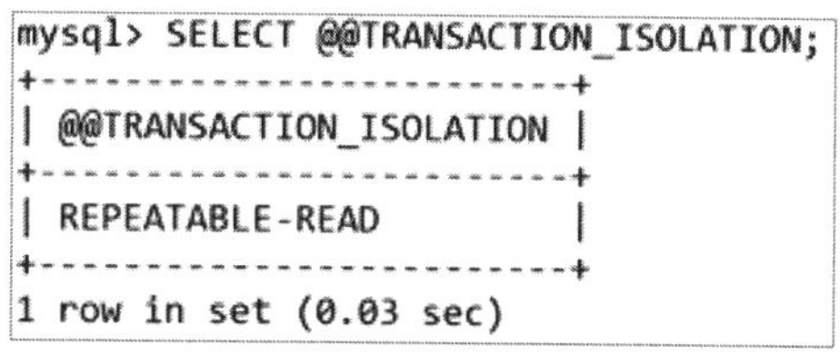

图 3-4-28　隔离级为 Repeatable Read 的执行结果

3. 修改事务隔离级别

（1）修改事务隔离级别的语法

基本语句格式：

```
SET SESSION TRANSACTION ISOLATION LEVEL <事务隔离级别>
```

说明：

< 事务隔离级别 > 可以取以下值，分别表示不同级别：

- Serializable　可避免脏读、不可重复读、虚读情况的发生（串行化）——相当于锁表。
- Repeatable Read　可避免脏读、不可重复读情况的发生（可重复读）不可以避免虚读——mysql 默认的。
- Read Committed　可避免脏读情况发生（读已提交）——Oracle 默认的。
- Read Uncommitted　最低级别，以上情况均无法保证（读未提交）。

（2）将系统当前事务隔离级别设置为 serializable，并查看

语句如下：

```
SET SESSION TRANSACTION ISOLATION LEVEL serializable;
SELECT @@TRANSACTION_ISOLATION;
```

修改后可见系统当前事务隔离级为 Serializable（串行化），执行结果如图 3-4-29 所示。

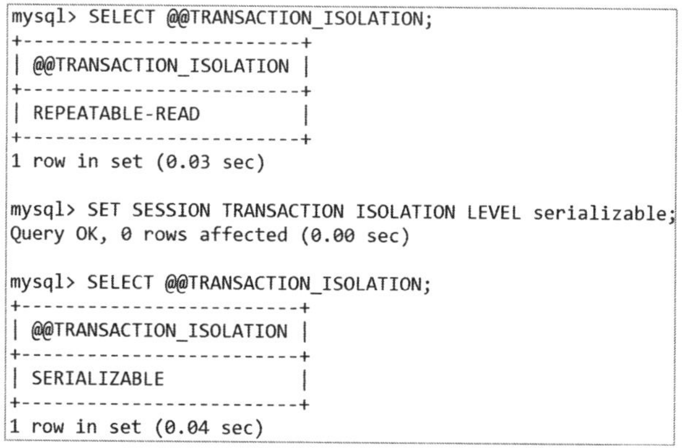

图 3-4-29　隔离级为 Serializable 的执行结果

（3）将系统当前事务隔离级别设置为 Repeatable　Read（可重复读），并查看

语句如下：

```
SET SESSION TRANSACTION ISOLATION LEVEL repeatable read;
SELECT @@TRANSACTION_ISOLATION;
```

修改后可见系统当前事务隔离级为 Repeatable Read（可重复读），执行结果如图 3-4-30 所示。

```
mysql> SELECT @@TRANSACTION_ISOLATION;
+-------------------------+
| @@TRANSACTION_ISOLATION |
+-------------------------+
| SERIALIZABLE            |
+-------------------------+
1 row in set (0.04 sec)

mysql> SET SESSION TRANSACTION ISOLATION LEVEL repeatable read;
Query OK, 0 rows affected (0.00 sec)

mysql> SELECT @@TRANSACTION_ISOLATION;
+-------------------------+
| @@TRANSACTION_ISOLATION |
+-------------------------+
| REPEATABLE-READ         |
+-------------------------+
1 row in set (0.03 sec)
```

图 3-4-30　隔离级为 Repeatable Read 的执行结果

常见错误

1. 提示 No database SELECTed

（1）问题分析

执行事务语句时出现如图 3-4-31 所示提示信息，说明没有打开数据库。

```
信息  状态

INSERT INTO tbltrade
VALUES ('10120211214172720015', '004', '101004', '2021-12-14 17:27:20.000', 2394523, 26.9, '2342144', 2)
> 1046 - No database selected
> 时间: 0s
```

图 3-4-31　错误提示

（2）解决方法

使用“USE Market;”打开数据库后，再次执行事务语句。

执行解析 4-3　管理备份恢复数据库

任务目标

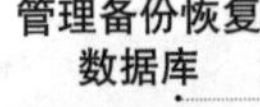

① 了解备份。

② 掌握备份单一数据库、多个数据库、所有数据库的方法。

③ 掌握数据库还原操作。

④ 掌握 SOURCE 命令导入数据的操作。

任务解析

1. 备份概述

备份对于数据库而言是至关重要的。当数据文件发生损坏、MySQL 服务出现错误、系统内核崩溃、计算机硬件损坏或者数据被误删等事件时，使用一种有效的数据备份方案，就可以快速解决以上所有的问题。MySQL 提供了多种备份方案，包括逻辑备份、物理备份、全备份以及增量备份，可以选择最适合的方案备份数据。

物理备份通过直接复制包含有数据库内容的文件夹与文件实现，这种备份方式适用于对重要的大规模数据进行备份，并且要求实现快速还原的生产环境。典型的物理备份就是复制 MySQL 数据库的部分或全部文件夹，物理备份还可以备份相关的配置文件。但采用物理备份需要 MySQL 处于关闭状态或者对数据库进行锁操作，防止在备份的过程中改变发送数据。物理备份可以使用 mysqlbackup 对 InnoDB 数据进行备份，使用 mysqlhotcopy 对 MyISAM 数据进行备份。另外，也可以使用文件系统级别的 cp、scp、tar、rsync 等命令。

逻辑备份通过保存代表数据库结构及数据内容的描述信息实现，如保存创建数据结构以及添加数据内容的 SQL 语句，这种备份方式适用于少量数据的备份与还原。逻辑备份需要查询 MySQL 服务器获得数据结构及内容信息，因为需要查询数据库信息并将这些信息转换为逻辑格式，所以相对于物理备份而言比较慢。逻辑备份不会备份日志、配置文件等不属于数据库内容的资料。逻辑备份的优势在于不管是服务层面、数据库层面还是数据表层面的备份都可以实现，由于是以逻辑格式存储的，所以这种备份与系统、硬件无关。

全备份将备份某一时刻所有的数据，增量备份仅备份某一段时间内发生过改变的数据。通过物理或逻辑备份工具就可以完成完全备份，而增量备份需要开启 MySQL 二进制日志，通过日志记录数据的改变，从而实现增量差异备份。

2. 备份单一数据库

（1）备份单一数据库的语法

基本语句格式：

```
MYSQLDUMP -u username -p dbname [tbname ...]> filename.sql
```

说明：

- username 表示用户名称。
- dbname 表示需要备份的数据库名称。
- tbname 表示数据库中需要备份的数据表，可以指定多个数据表。省略该参数时，会备份整个数据库。
- 右箭头“>”表示 mysqldump 将备份数据表的定义和数据写入备份文件。
- filename.sql 表示备份文件的名称，文件名前面可以加绝对路径。通常将数据库备份成一个扩展名为 .sql 的文件。
- 使用 MYSQLDUMP 命令备份时，文件并非一定要求扩展名为 .sql，备份成其他格式的文件也是可以的。例如，扩展名为 .txt 的文件。通常情况下，建议备份成扩展名为 .sql 的文件。因为，扩展名为 .sql 的文件给人第一感觉就是与数据库有关的文件。
- MYSQLDUMP 命令是操作系统命令，必须在命令行窗口下执行，不能登录到 MySQL 服务中执行。

（2）使用 root 用户将 Market 数据库备份到 C:\Market.sql

以管理员身份运行命令行（cmd）窗口，进入 mysql 安装文件夹 \bin 文件夹下。

备份语句如下：

```
MYSQLDUMP -u root -p --databases Market mysql>c:\market.sql
```

操作步骤如图 3-4-32 所示。

```
C:\Windows\system32>CD C:\MYSQL\BIN

C:\MySQL\bin>MYSQLDUMP -u root -p --databases Market mysql>c:\marke
Enter password: ******
```

图 3-4-32　数据备份操作步骤

操作后可以在 C 盘下找到备份文件，用记事本打开后可以看到 SQL 代码，如图 3-4-33 所示。

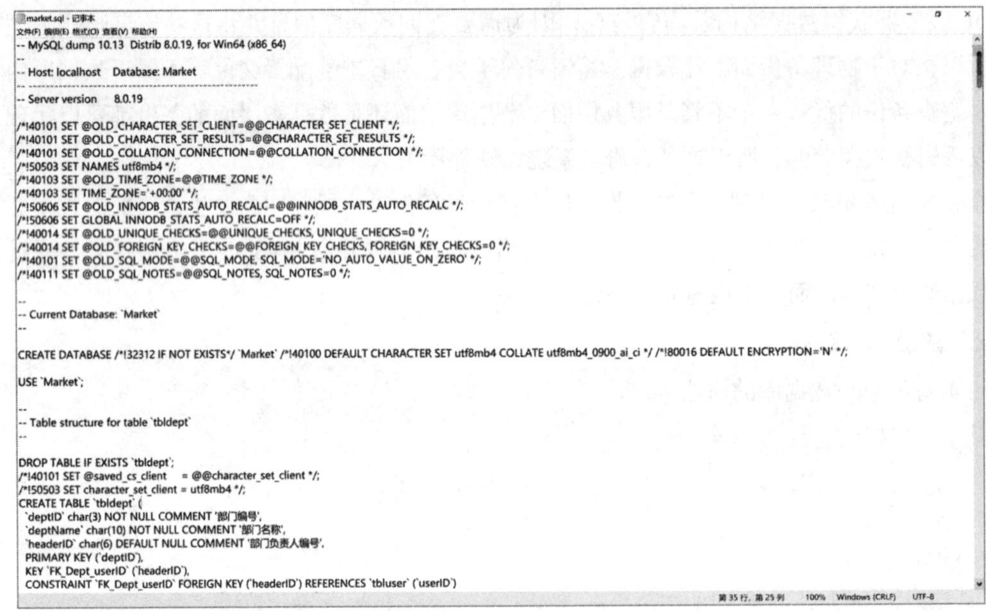

图 3-4-33　备份文件代码

3. 备份多个数据库

（1）备份多个数据库的语法

基本语句格式：

```
MYSQLDUMP -u username -P --databases dbname1 dbname2 ... > filename.sql
```

说明：

加上“--databases”参数后，必须指定至少一个数据库名称，多个数据库名称之间用空格隔开。

（2）将 mysql 数据库与 Market 数据库备份到 C:\DBMarket.sql 中

语句如下：

```
MYSQLDUMP -u root -p --databases mysql Market mysql>C:\DBMarket.sql
```

操作步骤如图 3-4-34 所示。

```
C:\MySQL\bin>MYSQLDUMP -u root -p --databases mysql Market mysql>C:\DBMarket.sql
Enter password: ******
```

图 3-4-34　多库数据备份操作

操作后可以在 C 盘下找到备份文件。用记事本打开后可以看到 SQL 代码，文件中存储着这两个数据库的信息。

4. 备份所有数据库

（1）备份所有数据库的语法

基本语句格式：

```
MYSQLDUMP -u username -P --all-databases>filename.sql
```

说明：

使用“--all-databases”参数时，不需要指定数据库名称。

（2）将当前服务器中所有数据库备份到 C:\all.sql

语句如下：

```
MYSQLDUMP -u root -p --all-databases >C:\all.sql
```

操作步骤如图 3-4-35 所示。

```
C:\MySQL\bin>MYSQLDUMP -u root -p --all-databases >C:\all.sql
Enter password: ******
```

图 3-4-35　全部数据库备份操作

操作后可以在 C 盘下找到备份文件。用记事本打开后可以看到 SQL 代码，文件中存储着全部数据库的信息，如图 3-4-36 所示。

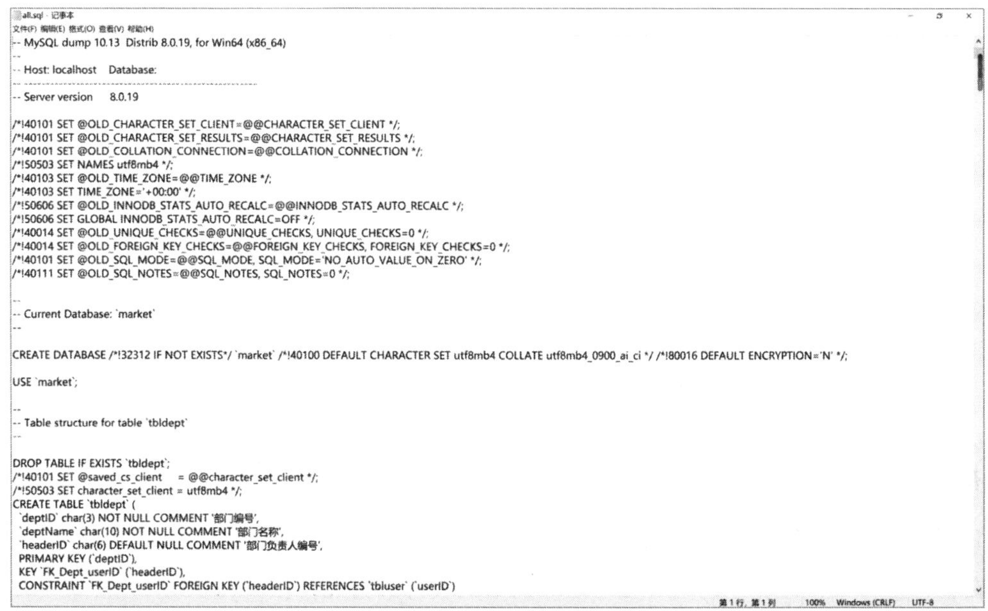

```
-- MySQL dump 10.13  Distrib 8.0.19, for Win64 (x86_64)
--
-- Host: localhost    Database:
-- ------------------------------------------------------
-- Server version	8.0.19

/*!40101 SET @OLD_CHARACTER_SET_CLIENT=@@CHARACTER_SET_CLIENT */;
/*!40101 SET @OLD_CHARACTER_SET_RESULTS=@@CHARACTER_SET_RESULTS */;
/*!40101 SET @OLD_COLLATION_CONNECTION=@@COLLATION_CONNECTION */;
/*!50503 SET NAMES utf8mb4 */;
/*!40103 SET @OLD_TIME_ZONE=@@TIME_ZONE */;
/*!40103 SET TIME_ZONE='+00:00' */;
/*!50606 SET @OLD_INNODB_STATS_AUTO_RECALC=@@INNODB_STATS_AUTO_RECALC */;
/*!50606 SET GLOBAL INNODB_STATS_AUTO_RECALC=OFF */;
/*!40014 SET @OLD_UNIQUE_CHECKS=@@UNIQUE_CHECKS, UNIQUE_CHECKS=0 */;
/*!40014 SET @OLD_FOREIGN_KEY_CHECKS=@@FOREIGN_KEY_CHECKS, FOREIGN_KEY_CHECKS=0 */;
/*!40101 SET @OLD_SQL_MODE=@@SQL_MODE, SQL_MODE='NO_AUTO_VALUE_ON_ZERO' */;
/*!40111 SET @OLD_SQL_NOTES=@@SQL_NOTES, SQL_NOTES=0 */;

--
-- Current Database: `market`
--

CREATE DATABASE /*!32312 IF NOT EXISTS*/ `market` /*!40100 DEFAULT CHARACTER SET utf8mb4 COLLATE utf8mb4_0900_ai_ci */ /*!80016 DEFAULT ENCRYPTION='N' */;

USE `market`;

--
-- Table structure for table `tbldept`
--

DROP TABLE IF EXISTS `tbldept`;
/*!40101 SET @saved_cs_client     = @@character_set_client */;
/*!50503 SET character_set_client = utf8mb4 */;
CREATE TABLE `tbldept` (
  `deptID` char(3) NOT NULL COMMENT '部门编号',
  `deptName` char(10) NOT NULL COMMENT '部门名称',
  `headerID` char(6) DEFAULT NULL COMMENT '部门负责人编号',
  PRIMARY KEY (`deptID`),
  KEY `FK_Dept_userID` (`headerID`),
  CONSTRAINT `FK_Dept_userID` FOREIGN KEY (`headerID`) REFERENCES `tbluser` (`userID`)
```

图 3-4-36　全部数据库备份结果

5. 数据还原操作

当数据丢失或意外损坏时，可以通过还原已经备份的数据来尽量减少数据的丢失和破坏造成的损失。

（1）数据还原的语法

基本语句格式：

```
MYSQL -u username -P [dbname] < filename.sql
```

说明：

- username 表示用户名称。
- dbname 表示数据库名称，该参数是可选参数。如果 filename.sql 文件为 MYSQLDUMP 命令创建的包含创建数据库语句的文件，则执行时不需要指定数据库名。如果指定的数据库名不存在将会报错。
- filename.sql 表示备份文件的名称。
- MySQL 命令和 MYSQLDUMP 命令都是操作系统命令，直接在命令行（cmd）窗口下执行。

（2）将所有数据库恢复备份

操作前将当前数据库删除并验证，如图 3-4-37 所示。

```
mysql> DROP DATABASE Market;
Query OK, 11 rows affected (0.09 sec)

mysql> SHOW DATABASES;
+--------------------+
| Database           |
+--------------------+
| information_schema |
| mysql              |
| performance_schema |
| sys                |
+--------------------+
4 rows in set (0.18 sec)
```

图 3-4-37 执行与结果验证

在命令行（cmd）窗口下执行还原命令，语句如下：

```
MYSQL -u root -p < C:\all.sql
```

执行后出现输入密码的界面，输入 root 用户密码后按【Enter】键。

```
Enter password: ****
```

操作步骤如图 3-4-38 所示。

再次查看数据库，发现被删除的 Market 数据库已恢复，如图 3-4-39 所示。

```
C:\MySQL\bin>MYSQL -u root -p < C:\all.sql
Enter password: ******
```

图 3-4-38 恢复所有数据库

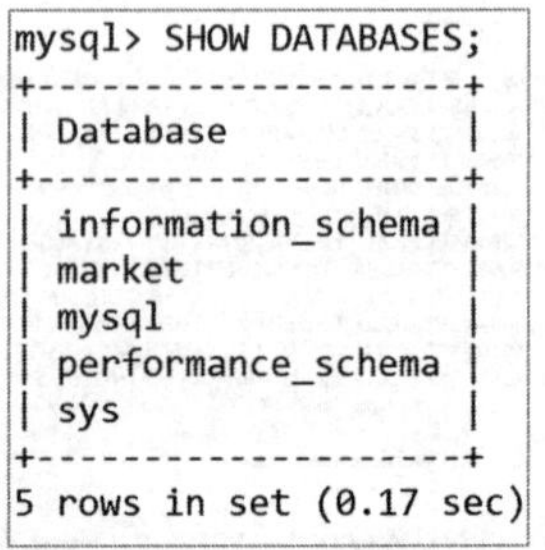

```
mysql> SHOW DATABASES;
+--------------------+
| Database           |
+--------------------+
| information_schema |
| market             |
| mysql              |
| performance_schema |
| sys                |
+--------------------+
5 rows in set (0.17 sec)
```

图 3-4-39 执行与结果验证

拓展任务

1. 使用 SOURCE 命令导入数据

在日常工作中，往往会遇到需要导入大的数据文件的情况，在 MySQL 中，用 SOURCE 命令可以轻松导入解决这个问题。

（1）SOURCE 命令导入数据的语法

基本语句格式：

```
SOURCE <文件名称>
```

说明：

< 文件名称 > 可以带路径，要求在指定位置必须有这个文件，此命令在 Navicat 的命令列界面中无法操作，需要以管理员身份启动命令窗口执行。

（2）使用 SOURCE 命令导入数据 Market 数据库

利用刚刚备份的 C:\Market.sql 文件导入数据。

语句如下：

```
SOURCE C:\Market.sql;
```

执行结果如图 3-4-40 所示。

```
mysql> SOURCE C:\Market.sql;

Query OK, 0 rows affected (0.00 sec)

Query OK, 0 rows affected (0.00 sec)

Query OK, 0 rows affected (0.00 sec)

...
```

图 3-4-40　导入数据

常见错误

SOURCE 命令导入数据时提示 Failed to open file 'C:\Market.sql', error: 2

（1）问题分析

提示信息表示打开 C:\Market.sql 文件失败，怀疑在 C:\ 下有没有这个文件。

（2）问题解决

在计算机中查看 C:\ 下确实没有 Market.sql 文件，找到正确的位置，更改路径，即可正确执行。

执行解析 4-4　管理存储引擎

任务目标

① 了解存储引擎。

② 理解 MySQL 中常用的存储引擎。

③ 掌握查看存储引擎的操作。

④ 掌握修改表的存储引擎的操作。

⑤ 掌握查看 InnoDB 存储引擎的表空间设置。

⑥ 掌握开启 / 关闭 InnoDB 存储引擎的独立表空间的操作。

⑦ 掌握 InnoDB 存储引擎的表空间扩展方式。

任务解析

1. 存储引擎概述

数据库存储引擎是数据库底层软件组织，数据库管理系统（DBMS）使用数据引擎进行创建、查询、更新和删除数据。不同的存储引擎提供不同的存储机制、索引技巧、锁定水平等功能，使用不同的存储引擎，还可以获得特定的功能。因为在关系数据库中数据的存储是以表的形式存储的，所以存储引擎也可以称为表类型。

数据库中不同的表有各自的特点，有的表简单，有的表复杂，有的表根本不用来存储任何长期的数据，有的表读取时非常快，但是插入数据时却很慢。在实际开发过程中，有可能需要各种各样的表，不同的表，意味着存储不同类型的数据，数据的处理上也会存在着差异。MySQL 数据库提供了很多种类型的存储引擎，可以根据对数据处理的需求，选择不同的存储引擎，从而最大限度地利用 MySQL 强大的功能。

2. MySQL 中的存储引擎

MySQL 数据库中的数据用各种不同的技术存储在文件（或者内存）中。这些技术中的每一种技术都使用不同的存储机制、索引技巧、锁定水平并且最终提供广泛的不同的功能和能力，这就是存储引擎。通过选择不同的技术，能够获得额外的速度或者功能，从而改善应用的整体功能。

MySQL 8 默认提供 9 种存储引擎。对于日常工作来说，常用的存储引擎只有三种：默认的 InnoDB、MyISAM 和 MEMORY。

（1）InnoDB 存储引擎

MySQL 从 3.23.34a 开始包含 InnoDB 存储引擎。InnoDB 具有较强的事务处理能力及较好的事务安全性并且支持外键。它给 MySQL 的表提供了事务提交、回滚、崩溃修复能力，还能够实现并发控制下的事务安全，在需要频繁的更新、删除操作并要求事务完整性的情况下应该选择该种存储引擎。

这种引擎不足之处是读写效率稍差，占用数据空间相对较大。

InnoDB 存储引擎有两种管理表空间的方法：

① 独立表空间：每一张表都会生成独立的文件来进行存储，每一张表都有一个 .frm 表（描述文件）和一个 .ibd 文件。其中，ibd 文件包括了单独一个表的数据内容和索引内容。

独立表空间优点：每个表都有自己独立的表空间；每个表的数据和索引都会存在自己的表空间中；可以实现单表在不同的数据库中移动；空间可以回收。

独立表空间缺点：单表增加过大，响应也较慢，可以使用分区表；单表增加过大，占用空间过大时，存储空间不足，只能从操作系统层面思考解决方法。

② 共享表空间：某一个数据库的所有表的数据和索引文件都放在一个文件下，默认的文件是 .ibdata1 文件，初始值是 12 MB，默认存放在数据文件的根文件夹下（mysql/var）。

在性能和运维上独立表空间比共享的表空间有很多优势。

共享表空间的优点：表空间可以分成多个文件存放到各个磁盘，所以表也就可以分成多个文件存放在磁盘上，表的大小不受磁盘大小的限制（很多文档描述有点问题）。同时，数据和文件放在一起方便管理。

共享表空间的缺点：多个表及索引在表空间中混合存储，这样对于一个表做了大量删除操作后表空间中将会有大量的空隙，特别是对于统计分析，日值系统这类应用最不适合用共享表空间。共享表空间分配后不能回缩。另外，进行数据库的冷备很慢，MYSQLDUMP 是一个好的处理方式。

（2）MyISAM 存储引擎

MyISAM 是 MySQL 中常见的存储引擎，它曾是 MySQL 的默认存储引擎。它的特点是：不支持事务、也不支持外键，但访问速度比较快，占用空间小，在对事务没有太多要求仅供访问的表中适合用此种引擎。

MyISAM 存储引擎的表存储成三个文件，文件的名字与表名相同，扩展名包括 frm、MYD 和 MYI。其中，frm 为扩展名的文件存储表的结构；MYD 为扩展名的文件存储数据，其是 MYData 的缩写；MYI 为扩展名的文件存储索引，其是 MYIndex 的缩写。

基于 MyISAM 存储引擎的表支持三种不同的存储格式：静态、动态和压缩。其中前两个（静态格式和动态格式）根据正使用的列的类型（是否使用 xBLOB、xTEXT、varchar）来自动选择；第三个，即已压缩格式，只能使用 myisampack 工具来创建。

（3）MEMORY 存储引擎

MEMORY 存储引擎是 MySQL 中的一类特殊的存储引擎，它使用存储在内存中的内容来创建表，而且所有数据也放在内存中。其特点是访问速度快，但安全上没有保障，适用应用中涉及数据比较小、需要进行快速访问的场合。

每个基于 MEMORY 存储引擎的表实际对应一个磁盘文件，该文件的文件名与表名相同，类型为 frm 类型。该文件中只存储表的结构，而其数据文件，都是存储在内存中。这样有利于对数据的快速的处理，提高整个表的处理效率。值得注意的是，服务器需要有足够的内存来维持 MEMORY 存储引擎的表的使用。如果不需要使用了，可以释放这些内存，甚至可以删除不需要的表。

3. 查看存储引擎

（1）查看当前数据库支持的存储引擎，并分析默认存储引擎

语句如下：

```
SHOW ENGINES;
```

执行后可以发现默认存储引擎为 InnoDB，执行结果如图 3-4-41 所示。

```
mysql> SHOW ENGINES;
+--------------------+---------+----------------------------------------------------------------+--------------+------+------------+
| Engine             | Support | Comment                                                        | Transactions | XA   | Savepoints |
+--------------------+---------+----------------------------------------------------------------+--------------+------+------------+
| MEMORY             | YES     | Hash based, stored in memory, useful for temporary tables      | NO           | NO   | NO         |
| MRG_MYISAM         | YES     | Collection of identical MyISAM tables                          | NO           | NO   | NO         |
| CSV                | YES     | CSV storage engine                                             | NO           | NO   | NO         |
| FEDERATED          | NO      | Federated MySQL storage engine                                 | NULL         | NULL | NULL       |
| PERFORMANCE_SCHEMA | YES     | Performance Schema                                             | NO           | NO   | NO         |
| MyISAM             | YES     | MyISAM storage engine                                          | NO           | NO   | NO         |
| InnoDB             | DEFAULT | Supports transactions, row-level locking, and foreign keys     | YES          | YES  | YES        |
| BLACKHOLE          | YES     | /dev/null storage engine (anything you write to it disappears) | NO           | NO   | NO         |
| ARCHIVE            | YES     | Archive storage engine                                         | NO           | NO   | NO         |
+--------------------+---------+----------------------------------------------------------------+--------------+------+------------+
9 rows in set (0.05 sec)
```

图 3-4-41 查看当前数据库支持的存储引擎

（2）查看表的存储引擎的语法

基本语句格式：

```
SHOW TABLE STATUS LIKE '<表名>'\G;
```

（3）查看 tblGoods 表的存储引擎

```
SHOW TABLE STATUS LIKE 'tblGoods' \G;
```

执行后可以发现该表的存储引擎为 InnoDB，执行结果如图 3-4-42 所示。

```
mysql> SHOW TABLE STATUS LIKE 'tblGoods' \G;
*************************** 1. row ***************************
           Name: tblgoods
         Engine: InnoDB
        Version: 10
     Row_format: Dynamic
           Rows: 33
 Avg_row_length: 496
    Data_length: 16384
Max_data_length: 0
   Index_length: 16384
      Data_free: 0
 Auto_increment: NULL
    Create_time: 2021-12-22 20:57:24
    Update_time: 2021-12-22 20:57:39
     Check_time: NULL
      Collation: utf8mb4_0900_ai_ci
       Checksum: NULL
 Create_options:
        Comment:
1 row in set (0.00 sec)
```

图 3-4-42 查看 tblGoods 表的存储引擎

4. 修改表的存储引擎

（1）修改表的存储引擎的语法

基本语句格式：

```
ALTER TABLE <表名> ENGINE =<引擎名>;
```

（2）将 tblGoods 表的存储引擎修改为 MEMORY 类型，并验证

语句如下：

```
ALTER TABLE tblGoods ENGINE=MEMORY;
SHOW TABLE STATUS LIKE 'tblGoods' \G;
```

执行后可以发现该表的存储引擎修改为 MEMORY，执行结果如图 3-4-43 所示。

（3）将 tblGoods 表的存储引擎修改为 InnoDB 类型，并验证

语句如下：

```
ALTER TABLE tblGoods engine=InnoDB;
SHOW TABLE STATUS LIKE 'tblGoods' \G;
```

执行后可以发现该表的存储引擎又修改为 InnoDB，执行结果如图 3-4-44 所示。

```
mysql> ALTER TABLE tblGoods ENGINE=MEMORY;
Query OK, 33 rows affected (0.04 sec)
Records: 33  Duplicates: 0  Warnings: 0

mysql> SHOW TABLE STATUS LIKE 'tblGoods' \G;
*************************** 1. row ***************************
           Name: tblgoods
         Engine: MEMORY
        Version: 10
     Row_format: Fixed
           Rows: 33
 Avg_row_length: 496
    Data_length: 16384
Max_data_length: 0
   Index_length: 16384
      Data_free: 0
 Auto_increment: NULL
    Create_time: 2021-12-22 21:14:05
    Update_time: 2021-12-22 20:57:39
     Check_time: NULL
      Collation: utf8mb4_0900_ai_ci
       Checksum: NULL
 Create_options:
        Comment:
1 row in set (0.00 sec)
```

图 3-4-43　将 tblGoods 表的存储引擎修改为 MEMORY 类型

```
mysql> ALTER TABLE tblGoods engine=InnoDB;
Query OK, 33 rows affected (0.04 sec)
Records: 33  Duplicates: 0  Warnings: 0

mysql> SHOW TABLE STATUS LIKE 'tblGoods' \G;
*************************** 1. row ***************************
           Name: tblgoods
         Engine: InnoDB
        Version: 10
     Row_format: Dynamic
           Rows: 33
 Avg_row_length: 496
    Data_length: 16384
Max_data_length: 0
   Index_length: 16384
      Data_free: 0
 Auto_increment: NULL
    Create_time: 2021-12-22 21:19:40
    Update_time: 2021-12-22 20:57:39
     Check_time: NULL
      Collation: utf8mb4_0900_ai_ci
       Checksum: NULL
 Create_options:
        Comment:
1 row in set (0.00 sec)
```

图 3-4-44　将 tblGoods 表的存储引擎修改为 InnoDB 类型

拓展任务

1. 查看 InnoDB 存储引擎的表空间设置

语句如下：

```
SHOW VARIABLES like 'INNODB_file_per_table';
```

说明：

查询结果中 innodb_file_per_table 的值为 on 则表示当前为独立表空间；为 off 则表示当前为共享表空间。

执行结果如图 3-4-45 所示。

```
mysql> SHOW VARIABLES like 'INNODB_file_per_table';
+-----------------------+-------+
| Variable_name         | Value |
+-----------------------+-------+
| innodb_file_per_table | ON    |
+-----------------------+-------+
1 row in set (0.02 sec)
```

图 3-4-45　查看系统 InnoDB 存储引擎的表空间类型

2. 开启 / 关闭 InnoDB 存储引擎的独立表空间功能

（1）开启 / 关闭 InnoDB 存储引擎的独立表空间功能的语法

基本语句格式：

```
SET GLOBAL INNODB_file_per_table=<参数值>;
```

说明：

<参数值>为 on 时表示开启独立表空间功能；为 off 时表示关闭独立表空间功能。

（2）修改 InnoDB 存储引擎的表空间为共享表空间类型并验证

语句如下：

```
SET GLOBAL INNODB_file_per_table=off;
SHOW VARIABLES like 'INNODB_file_per_table';
```

执行结果如图 3-4-46 所示。

```
mysql> SET GLOBAL INNODB_file_per_table=off;
Query OK, 0 rows affected (0.00 sec)

mysql> SHOW VARIABLES like 'INNODB_file_per_table';
+-----------------------+-------+
| Variable_name         | Value |
+-----------------------+-------+
| innodb_file_per_table | OFF   |
+-----------------------+-------+
1 row in set (0.04 sec)
```

图 3-4-46　修改 InnoDB 存储引擎的表空间为共享表空间

（3）将表空间修改为独立表空间类型并验证

语句如下：

```
SET GLOBAL INNODB_file_per_table=on;
SHOW VARIABLES like ‘INNODB_file_per_table’;
```

执行结果如图 3-4-47 所示。

```
mysql> SET GLOBAL INNODB_file_per_table=on;
Query OK, 0 rows affected (0.00 sec)

mysql> SHOW VARIABLES like 'INNODB_file_per_table';
+-----------------------+-------+
| Variable_name         | Value |
+-----------------------+-------+
| innodb_file_per_table | ON    |
+-----------------------+-------+
1 row in set (0.05 sec)
```

图 3-4-47　修改 InnoDB 存储引擎的表空间为独立表空间类型

3. InnoDB 存储引擎的表空间扩展方式

（1）查看并分析 InnoDB 存储引擎的表空间自动扩展方式

语句如下：

```
SHOW VARIABLES like 'INNODB_data_file_path';
```

执行后可以看到当前为自动扩展方式，每次增幅为 12 MB，执行结果如图 3-4-48 所示。

（2）修改 InnoDB 存储引擎表空间自动增长大小的语法

基本语句格式：

```
SET GLOBAL INNODB_autoextend_increment=<参数>;
```

```
mysql> SHOW VARIABLES like 'INNODB_data_file_path';
+----------------------+------------------------+
| Variable_name        | Value                  |
+----------------------+------------------------+
| innodb_data_file_path | ibdata1:12M:autoextend |
+----------------------+------------------------+
1 row in set (0.06 sec)
```

图 3-4-48 查看并分析 InnoDB 存储引擎的表空间自动扩展方式

说明：

- <参数>为具体数值。这个参数指的是当系统表空间满了以后，它再次预先申请的磁盘空间大小，单位为 MB。例如，12 代表每次扩展 12 MB 的空间。
- 参数对独立表空间无效。

（3）查看 InnoDB 存储引擎表空间每次自动扩展的增量大小

语句如下：

```
SHOW VARIABLES LIKE 'INNODB_AUTOEXTEND_INCREMENT';
```

执行结果如图 3-3-49 所示。

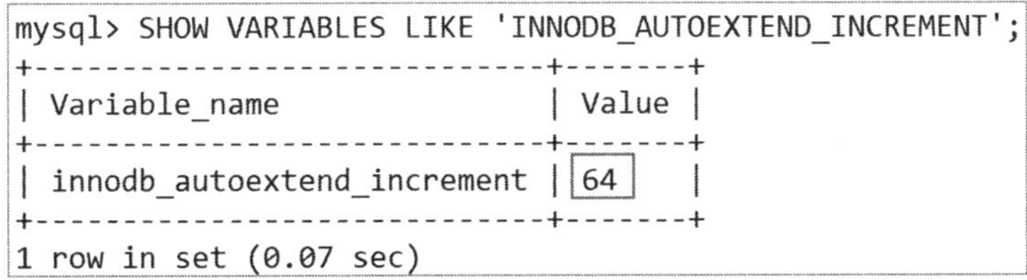

```
mysql> SHOW VARIABLES LIKE 'INNODB_AUTOEXTEND_INCREMENT';
+-----------------------------+-------+
| Variable_name               | Value |
+-----------------------------+-------+
| innodb_autoextend_increment | 64    |
+-----------------------------+-------+
1 row in set (0.07 sec)
```

图 3-4-49 查看 InnoDB 存储引擎表空间每次自动扩展的增量大小

（4）将自动扩展空间调整成 128 MB，并查看是否更改

语句如下：

```
SET GLOBAL INNODB_autoextend_increment=128;
SHOW VARIABLES like 'INNODB_autoextend_increment';
```

执行结果如图 3-4-50 所示。

```
mysql> SET GLOBAL INNODB_autoextend_increment=128;
Query OK, 0 rows affected (0.00 sec)

mysql> SHOW VARIABLES LIKE 'INNODB_AUTOEXTEND_INCREMENT';
+-----------------------------+-------+
| Variable_name               | Value |
+-----------------------------+-------+
| innodb_autoextend_increment | 128   |
+-----------------------------+-------+
1 row in set (0.22 sec)
```

图 3-4-50　将自动扩展空间调整成 128 MB

常见错误

1. 查看表的存储引擎时提示 Empty set (0.00 sec)

（1）问题分析

使用“SHOW TABLE STATUS LIKE 'tblGoods' \G;”命令查看 tblGoods 表的存储引擎时提示空设置，如图 3-4-51 所示。分析原因怀疑未打开 Market 数据库。

```
mysql> SHOW TABLE STATUS LIKE 'tblGoods' \G;
Empty set (0.00 sec)
```

图 3-4-51　提示空设置

（2）解决方法

先使用“USE Market;”命令打开数据库，再次执行“SHOW TABLE STATUS LIKE 'tblGoods' \G;”语句，正确执行。

2. 修改表的存储引擎时提示 Cannot change table's storage engine because the table participates in a foreign key constraint

（1）问题分析

提示因为该表参与了外键约束，所以不能改变表的存储引擎。如果还是需要改变，需要先删除该表关联的外键。

（2）解决方法

删除关联表的外键语句如下：

```
ALTER TABLE tblOrderList DROP CONSTRAINT FK_OrderList_goodsID;
ALTER TABLE tblTradeList DROP CONSTRAINT FK_TradeList_goodsID;
```

再次执行更改引擎操作就能使语句正常执行。

第四部分　语句快速查询手册

语句顺序查询手册

序　号	语 句 格 式	功　　能	参考目录
1	ALTER PROCEDURE < 存储过程名 > [特征 ...]	修改存储过程	执行解析 3-1
2	ALTER TABLE < 表名 > ADD [CONSTRAINT < 外键名 >] FOREIGN KEY (< 字段名 >[,…]) REFERENCES < 主表名 > (主键列 1 [, 主键列 2,…]) [,…]	修改表语句设置外键约束	执行解析 1-8
3	ALTER TABLE < 表名 > < 表选项 > [=] < 值 >	修改数据表字符集	执行解析 1-5
4	ALTER TABLE < 表名 > ADD [CONSTARINT < 主键名 >] PRIMARY KEY (字段列表)	修改表语句创建主键约束	执行解析 1-7
5	ALTER TABLE < 表名 > ADD [CONSTRAINT 约束名] UNIQUE (< 字段名 >[,…])	修改表语句设置唯一约束	执行解析 1-7
6	ALTER TABLE < 表名 > ADD [UNIQUE|PRIMARY KEY|FULL-TEXT|SPATIAL] {INDEX|KEY} [索引名] (< 索引字段列表 > [ASC|DESC])	修改表语句设置索引	执行解析 1-6
7	ALTER TABLE < 表名 > ALTER COLUMN < 字段名 > SET DEFAULT < 默认值 >	修改表语句添加默认值约束	执行解析 1-8
8	ALTER TABLE < 表名 > CHANGE COLUMN < 字段名 > < 字段名 > < 数据类型 > [< 选项 >] DEFAULT < 默认值 >	修改表语句添加默认值约束	执行解析 1-8
9	ALTER TABLE < 表名 > DROP {CONSTRAINT < 约束名 > |PRIMARY KEY}	删除约束	执行解析 1-7
10	ALTER TABLE < 表名 > DROP FOREIGN KEY < 外键约束名 >[,…]	删除外键约束	执行解析 1-8
11	ALTER TABLE < 表名 > DROP INDEX < 索引名 >	删除索引	执行解析 1-6
12	ALTER TABLE < 表名 > ENGINE =< 引擎名 >	修改表的存储引擎	执行解析 4-4
13	ALTER TABLE < 数据表名 > MODIFY [COLUMN] < 字段名 1> < 数据类型 > [字段属性] [FIRST | AFTER 字段名 2]	修改字段位置	执行解析 1-5
14	ALTER TABLE < 数据表名 > DROP [COLUMN] < 字段名 > [,…n]	删除字段	执行解析 1-5
15	ALTER TABLE < 数据表名 > MODIFY [COLUMN] < 字段名 > < 新类型 > [字段属性]	修改字段类型	执行解析 1-5
16	ALTER TABLE < 数据表名 > ADD [COLUMN] (< 字段名 1> < 字段类型 1>, ...)	新增字段	执行解析 1-5

续表

<table>
<tr><th>序 号</th><th>语 句 格 式</th><th>功 能</th><th>参考目录</th></tr>
<tr><td>17</td><td>ALTER TABLE < 数据表名 >
ADD [COLUMN] < 字段名 > < 字段类型 > [FIRST | AFTER 字段名]</td><td>新增字段</td><td>执行解析 1-5</td></tr>
<tr><td>18</td><td>ALTER TABLE < 数据表名 >
CHANGE COLUMN < 字段名 >
< 字段名 > < 数据类型 > DEFAULT NULL</td><td>删除默认值约束</td><td>执行解析 1-8</td></tr>
<tr><td>19</td><td>ALTER TABLE 旧表名 RENAME [TO|AS] 新表名</td><td>修改数据表名称</td><td>执行解析 1-5</td></tr>
<tr><td>20</td><td>ALTER TABLE< 表名 > CHANGE < 旧字段名 > < 新字段名 >
< 字段类型 > [字段属性][,n…]</td><td>修改数据表的字段名称</td><td>执行解析 1-5</td></tr>
<tr><td>21</td><td>ALTER USER < 用户 > [IDENTIFIED BY [PASSWORD] 'password']
[, 用户 [IDENTIFIED BY [PASSWORD] 'password']]</td><td>修改密码</td><td>执行解析 4-1</td></tr>
<tr><td>22</td><td>ALTER USER < 用户名 >'[@< 服务器名 >] IDENTIFIED BY '< 密码 >'</td><td>设置用户密码</td><td>执行解析 1-1</td></tr>
<tr><td>23</td><td>ALTER VIEW < 视图名 > [(< 字段名 >[, …n])]
AS SELECT < 查询子句 >
[WITH [CASCADED|LOCAL] CHECK OPTION]</td><td>修改视图</td><td>执行解析 2-6</td></tr>
<tr><td>24</td><td>BEGIN [TRANSACTION]</td><td>开始事务</td><td>执行解析 4-2</td></tr>
<tr><td>25</td><td>CALL [< 数据库名 >.]< 存储过程名 > ([过程参数值 [,…n]])</td><td>调用存储过程</td><td>执行解析 3-1</td></tr>
<tr><td>26</td><td>COMMIT [TRANSACTION]</td><td>提交事务</td><td>执行解析 4-2</td></tr>
<tr><td>27</td><td>CREATE [TEMPORARY] TABLE [IF NOT EXISTS] [数据库 .]< 表名 >
(< 字段名 > < 字段类型 > [字段属性] [COMMENT < 字段描述 >] [,…n]) [表选项]</td><td>创建数据表</td><td>执行解析 1-4</td></tr>
<tr><td>28</td><td>CREATE [UNIQUE|FULLTEXT|SPATIAL] [INDEX|KEY] < 索引名称 >
ON < 表名 >(< 索引字段列表 > [ASC|DESC])</td><td>创建索引</td><td>执行解析 1-6</td></tr>
<tr><td>29</td><td>CREATE DATABASE [IF NOT EXISTS] < 数据库名 ></td><td>创建数据库的语法</td><td>执行解析 1-3</td></tr>
<tr><td>30</td><td>CREATE DATABASE [IF NOT EXISTS] < 数据库名 >
[[DEFAULT] CHARACTER SET < 字符集名 >]
[[DEFAULT] COLLATE < 校对规则名 >]</td><td>设数据库的字符集和校对规则</td><td>执行解析 1-3</td></tr>
<tr><td>31</td><td>CREATE PROCEDURE< 存储过程名 > ([过程参数 [,…]])
< 过程体 >
[过程参数 [,…]] < 格式 >
[IN | OUT | INOUT] < 参数名 > < 类型 ></td><td>创建存储过程</td><td>执行解析 3-1</td></tr>
<tr><td>32</td><td>CREATE TABLE 表名 (
字段名 数据类型 DEFAULT< 默认值 >
[,…])</td><td>创建表语句创建默认值约束</td><td>执行解析 1-8</td></tr>
</table>

续表

<table>
<tr><th>序　号</th><th>语 句 格 式</th><th>功　　能</th><th>参考目录</th></tr>
<tr><td>33</td><td>CREATE TABLE < 表名 >(
< 字段名 > < 数据类型 > [,…],
[CONSTRAINT < 约束名 >] UNIQUE (字段名 1, 字段名 2, …))</td><td>使用创建表语句设置唯一约束</td><td>执行解析 1-7</td></tr>
<tr><td>34</td><td>CREATE TABLE < 表名 >(
< 字段名 > < 数据类型 > [字段选项] [,…],
[CONSTRAINT < 外键名 >] FOREIGN KEY (< 字段名 > [,…])
REFERENCES < 主表名 > (主键列 1 [, 主键列 2, …])
)</td><td>创建表语句创建外键约束</td><td>执行解析 1-8</td></tr>
<tr><td>35</td><td>CREATE TABLE < 表名 >(
< 字段名 > < 数据类型 > [字段选项] [,…n]
[UNIQUE| PRIMARY KEY|FULLTEXT|SPATIAL] [INDEX|KEY]
[索引名]
(< 索引字段列表 >[ASC|DESC]) [(,…n)]
)</td><td>创建表时创建索引</td><td>执行解析 1-6</td></tr>
<tr><td>36</td><td>CREATE TABLE < 表名 >(
< 字段名 > < 数据类型 > [字段选项] [,…n]
FULLTEXT INDEX (< 字段名 >)
)</td><td>创建表语句创建全文索引</td><td>执行解析 1-6</td></tr>
<tr><td>37</td><td>CREATE TABLE < 表名 >(
< 字段名 > < 数据类型 > [字段选项] [,…n]
[CONSTARINT 主键名] PRIMARY KEY (字段名 1, 字段名 2,
…))</td><td>创建表时创建主键约束</td><td>执行解析 1-7</td></tr>
<tr><td>38</td><td>CREATE TABLE < 表名 >(
< 字段名 > < 数据类型 > [字段选项] [PRIMARY KEY]
[,…n])</td><td>创建表时创建主键约束</td><td>执行解析 1-7</td></tr>
<tr><td>39</td><td>CREATE TRIGGER < 触发器名 >
< 触发时机 > < 触发事件 >
ON < 表名 > FOR EACH ROW
< 程序体 ></td><td>创建触发器</td><td>执行解析 3-2</td></tr>
<tr><td>40</td><td>CREATE USER < 用户 > [IDENTIFIED BY [PASSWORD]
'password']
[, 用户 [IDENTIFIED BY [PASSWORD] 'password']]</td><td>创建用户</td><td>执行解析 4-1</td></tr>
<tr><td>41</td><td>CREATE VIEW view_name [(column[, …n])]
AS SELECT select_statement
[WITH [CASCADED|LOCAL] CHECK OPTION]</td><td>创建视图</td><td>执行解析 2-5</td></tr>
<tr><td>42</td><td>CREATE VIEW view_name [(column[, …n])]
AS SELECT select_statement
[WITH [CASCADED|LOCAL] CHECK OPTION]</td><td>创建视图</td><td>执行解析 2-6</td></tr>
</table>

续表

序 号	语 句 格 式	功　　能	参考目录
43	DECLARE < 变量名 >[,…n] < 类型 > [DEFAULT < 值 >]	变量声明	执行解析 3-2
44	DELIMITER < 特殊的符号 >	声明语句结束符	执行解析 3-1
45	{DESCRIBE | DESC} 数据表名 [字段名]	查看数据表的字段信息	执行解析 1-4
46	DESC < 表名 >	查看表结构中的约束信息	执行解析 1-8
47	DESCRIBE < 视图名 >	查看视图	执行解析 2-5
48	DROP DATABASE [IF EXISTS] 数据库名称	删除数据库	执行解析 1-3
49	DROP INDEX < 索引名 > ON < 表名 > [算法选项][锁选项]	删除索引	执行解析 1-6
50	DROP PROCEDURE [IF EXISTS] < 过程名 >[,…n]	删除存储过程	执行解析 3-1
51	DROP TRIGGER [IF EXISTS] < 触发器名称 >	删除触发器	执行解析 3-2
52	DROP USER < 用户 1> [,…n]	删除用户	执行解析 4-1
53	DROP VIEW < 视图名 > [,…n]	删除视图	执行解析 2-6
54	FLUSH PRIVILEGES	刷新权限	执行解析 4-1
55	GRANT priv_type [(column_list)] ON database.table TO user [IDENTIFIED BY [PASSWORD] 'password'][, …n] [WITH with_option [with_option]...]	分配权限	执行解析 4-1
56	MYSQL –u username –P [dbname] < filename.sql	数据还原	执行解析 4-3
57	mysql –u< 用户名 > [–p [密码]] [–h {IP 地址 | 域名 }][–P < 端口 >]	登录 MySQL	执行解析 1-1
58	mysql –u 用户名 –p [密码] 数据库名	登录 MySQL 服务器时选择数据库	执行解析 1-3
59	MYSQLDUMP –u username –P ––all–databases>filename.sql	备份所有数据库	执行解析 4-3
60	MYSQLDUMP –u username –P ––databases dbname1 dbname2 ... > filename.sql	备份多个数据库	执行解析 4-3
61	MYSQLDUMP –u username –p dbname [tbname ...]> filename.sql	备份单一数据库	执行解析 4-3
62	QUIT	退出登录	执行解析 1-1
63	RENAME TABLE 旧表名 TO 新表名 [, ...n]	修改数据表名称	执行解析 1-5
64	RENAME USER < 旧用户 > TO < 新用户 >	重命名用户	执行解析 4-1
65	REVOKE ALL PRIVILEGES, GRANT OPTION FROM user [, user] …	回收用户的所有权限	执行解析 4-1
66	REVOKE priv_type [(column_list)]... ON database.table FROM user [, user]…	回收权限	执行解析 4-1
67	ROLLBACK [TRANSACTION]	回滚事务	执行解析 4-2
68	SELECT * FROM < 权限表 > [WHERE < 查询条件 >]	查询权限表查看权限	执行解析 4-1

续表

<table>
<tr><th>序 号</th><th>语 句 格 式</th><th>功 能</th><th>参考目录</th></tr>
<tr><td>69</td><td>SELECT @@transaction_isolation</td><td>查看事务隔离级别</td><td>执行解析 4-2</td></tr>
<tr><td>70</td><td>SELECT @@TRANSACTION_ISOLATION</td><td>查看系统当前事务隔离级别</td><td>执行解析 4-2</td></tr>
<tr><td>71</td><td>SELECT {*|< 字段列表 >}
FROM < 表 1>,< 表 2>,…
[WHERE < 条件表达式 >]
[GROUP BY < 分组条件表达式 >]
[HAVING < 条件表达式 >]
[ORDER BY < 排序条件表达式 >][ASC | DESC]</td><td>查询</td><td>执行解析 2-1</td></tr>
<tr><td>72</td><td>SELECT < 字段名 >… FROM user</td><td>查看用户</td><td>执行解析 4-1</td></tr>
<tr><td>73</td><td>SET < 变量名 > = < 表达式 > [,…n]</td><td>变量赋值</td><td>执行解析 3-2</td></tr>
<tr><td>74</td><td>SET AUTOCOMMIT={0|1}</td><td>改变语句的自动提交模式</td><td>执行解析 4-2</td></tr>
<tr><td>75</td><td>SET GLOBAL INNODB_autoextend_increment=< 参数 ></td><td>修改 InnoDB 存储引擎表空间自动增长大小</td><td>执行解析 4-4</td></tr>
<tr><td>76</td><td>SET GLOBAL INNODB_file_per_table=< 参数值 ></td><td>开启 / 关闭 InnoDB 存储引擎的独立表空间功能</td><td>执行解析 4-4</td></tr>
<tr><td>77</td><td>SET SESSION TRANSACTION ISOLATION LEVEL < 事务隔离级别 ></td><td>修改事务隔离级别</td><td>执行解析 4-2</td></tr>
<tr><td>78</td><td>SHOW [FULL] COLUMNS FROM [数据库名 .]< 数据表名 ></td><td>查看数据表结构</td><td>执行解析 1-4</td></tr>
<tr><td>79</td><td>SHOW {INDEXES|INDEX|KEYS} FROM < 表名 ></td><td>查看表的索引设置</td><td>执行解析 1-6</td></tr>
<tr><td>80</td><td>SHOW CREATE DATABASE 数据库名称</td><td>查看数据库的创建信息</td><td>执行解析 1-3</td></tr>
<tr><td>81</td><td>SHOW CREATE PROCEDURE < 过程名 ></td><td>查看存储过程</td><td>执行解析 3-1</td></tr>
<tr><td>82</td><td>SHOW CREATE TABLE [数据库名 .]< 表名 >{;|\g|\G}</td><td>查看数据表的创建语句；查看表的约束</td><td>执行解析 1-4</td></tr>
<tr><td>83</td><td>SHOW CREATE VIEW < 视图名 ></td><td>查看视图详细信息</td><td>执行解析 2-5</td></tr>
<tr><td>84</td><td>SHOW CREATE VIEW < 视图名 ></td><td>查看视图详细信息</td><td>执行解析 2-6</td></tr>
<tr><td>85</td><td>SHOW DATABASES</td><td>查看 MySQL 服务器下所有数据库</td><td>执行解析 1-3</td></tr>
<tr><td>86</td><td>SHOW ENGINES</td><td>查看当前数据库支持的存储引擎</td><td>执行解析 4-4</td></tr>
<tr><td>87</td><td>SHOW GRANTS FOR < 用户 ></td><td>查看全局级权限</td><td>执行解析 4-1</td></tr>
<tr><td>88</td><td>SHOW PROCEDURE STATUS LIKE < 存储过程名 ></td><td>查看存储过程状态</td><td>执行解析 3-1</td></tr>
<tr><td>89</td><td>SHOW TABLE STATUS LIKE '< 表名 >'\G</td><td>查看表的存储引擎</td><td>执行解析 4-4</td></tr>
<tr><td>90</td><td>SHOW TABLES</td><td>查看数据表</td><td>执行解析 1-4</td></tr>
</table>

续表

序　号	语 句 格 式	功　　能	参考目录
91	SHOW TRIGGERS	查看创建的触发器	执行解析 3-2
92	SHOW VARIABLES LIKE 'character_set_database'	查看数据库的字符集	执行解析 1-3
93	SHOW VARIABLES LIKE 'collation_database'	查看数据库的校对规则	执行解析 1-3
94	SHOW VARIABLES LIKE 'INNODB_AUTOEXTEND_INCREMENT'	查看 InnoDB 存储引擎表空间每次自动扩展的增量大小	执行解析 4-4
95	SHOW VARIABLES like 'INNODB_data_file_path'	查看并分析 InnoDB 存储引擎的表空间自动扩展方式	执行解析 4-4
96	SHOW VARIABLES like 'INNODB_file_per_table'	查看 InnoDB 存储引擎表空间设置	执行解析 4-4
97	SOURCE < 文件名称 >	导入数据	执行解析 4-3
98	USE 数据库名称	选择数据库	执行解析 1-3

功能顺序查询手册

序　号	功　　能	语 句 格 式	参考目录
1	备份单一数据库	MYSQLDUMP –u username –p dbname [tbname ...]> filename.sql	执行解析 4-3
2	备份多个数据库	MYSQLDUMP –u username –P ––databases dbname1 dbname2 ... > filename.sql	执行解析 4-3
3	备份所有数据库	MYSQLDUMP –u username –P ––all–databases>filename.sql	执行解析 4-3
4	变量赋值	SET < 变量名 > = < 表达式 > [,…n]	执行解析 3-2
5	变量声明	DECLARE < 变量名 >[,…n] < 类型 > [DEFAULT < 值 >]	执行解析 3-2
6	查看 InnoDB 存储引擎表空间每次自动扩展的增量大小	SHOW VARIABLES LIKE 'INNODB_AUTOEXTEND_INCREMENT'	执行解析 4-4
7	查看 InnoDB 存储引擎表空间设置	SHOW VARIABLES like 'INNODB_file_per_table'	执行解析 4-4
8	查看 MySQL 服务器下所有数据库	SHOW DATABASES	执行解析 1-3
9	查看表的存储引擎	SHOW TABLE STATUS LIKE '< 表名 >'\G	执行解析 4-4
10	查看表的索引设置	SHOW {INDEXES|INDEX|KEYS} FROM < 表名 >	执行解析 1-6
11	查看表结构中的约束信息	DESC < 表名 >	执行解析 1-8

续表

序　号	功　　能	语 句 格 式	参考目录
12	查看并分析 InnoDB 存储引擎的表空间自动扩展方式	SHOW VARIABLES like 'INNODB_data_file_path'	执行解析 4–4
13	查看创建的触发器	SHOW TRIGGERS	执行解析 3–2
14	查看存储过程	SHOW CREATE PROCEDURE < 过程名 >	执行解析 3–1
15	查看存储过程状态	SHOW PROCEDURE STATUS LIKE < 存储过程名 >	执行解析 3–1
16	查看当前数据库支持的存储引擎	SHOW ENGINES	执行解析 4–4
17	查看全局级权限	SHOW GRANTS FOR < 用户 >	执行解析 4–1
18	查看事务隔离级别	SELECT @@transaction_isolation	执行解析 4–2
19	查看视图	DESCRIBE < 视图名 >	执行解析 2–5
20	查看视图详细信息	SHOW CREATE VIEW < 视图名 >	执行解析 2–5
21	查看视图详细信息	SHOW CREATE VIEW < 视图名 >	执行解析 2–6
22	查看数据表	SHOW TABLES	执行解析 1–4
23	查看数据表的创建语句；查看表的约束	SHOW CREATE TABLE [数据库名 .]< 表名 >{|\g|\G}	执行解析 1–4
24	查看数据表的字段信息	{ DESCRIBE | DESC } 数据表名 [字段名]	执行解析 1–4
25	查看数据表结构	SHOW [FULL] COLUMNS FROM [数据库名 .]< 数据表名 >	执行解析 1–4
26	查看数据库的创建信息	SHOW CREATE DATABASE 数据库名称	执行解析 1–3
27	查看数据库的校对规则	SHOW VARIABLES LIKE 'collation_database'	执行解析 1–3
28	查看数据库的字符集	SHOW VARIABLES LIKE 'character_set_database'	执行解析 1–3
29	查看系统当前事务隔离级别	SELECT @@TRANSACTION_ISOLATION	执行解析 4–2
30	查看用户	SELECT < 字段名 >… FROM user	执行解析 4–1
31	查询	SELECT {*|< 字段列表 >} FROM < 表 1>,< 表 2>,… [WHERE < 条件表达式 >] [GROUP BY < 分组条件表达式 >] [HAVING < 条件表达式 >] [ORDER BY < 排序条件表达式 >][ASC | DESC]	执行解析 2–1
32	查询权限表查看权限	SELECT * FROM < 权限表 > [WHERE < 查询条件 >]	执行解析 4–1
33	创建表时创建索引	CREATE TABLE < 表名 >(< 字段名 > < 数据类型 > [字段选项] [,…n] [UNIQUE| PRIMARY KEY|FULLTEXT|SPATIAL] [INDEX|KEY] [索引名] (< 索引字段列表 >[ASC|DESC]) [(,…n)])	执行解析 1–6

续表

序 号	功 能	语 句 格 式	参考目录
34	创建表时创建主键约束	CREATE TABLE < 表名 >(< 字段名 > < 数据类型 > [字段选项] [PRIMARY KEY] [,…*n*])	执行解析 1–7
35	创建表时创建主键约束	CREATE TABLE < 表名 >(< 字段名 > < 数据类型 > [字段选项] [,…*n*] [CONSTARINT 主键名] PRIMARY KEY (字段名 1, 字段名 2, …))	执行解析 1–7
36	创建表语句创建默认值约束	CREATE TABLE 表名 (字段名 数据类型 DEFAULT< 默认值 > [,…])	执行解析 1–8
37	创建表语句创建全文索引	CREATE TABLE < 表名 >(< 字段名 > < 数据类型 > [字段选项] [,…*n*] FULLTEXT INDEX (< 字段名 >))	执行解析 1–6
38	创建表语句创建外键约束	CREATE TABLE < 表名 >(< 字段名 > < 数据类型 > [字段选项] [,…], [CONSTRAINT < 外键名 >] FOREIGN KEY (< 字段名 > [,…]) REFERENCES < 主表名 > (主键列 1 [, 主键列 2, …]))	执行解析 1–8
39	创建触发器	CREATE TRIGGER < 触发器名 > < 触发时机 > < 触发事件 > ON < 表名 > FOR EACH ROW < 程序体 >	执行解析 3–2
40	创建存储过程	CREATE PROCEDURE< 存储过程名 > ([过程参数 [,…]]) < 过程体 > [过程参数 [,…]] < 格式 > [IN | OUT | INOUT] < 参数名 > < 类型 >	执行解析 3–1
41	创建视图	CREATE VIEW view_name [(column[, …*n*])] AS SELECT select_statement [WITH [CASCADED|LOCAL] CHECK OPTION]	执行解析 2–5
42	创建视图	CREATE VIEW view_name [(column[, …*n*])] AS SELECT select_statement [WITH [CASCADED|LOCAL] CHECK OPTION]	执行解析 2–6
43	创建数据表	CREATE [TEMPORARY] TABLE [IF NOT EXISTS] [数据库 .]< 表名 > (< 字段名 > < 字段类型 > [字段属性] [COMMENT < 字段描述 >][,… *n*]) [表选项]	执行解析 1–4
44	创建数据库的语法	CREATE DATABASE [IF NOT EXISTS] < 数据库名 >	执行解析 1–3

续表

<table>
<tr><th>序　号</th><th>功　　能</th><th>语 句 格 式</th><th>参考目录</th></tr>
<tr><td>45</td><td>创建索引</td><td>CREATE [UNIQUE|FULLTEXT|SPATIAL] [INDEX|KEY] < 索引名称 >
ON < 表名 >(< 索引字段列表 > [ASC|DESC])</td><td>执行解析 1-6</td></tr>
<tr><td>46</td><td>创建用户</td><td>CREATE USER < 用户 > [IDENTIFIED BY [PASSWORD] 'password']
[, 用户 [IDENTIFIED BY [PASSWORD] 'password']]</td><td>执行解析 4-1</td></tr>
<tr><td>47</td><td>导入数据</td><td>SOURCE < 文件名称 ></td><td>执行解析 4-3</td></tr>
<tr><td>48</td><td>登录 MySQL</td><td>mysql –u< 用户名 > [–p [密码]] [–h {IP 地址 | 域名 }][–P < 端口 >]</td><td>执行解析 1-1</td></tr>
<tr><td>49</td><td>登录 MySQL 服务器时选择数据库</td><td>mysql –u 用户名 –p [密码] 数据库名</td><td>执行解析 1-3</td></tr>
<tr><td>50</td><td>调用存储过程</td><td>CALL [< 数据库名 >.]< 存储过程名 > ([过程参数值 [,…n]])</td><td>执行解析 3-1</td></tr>
<tr><td>51</td><td>分配权限</td><td>GRANT priv_type [(column_list)] ON database.table
TO user [IDENTIFIED BY [PASSWORD] 'password'][, …n]
[WITH with_option [with_option]...]</td><td>执行解析 4-1</td></tr>
<tr><td>52</td><td>改变语句的自动提交模式</td><td>SET AUTOCOMMIT={0|1}</td><td>执行解析 4-2</td></tr>
<tr><td>53</td><td>回滚事务</td><td>ROLLBACK [TRANSACTION]</td><td>执行解析 4-2</td></tr>
<tr><td>54</td><td>回收权限</td><td>REVOKE priv_type [(column_list)]
ON database.table
FROM user [, user]…</td><td>执行解析 4-1</td></tr>
<tr><td>55</td><td>回收用户的所有权限</td><td>REVOKE ALL PRIVILEGES, GRANT OPTION FROM user [, user] …</td><td>执行解析 4-1</td></tr>
<tr><td>56</td><td>开启 / 关闭 InnoDB 存储引擎的独立表空间功能</td><td>SET GLOBAL INNODB_file_per_table=< 参数值 ></td><td>执行解析 4-4</td></tr>
<tr><td>57</td><td>开始事务</td><td>BEGIN [TRANSACTION]</td><td>执行解析 4-2</td></tr>
<tr><td>58</td><td>删除触发器</td><td>DROP TRIGGER [IF EXISTS] < 触发器名称 ></td><td>执行解析 3-2</td></tr>
<tr><td>59</td><td>删除存储过程</td><td>DROP PROCEDURE [IF EXISTS] < 过程名 >[,…n]</td><td>执行解析 3-1</td></tr>
<tr><td>60</td><td>删除默认值约束</td><td>ALTER TABLE < 数据表名 >
CHANGE COLUMN < 字段名 >
< 字段名 > < 数据类型 > DEFAULT NULL</td><td>执行解析 1-8</td></tr>
<tr><td>61</td><td>删除视图</td><td>DROP VIEW < 视图名 > [,…n]</td><td>执行解析 2-6</td></tr>
<tr><td>62</td><td>删除数据库</td><td>DROP DATABASE [IF EXISTS] 数据库名称</td><td>执行解析 1-3</td></tr>
<tr><td>63</td><td>删除索引</td><td>ALTER TABLE < 表名 > DROP INDEX < 索引名 ></td><td>执行解析 1-6</td></tr>
<tr><td>64</td><td>删除索引</td><td>DROP INDEX < 索引名 > ON < 表名 > [算法选项][锁选项]</td><td>执行解析 1-6</td></tr>
<tr><td>65</td><td>删除外键约束</td><td>ALTER TABLE < 表名 > DROP FOREIGN KEY < 外键约束名 >[,…]</td><td>执行解析 1-8</td></tr>
<tr><td>66</td><td>删除用户</td><td>DROP USER < 用户 1> [,…n]</td><td>执行解析 4-1</td></tr>
</table>

续表

序　号	功　　能	语 句 格 式	参考目录
67	删除约束	ALTER TABLE < 表名 > DROP {CONSTRAINT < 约束名 >|PRIMARY KEY}	执行解析 1–7
68	删除字段	ALTER TABLE < 数据表名 > DROP [COLUMN] < 字段名 >[,…n]	执行解析 1–5
69	设数据库的字符集和校对规则	CREATE DATABASE [IF NOT EXISTS] < 数据库名 > [[DEFAULT] CHARACTER SET < 字符集名 >] [[DEFAULT] COLLATE < 校对规则名 >]	执行解析 1–3
70	设置用户密码	ALTER USER < 用户名 >'[@< 服务器名 >] IDENTIFIED BY '< 密码 >'	执行解析 1–1
71	声明语句结束符	DELIMITER < 特殊的符号 >	执行解析 3–1
72	使用创建表语句设置唯一约束	CREATE TABLE < 表名 >(< 字段名 > < 数据类型 > [,…], [CONSTRAINT < 约束名 >] UNIQUE (字段名 1, 字段名 2, …))	执行解析 1–7
73	数据还原	MYSQL –u username –P [dbname] < filename.sql	执行解析 4–3
74	刷新权限	FLUSH PRIVILEGES	执行解析 4–1
75	提交事务	COMMIT [TRANSACTION]	执行解析 4–2
76	退出登录	QUIT	执行解析 1–1
77	新增字段	ALTER TABLE < 数据表名 > ADD [COLUMN] < 字段名 > < 字段类型 > [FIRST | AFTER 字段名]	执行解析 1–5
78	新增字段	ALTER TABLE < 数据表名 > ADD [COLUMN] (< 字段名 1> < 字段类型 1>, …))	执行解析 1–5
79	修改 InnoDB 存储引擎表空间自动增长大小	SET GLOBAL INNODB_autoextend_increment=< 参数 >	执行解析 4–4
80	修改表的存储引擎	ALTER TABLE < 表名 > ENGINE =< 引擎名 >	执行解析 4–4
81	修改表语句创建主键约束	ALTER TABLE < 表名 > ADD [CONSTARINT < 主键名 >] PRIMARY KEY (字段列表)	执行解析 1–7
82	修改表语句设置索引	ALTER TABLE < 表名 > ADD [UNIQUE|PRIMARY KEY|FULLTEX–T|SPATIAL] {INDEX|KEY} [索引名] (< 索引字段列表 > [ASC|DESC])	执行解析 1–6
83	修改表语句设置外键约束	ALTER TABLE < 表名 > ADD [CONSTRAINT < 外键名 >] FOREIGN KEY (< 字段名 > [,…]) REFERENCES < 主表名 > (主键列 1 [, 主键列 2, …]) [,…]	执行解析 1–8
84	修改表语句设置唯一约束	ALTER TABLE < 表名 > ADD [CONSTRAINT 约束名] UNIQUE (< 字段名 >[,…])	执行解析 1–7
85	修改表语句添加默认值约束	ALTER TABLE < 表名 > CHANGE COLUMN < 字段名 > < 字段名 > < 数据类型 > [< 选项 >] DEFAULT < 默认值 >	执行解析 1–8

续表

序　号	功　　能	语 句 格 式	参考目录
86	修改表语句添加默认值约束	ALTER TABLE < 表名 > ALTER COLUMN < 字段名 > SET DEFAULT < 默认值 >	执行解析 1-8
87	修改存储过程	ALTER PROCEDURE < 存储过程名 > [特征 ...]	执行解析 3-1
88	修改密码	ALTER USER < 用户 > [IDENTIFIED BY [PASSWORD] 'password'] [, 用户 [IDENTIFIED BY [PASSWORD] 'password']]	执行解析 4-1
89	修改事务隔离级别	SET SESSION TRANSACTION ISOLATION LEVEL < 事务隔离级别 >	执行解析 4-2
90	修改视图	ALTER VIEW < 视图名 > [(< 字段名 >[, …n])] AS SELECT < 查询子句 > [WITH [CASCADED|LOCAL] CHECK OPTION]	执行解析 2-6
91	修改数据表的字段名称	ALTER TABLE< 表名 > CHANGE < 旧字段名 > < 新字段名 > < 字段类型 > [字段属性][,n…]	执行解析 1-5
92	修改数据表名称	ALTER TABLE 旧表名 RENAME [TO|AS] 新表名	执行解析 1-5
93	修改数据表名称	RENAME TABLE 旧表名 TO 新表名 [, ...n]	执行解析 1-5
94	修改数据表字符集	ALTER TABLE < 表名 > < 表选项 > [=] < 值 >	执行解析 1-5
95	修改字段类型	ALTER TABLE < 数据表名 > MODIFY [COLUMN] < 字段名 > < 新类型 > [字段属性]	执行解析 1-5
96	修改字段位置	ALTER TABLE < 数据表名 > MODIFY [COLUMN] < 字段名 1> < 数据类型 > [字段属性] [FIRST | AFTER 字段名 2]	执行解析 1-5
97	选择数据库	USE 数据库名称	执行解析 1-3
98	重命名用户	RENAME USER < 旧用户 > TO < 新用户 >	执行解析 4-1

章节顺序查询手册

序　号	功　　能	语 句 格 式	参考目录
1	登录 MySQL	mysql -u< 用户名 > [-p [密码]] [-h {IP 地址 | 域名 }][-P < 端口 >]	执行解析 1-1
2	退出登录	QUIT	执行解析 1-1
3	设置用户密码	ALTER USER < 用户名 >'[@< 服务器名 >] IDENTIFIED BY '< 密码 >'	执行解析 1-1
4	创建数据库的语法	CREATE DATABASE [IF NOT EXISTS] < 数据库名 >	执行解析 1-3
5	设数据库的字符集和校对规则	CREATE DATABASE [IF NOT EXISTS] < 数据库名 > [[DEFAULT] CHARACTER SET < 字符集名 >] [[DEFAULT] COLLATE < 校对规则名 >]	执行解析 1-3
6	查看 MySQL 服务器下所有数据库	SHOW DATABASES	执行解析 1-3

续表

<table>
<tr><th>序 号</th><th>功 能</th><th>语 句 格 式</th><th>参考目录</th></tr>
<tr><td>7</td><td>查看数据库的创建信息</td><td>SHOW CREATE DATABASE 数据库名称</td><td>执行解析 1-3</td></tr>
<tr><td>8</td><td>选择数据库</td><td>USE 数据库名称</td><td>执行解析 1-3</td></tr>
<tr><td>9</td><td>登录 MySQL 服务器时选择数据库</td><td>mysql –u 用户名 –p [密码] 数据库名</td><td>执行解析 1-3</td></tr>
<tr><td>10</td><td>查看数据库的字符集</td><td>SHOW VARIABLES LIKE 'character_set_database'</td><td>执行解析 1-3</td></tr>
<tr><td>11</td><td>查看数据库的校对规则</td><td>SHOW VARIABLES LIKE 'collation_database'</td><td>执行解析 1-3</td></tr>
<tr><td>12</td><td>删除数据库</td><td>DROP DATABASE [IF EXISTS] 数据库名称</td><td>执行解析 1-3</td></tr>
<tr><td>13</td><td>创建数据表</td><td>CREATE [TEMPORARY] TABLE [IF NOT EXISTS] [数据库 .]< 表名 >
(< 字段名 > < 字段类型 > [字段属性] [COMMENT < 字段描述 >][,…
n]) [表选项]</td><td>执行解析 1-4</td></tr>
<tr><td>14</td><td>查看数据表</td><td>SHOW TABLES</td><td>执行解析 1-4</td></tr>
<tr><td>15</td><td>查看数据表的字段信息</td><td>{ DESCRIBE | DESC } 数据表名 [字段名]</td><td>执行解析 1-4</td></tr>
<tr><td>16</td><td>查看数据表结构</td><td>SHOW [FULL] COLUMNS FROM [数据库名 .]< 数据表名 ></td><td>执行解析 1-4</td></tr>
<tr><td>17</td><td>查看数据表的创建语句；查看表的约束</td><td>SHOW CREATE TABLE [数据库名 .]< 表名 >{|\g|\G}</td><td>执行解析 1-4</td></tr>
<tr><td>18</td><td>修改数据表名称</td><td>ALTER TABLE 旧表名 RENAME [TO|AS] 新表名</td><td>执行解析 1-5</td></tr>
<tr><td>19</td><td>修改数据表名称</td><td>RENAME TABLE 旧表名 TO 新表名 [, ...n]</td><td>执行解析 1-5</td></tr>
<tr><td>20</td><td>修改数据表字符集</td><td>ALTER TABLE < 表名 > < 表选项 > [=] < 值 ></td><td>执行解析 1-5</td></tr>
<tr><td>21</td><td>修改数据表的字段名称</td><td>ALTER TABLE< 表名 > CHANGE < 旧字段名 > < 新字段名 >
< 字段类型 > [字段属性][,…n]</td><td>执行解析 1-5</td></tr>
<tr><td>22</td><td>修改字段类型</td><td>ALTER TABLE < 数据表名 > MODIFY [COLUMN] < 字段名 > < 新类
型 > [字段属性]</td><td>执行解析 1-5</td></tr>
<tr><td>23</td><td>修改字段位置</td><td>ALTER TABLE < 数据表名 >
MODIFY [COLUMN] < 字段名 1> < 数据类型 > [字段属性]
[FIRST | AFTER 字段名 2]</td><td>执行解析 1-5</td></tr>
<tr><td>24</td><td>新增字段</td><td>ALTER TABLE < 数据表名 >
ADD [COLUMN] < 字段名 > < 字段类型 > [FIRST | AFTER 字段名]</td><td>执行解析 1-5</td></tr>
<tr><td>25</td><td>新增字段</td><td>ALTER TABLE < 数据表名 >
ADD [COLUMN] (< 字段名 1> < 字段类型 1>, ...)</td><td>执行解析 1-5</td></tr>
<tr><td>26</td><td>删除字段</td><td>ALTER TABLE < 数据表名 > DROP [COLUMN] < 字段名 >[,…n]</td><td>执行解析 1-5</td></tr>
</table>

续表

<table>
<tr><th>序　号</th><th>功　　能</th><th>语 句 格 式</th><th>参考目录</th></tr>
<tr><td>27</td><td>创建表时创建索引</td><td>CREATE TABLE < 表名 >(
< 字段名 > < 数据类型 > [字段选项] [,…n]
[UNIQUE| PRIMARY KEY|FULLTEXT|SPATIAL] [INDEX|KEY] [索引名]
(< 索引字段列表 >[ASC|DESC]) [(,…n)]
)</td><td>执行解析 1–6</td></tr>
<tr><td>28</td><td>修改表语句设置索引</td><td>ALTER TABLE < 表名 > ADD [UNIQUE|PRIMARY KEY|FULLTEXT|SPATIAL]
{INDEX|KEY} [索引名] (< 索引字段列表 > [ASC|DESC])</td><td>执行解析 1–6</td></tr>
<tr><td>29</td><td>创建索引</td><td>CREATE [UNIQUE|FULLTEXT|SPATIAL] [INDEX|KEY] < 索引名称 >
ON < 表名 >(< 索引字段列表 > [ASC|DESC])</td><td>执行解析 1–6</td></tr>
<tr><td>30</td><td>查看表的索引设置</td><td>SHOW {INDEXES|INDEX|KEYS} FROM < 表名 ></td><td>执行解析 1–6</td></tr>
<tr><td>31</td><td>创建表语句创建全文索引</td><td>CREATE TABLE < 表名 >(
< 字段名 > < 数据类型 > [字段选项] [,…n]
FULLTEXT INDEX (< 字段名 >)
)</td><td>执行解析 1–6</td></tr>
<tr><td>32</td><td>删除索引</td><td>ALTER TABLE < 表名 > DROP INDEX < 索引名 ></td><td>执行解析 1–6</td></tr>
<tr><td>33</td><td>删除索引</td><td>DROP INDEX < 索引名 > ON < 表名 > [算法选项][锁选项]</td><td>执行解析 1–6</td></tr>
<tr><td>34</td><td>创建表时创建主键约束</td><td>CREATE TABLE < 表名 >(
< 字段名 > < 数据类型 > [字段选项] [PRIMARY KEY]
[,…n])</td><td>执行解析 1–7</td></tr>
<tr><td>35</td><td>创建表时创建主键约束</td><td>CREATE TABLE < 表名 >(
< 字段名 > < 数据类型 > [字段选项] [,…n]
[CONSTARINT 主键名] PRIMARY KEY (字段名 1, 字段名 2, …))</td><td>执行解析 1–7</td></tr>
<tr><td>36</td><td>修改表语句创建主键约束</td><td>ALTER TABLE < 表名 > ADD [CONSTARINT < 主键名 >] PRIMARY KEY (字段列表)</td><td>执行解析 1–7</td></tr>
<tr><td>37</td><td>使用创建表语句设置唯一约束</td><td>CREATE TABLE < 表名 >(
< 字段名 > < 数据类型 > [,…],
[CONSTRAINT < 约束名 >] UNIQUE (字段名 1, 字段名 2, …))</td><td>执行解析 1–7</td></tr>
<tr><td>38</td><td>修改表语句设置唯一约束</td><td>ALTER TABLE < 表名 > ADD [CONSTRAINT 约束名] UNIQUE (< 字段名 >[,…])</td><td>执行解析 1–7</td></tr>
<tr><td>39</td><td>删除约束</td><td>ALTER TABLE < 表名 > DROP {CONSTRAINT < 约束名 >|PRIMARY KEY}</td><td>执行解析 1–7</td></tr>
<tr><td>40</td><td>创建表语句创建默认值约束</td><td>CREATE TABLE 表名 (
字段名 数据类型 DEFAULT< 默认值 >
[,…])</td><td>执行解析 1–8</td></tr>
</table>

续表

<table>
<tr><th>序 号</th><th>功 能</th><th>语 句 格 式</th><th>参考目录</th></tr>
<tr><td>41</td><td>修改表语句添加默认值约束</td><td>ALTER TABLE < 表名 > CHANGE COLUMN < 字段名 >
< 字段名 > < 数据类型 > [< 选项 >] DEFAULT < 默认值 ></td><td>执行解析 1–8</td></tr>
<tr><td>42</td><td>修改表语句添加默认值约束</td><td>ALTER TABLE < 表名 > ALTER COLUMN < 字段名 > SET DEFAULT < 默认值 ></td><td>执行解析 1–8</td></tr>
<tr><td>43</td><td>创建表语句创建外键约束</td><td>CREATE TABLE < 表名 >(
< 字段名 > < 数据类型 > [字段选项] [,…],
[CONSTRAINT < 外键名 >] FOREIGN KEY (< 字段名 > [,…])
REFERENCES < 主表名 > (主键列 1 [, 主键列 2,…])
)</td><td>执行解析 1–8</td></tr>
<tr><td>44</td><td>修改表语句设置外键约束</td><td>ALTER TABLE < 表名 >
ADD [CONSTRAINT < 外键名 >] FOREIGN KEY (< 字段名 > [,…])
REFERENCES < 主表名 > (主键列 1 [, 主键列 2,…]) [,…]</td><td>执行解析 1–8</td></tr>
<tr><td>45</td><td>查看表结构中的约束信息</td><td>DESC < 表名 ></td><td>执行解析 1–8</td></tr>
<tr><td>46</td><td>删除默认值约束</td><td>ALTER TABLE < 数据表名 >
CHANGE COLUMN < 字段名 >
< 字段名 > < 数据类型 > DEFAULT NULL</td><td>执行解析 1–8</td></tr>
<tr><td>47</td><td>删除外键约束</td><td>ALTER TABLE < 表名 > DROP FOREIGN KEY < 外键约束名 >[,…]</td><td>执行解析 1–8</td></tr>
<tr><td>48</td><td>查询</td><td>SELECT {*|< 字段列表 >}
FROM < 表 1>,< 表 2>,…
[WHERE < 条件表达式 >]
[GROUP BY < 分组条件表达式 >]
[HAVING < 条件表达式 >]
[ORDER BY < 排序条件表达式 >][ASC | DESC]</td><td>执行解析 2–1</td></tr>
<tr><td>49</td><td>创建视图</td><td>CREATE VIEW view_name [(column[, …n])]
AS SELECT select_statement
[WITH [CASCADED|LOCAL] CHECK OPTION]</td><td>执行解析 2–5</td></tr>
<tr><td>50</td><td>查看视图</td><td>DESCRIBE < 视图名 ></td><td>执行解析 2–5</td></tr>
<tr><td>51</td><td>查看视图详细信息</td><td>SHOW CREATE VIEW < 视图名 ></td><td>执行解析 2–5</td></tr>
<tr><td>52</td><td>创建视图</td><td>CREATE VIEW view_name [(column[, …n])]
AS SELECT select_statement
[WITH [CASCADED|LOCAL] CHECK OPTION]</td><td>执行解析 2–6</td></tr>
<tr><td>53</td><td>查看视图详细信息</td><td>SHOW CREATE VIEW < 视图名 ></td><td>执行解析 2–6</td></tr>
<tr><td>54</td><td>修改视图</td><td>ALTER VIEW < 视图名 > [(< 字段名 >[, …n])]
AS SELECT < 查询子句 >
[WITH [CASCADED|LOCAL] CHECK OPTION]</td><td>执行解析 2–6</td></tr>
<tr><td>55</td><td>删除视图</td><td>DROP VIEW < 视图名 > [,…n]</td><td>执行解析 2–6</td></tr>
</table>

续表

<table>
<tr><th>序　号</th><th>功　　能</th><th>语 句 格 式</th><th>参考目录</th></tr>
<tr><td>56</td><td>创建存储过程</td><td>CREATE PROCEDURE< 存储过程名 > ([过程参数 [,…]])
< 过程体 >
[过程参数 [,…]] < 格式 >
[IN | OUT | INOUT] < 参数名 > < 类型 ></td><td>执行解析 3–1</td></tr>
<tr><td>57</td><td>声明语句结束符</td><td>DELIMITER < 特殊的符号 ></td><td>执行解析 3–1</td></tr>
<tr><td>58</td><td>调用存储过程</td><td>CALL [< 数据库名 >.]< 存储过程名 > ([过程参数值 [,…n]])</td><td>执行解析 3–1</td></tr>
<tr><td>59</td><td>删除存储过程</td><td>DROP PROCEDURE [IF EXISTS] < 过程名 >[,…n]</td><td>执行解析 3–1</td></tr>
<tr><td>60</td><td>查看存储过程</td><td>SHOW CREATE PROCEDURE < 过程名 ></td><td>执行解析 3–1</td></tr>
<tr><td>61</td><td>查看存储过程状态</td><td>SHOW PROCEDURE STATUS LIKE < 存储过程名 ></td><td>执行解析 3–1</td></tr>
<tr><td>62</td><td>修改存储过程</td><td>ALTER PROCEDURE < 存储过程名 > [特征 ...]</td><td>执行解析 3–1</td></tr>
<tr><td>63</td><td>创建触发器</td><td>CREATE TRIGGER < 触发器名 >
< 触发时机 > < 触发事件 >
 ON < 表名 > FOR EACH ROW
< 程序体 ></td><td>执行解析 3–2</td></tr>
<tr><td>64</td><td>变量声明</td><td>DECLARE < 变量名 >[,…n] < 类型 > [DEFAULT < 值 >]</td><td>执行解析 3–2</td></tr>
<tr><td>65</td><td>变量赋值</td><td>SET < 变量名 > = < 表达式 > [,…n]</td><td>执行解析 3–2</td></tr>
<tr><td>66</td><td>查看创建的触发器</td><td>SHOW TRIGGERS</td><td>执行解析 3–2</td></tr>
<tr><td>67</td><td>删除触发器</td><td>DROP TRIGGER [IF EXISTS] < 触发器名称 ></td><td>执行解析 3–2</td></tr>
<tr><td>68</td><td>查看用户</td><td>SELECT < 字段名 >… FROM user</td><td>执行解析 4–1</td></tr>
<tr><td>69</td><td>创建用户</td><td>CREATE USER < 用户 > [IDENTIFIED BY [PASSWORD] 'password']
[, 用户 [IDENTIFIED BY [PASSWORD] 'password']]</td><td>执行解析 4–1</td></tr>
<tr><td>70</td><td>修改密码</td><td>ALTER USER < 用户 > [IDENTIFIED BY [PASSWORD] 'password']
[, 用户 [IDENTIFIED BY [PASSWORD] 'password']]</td><td>执行解析 4–1</td></tr>
<tr><td>71</td><td>重命名用户</td><td>RENAME USER < 旧用户 > TO < 新用户 ></td><td>执行解析 4–1</td></tr>
<tr><td>72</td><td>删除用户</td><td>DROP USER < 用户 1> [,…n]</td><td>执行解析 4–1</td></tr>
<tr><td>73</td><td>查看全局级权限</td><td>SHOW GRANTS FOR < 用户 ></td><td>执行解析 4–1</td></tr>
<tr><td>74</td><td>查询权限表查看权限</td><td>SELECT * FROM < 权限表 > [WHERE < 查询条件 >]</td><td>执行解析 4–1</td></tr>
<tr><td>75</td><td>分配权限</td><td>GRANT priv_type [(column_list)] ON database.table
TO user [IDENTIFIED BY [PASSWORD] 'password'][, …n]
[WITH with_option [with_option]...]</td><td>执行解析 4–1</td></tr>
<tr><td>76</td><td>刷新权限</td><td>FLUSH PRIVILEGES</td><td>执行解析 4–1</td></tr>
<tr><td>77</td><td>回收权限</td><td>REVOKE priv_type [(column_list)]...
ON database.table
FROM user [, user]…</td><td>执行解析 4–1</td></tr>
<tr><td>78</td><td>回收用户的所有权限</td><td>REVOKE ALL PRIVILEGES, GRANT OPTION FROM user [, user] …</td><td>执行解析 4–1</td></tr>
</table>

续表

序 号	功 能	语 句 格 式	参考目录
79	改变语句的自动提交模式	SET AUTOCOMMIT={0|1}	执行解析 4–2
80	开始事务	BEGIN [TRANSACTION]	执行解析 4–2
81	提交事务	COMMIT [TRANSACTION]	执行解析 4–2
82	回滚事务	ROLLBACK [TRANSACTION]	执行解析 4–2
83	查看事务隔离级别	SELECT @@transaction_isolation	执行解析 4–2
84	查看系统当前事务隔离级别	SELECT @@TRANSACTION_ISOLATION	执行解析 4–2
85	修改事务隔离级别	SET SESSION TRANSACTION ISOLATION LEVEL < 事务隔离级别 >	执行解析 4–2
86	备份单一数据库	MYSQLDUMP –u username –p dbname [tbname ...]> filename.sql	执行解析 4–3
87	备份多个数据库	MYSQLDUMP –u username –P ––databases dbname1 dbname2 ... > filename.sql	执行解析 4–3
88	备份所有数据库	MYSQLDUMP –u username –P ––all–databases>filename.sql	执行解析 4–3
89	数据还原	MYSQL –u username –P [dbname] < filename.sql	执行解析 4–3
90	导入数据	SOURCE < 文件名称 >	执行解析 4–3
91	查看当前数据库支持的存储引擎	SHOW ENGINES	执行解析 4–4
92	查看表的存储引擎	SHOW TABLE STATUS LIKE '< 表名 >'\G	执行解析 4–4
93	修改表的存储引擎	ALTER TABLE < 表名 > ENGINE =< 引擎名 >	执行解析 4–4
94	查看 InnoDB 存储引擎表空间设置	SHOW VARIABLES like 'INNODB_file_per_table'	执行解析 4–4
95	开启 / 关闭 InnoDB 存储引擎的独立表空间功能	SET GLOBAL INNODB_file_per_table=< 参数值 >	执行解析 4–4
96	查看并分析 InnoDB 存储引擎的表空间自动扩展方式	SHOW VARIABLES like 'INNODB_data_file_path'	执行解析 4–4
97	修改 InnoDB 存储引擎表空间自动增长大小	SET GLOBAL INNODB_autoextend_increment=< 参数 >	执行解析 4–4
98	查看 InnoDB 存储引擎表空间每次自动扩展的增量大小	SHOW VARIABLES LIKE 'INNODB_AUTOEXTEND_INCREMENT'	执行解析 4–4